装配式混凝土建筑施工指南

——依据《装配式混凝土建筑施工规程》编写

中国建筑业协会 组织编写

中国建筑工业出版社

图书在版编目（CIP）数据

装配式混凝土建筑施工指南：依据《装配式混凝土建筑施工规程》编写／中国建筑业协会组织编写．—北京：中国建筑工业出版社，2019.3
ISBN 978-7-112-23209-3

Ⅰ.①装… Ⅱ.①中… Ⅲ.①装配式混凝土结构－混凝土施工－指南 Ⅳ.①TU755-62

中国版本图书馆CIP数据核字（2019）第015772号

本书由中国建筑业协会会同有关单位共同编制，本书共分九章，主要技术内容包括：概述；结构工程施工；外围护工程施工；内装饰工程施工；设备与管线工程施工；质量验收；安全管理；绿色施工；信息化施工。

为方便对本指南的理解和应用，本书还结合 BIM 技术，从结构工程、外围护工程、内装饰工程、设备与管线工程四个方面，提供了预制梁运输安装、预制墙运输安装等总计 33 个动画模拟视频，供本书读者参考。

本书可供装配式建筑从业人员参考使用。

责任编辑：张　磊　李春敏
责任设计：李志立
责任校对：党　蕾

装配式混凝土建筑施工指南
——依据《装配式混凝土建筑施工规程》编写
中国建筑业协会　组织编写
*
中国建筑工业出版社出版、发行（北京海淀三里河路9号）
各地新华书店、建筑书店经销
北京建筑工业印刷厂制版
天津翔远印刷有限公司印刷
*
开本：787×1092毫米　1/16　印张：18¾　字数：465千字
2019年3月第一版　2019年3月第一次印刷
定价：**56.00**元
ISBN 978-7-112-23209-3
（33254）

前　言

本指南旨在对团体标准《装配式混凝土建筑施工规程》T/CCIAT 0001—2017深入解读，加强其指导作用。

本指南由中国建筑业协会会同有关单位共同编制，在编制过程中，编制组经广泛调查研究，认真总结实践经验，根据建筑工程领域的发展需要，编制成稿后经过多次修改，最终审查定稿。

本指南共分九章，主要技术内容包括：第一章　概述；第二章　结构工程施工；第三章　外围护工程施工；第四章　内装饰工程施工；第五章　设备与管线工程施工；第六章　质量验收；第七章　安全管理；第八章　绿色施工；第九章　信息化施工。

为方便对本指南的理解和应用，由上海鲁班软件股份公司提供技术支持，结合BIM技术，从结构工程、外围护工程、内装饰工程、设备与管线工程四个方面，提供了预制梁运输安装、预制墙运输安装等总计33个动画模拟视频，供指南使用者快速理解指南要求。

本指南由中国建筑业协会负责具体技术内容的解释。在执行过程中，请各单位结合工程实践，认真总结经验，如发现需要修改或补充之处，请将意见和建议寄送至中国建筑业协会《装配式混凝土建筑施工指南》编委会办公室（地址：北京海淀区中关村南大街48号九龙商务中心A座7层，邮政编码：100081），以供修订时参考。

主 编 单 位：中国建筑业协会
中建三局第一建设工程有限责任公司

参 编 单 位：中国建筑第七工程局有限公司
福建创盛建设有限公司
陕西建筑产业投资集团有限公司
中国建筑第八工程局有限公司
中国建筑装饰集团有限公司
山东瑞坤装配式建筑科技有限公司
上海中兴兆元绿色建筑科技有限公司
内蒙古兴泰建设集团有限公司
成都建筑工程集团总公司
中建一局集团建设发展有限公司
中建七局安装公司市政分公司
中建七局第四建筑有限公司
中国新兴建筑工程有限责任公司
北京市建筑工程研究院有限责任公司
河北建设集团股份有限公司
南通四建集团有限公司

湖南建工集团有限公司
浙江省建工集团有限公司
安徽四建控股集团有限公司
苏州众信恒建筑工程有限公司
北京中建协认证中心有限公司
大元建业集团股份有限公司
中建安装工程有限公司
中铁建设集团有限公司
中建八局第一建设有限公司装饰公司
内蒙古巨华集团大华建筑安装有限公司
成都市土木建筑学会
中欧云建科技发展有限公司
远洋国际建设有限公司
北京城建集团有限责任公司
中建东方装饰有限公司
中建深圳装饰有限公司
深圳海外装饰工程有限公司
中建幕墙有限公司
中建装饰设计研究院有限公司
苏州金螳螂建筑装饰股份有限公司
上海鲁班软件股份有限公司

顾　问	王铁宏　吴慧娟　吴　涛
主任委员	景　万
副主任委员	王凤起　李　菲
审查专家	王群依　李善志　董年才　陈　浩　金　睿　李晨光　王清明 王　甦　张　静　焦安亮
编写委员会成员	景　万　王凤起　陈　骏　余　祥　何　平　刘凌峰　吴捷春 张中善　崔国静　李　维　冯大阔　张　剑　贾志臣　张赤宇 朱启林　戴连双　邢建锋　李　菲　石　卫　温　军　刘永奇 郑培壮　马文文　周毓载　姜树仁　徐义明　武利平　苏宝安 王海山　杜睿杰　齐连菊　于凤展　王巨焕　徐　涛　姚　巍 张永军　马宝青　蔡亚宁　王　伟　李正坤　汪小东　林　斌 卢春亭　翟国政　蒋承红　王启兵　王　晖　郭志坚　陈家前 高勇勇　陈汉成　陈智坚　冯黎喆　周　昕　田晓宇　于　科 吴林萍　王永刚　张艳红

目　录

第一章 概　　述

1.1 引言

装配式建筑是指结构系统、外围护系统、设备与管线系统、内装系统的主要部分采用预制部品、部件集成的建筑。装配式建筑包括装配式混凝土建筑、装配式钢结构建筑、装配式木结构建筑三大体系，其共同的特征是多数部品部件在工厂预先模块化加工然后在工程现场进行装配化施工。装配化施工具有工业化水平高、建造速度快、施工质量佳、减少工地扬尘和减少建筑垃圾等优点，可以提高建筑质量和生产效率，降低成本，有效实现"四节一环保"的绿色发展要求。装配式混凝土建筑在美国、欧洲、日本、新加坡等以及我国台湾、香港地区都有广泛应用。近年来，在我国大陆地区的应用也呈现快速上升的趋势。

装配式建筑是建造方式的重大变革。加快建筑产业现代化健康快速发展，是国家工程建设领域深化改革的重要举措，是新常态下经济社会转型发展的一大亮点。为切实落实《中共中央国务院关于进一步加强城市规划建设管理工作的若干意见》（中发 [2016]6 号）、《国务院办公厅关于大力发展装配式建筑的指导意见》（国办发 [2016]71 号）和《国务院办公厅关于促进建筑业持续健康发展的意见》，全面推进装配式建筑发展，住房和城乡建设部印发了《"十三五"装配式建筑行动方案》、《装配式建筑示范城市管理办法》、《装配式建筑产业基地管理办法》。其中《"十三五"装配式建筑行动方案》明确目标：到 2020 年，培育 50 个以上装配式建筑示范城市，200 个以上装配式建筑产业基地，500 个以上装配式建筑示范工程，建设 30 个以上装配式建筑科技创新基地，充分发挥示范引领和带动作用。

为深入贯彻落实《国务院办公厅关于大力发展装配式建筑的指导意见》等文件精神，推进建筑业转型升级和建筑产业现代化发展，不断增强建筑业可持续发展能力，2017 年中国建筑业协会联合行业内相关单位编制并发布了团体标准《装配式混凝土建筑施工规程》T/CCIAT 0001—2017（以下简称《规程》）。

1.2 编制说明

1.2.1 编制目的

为加强对装配式混凝土建筑施工过程的管理和质量控制，指导装配式混凝土建筑施工，统一施工质量验收标准，确保施工质量，提高《规程》的现场指导意义，制定本指南。

1.2.2 编制原则

指南在《规程》的基础上进行完善和细化，结合施工要点、工程图片以及工艺动画等方面对规程中条文进一步说明，可加强《规程》对装配式混凝土建筑施工的指导作用。

1.2.3 适用范围

装配式混凝土建筑的施工及质量验收可参考本指南执行，且应符合现行国家和行业有关标准的规定。

1.3 装配式混凝土建筑主要应用技术

装配式混凝土建筑涉及的预制构件主要有预制剪力墙、预制柱、预制梁、预制楼板、预制楼梯、预制阳台等。按结构受力特点的不同可以分为：装配整体式框架结构、装配整体式剪力墙结构和装配整体式框架—剪力墙结构等结构体系。

装配整体式框架结构体系是指采用装配式钢筋混凝土框架为承重结构，以轻质墙体作为围护结构的结构体系。该结构体系建筑平面布置灵活、易于设置较大房间、使用方便，且构件类型少，易于标准化、定型化，外墙采用轻质填充材料时，结构自重小。

装配整体式剪力墙结构体系是指利用建筑物墙体作为承重竖向荷载、抵抗水平荷载的结构体系。该结构体系整体性好、刚度大，在水平荷载作用下侧向变形小，承载力要求也容易满足，房间内无梁柱外露。但剪力墙间距不能太大，平面布置不灵活，结构自重往往也较大。

装配整体式框架 - 剪力墙结构等结构体系是指在框架体系的建筑中设置部分剪力墙来代替部分框架的结构体系。该结构体系以框架结构为主，以剪力墙为辅助弥补框架结构不足的半刚性结构体系，剪力墙承担大部分的水平荷载，框架以承受竖向荷载为主。

1.3.1 预制构件生产技术应用

随着装配式混凝土结构的大量应用，各地预制构件生产企业在逐步增加，其生产技术也进一步推广应用并逐步提高。混凝土预制构件主要有预制墙板、梁、柱、叠合楼板、阳台、飘窗、空调板、女儿墙等。见图 1-1。

图 1-1 预制混凝土构件

装配式建筑对预制构件的要求相对较高，主要表现为：（1）构件尺寸及各类预埋预留定位尺寸精度要求高；（2）外观质量要求高；（3）集成化程度高等。这些都要求生产企业在工厂化生产构件技术方面需要有更高的水平。

图 1-2　固定模台

图 1-3　流水线模台

在生产线方面有固定台座或定型模具的生产方式，也有机械化、自动化程度较高的流水线生产方式，在生产应用中针对各种构件的特点各有优势。为追求建筑立面效果以及构件美观，清水混凝土预制技术、饰面层反打技术、彩色混凝土等相关技术也得到很好的应用。其他如脱模剂、露骨料缓凝剂等诸多生产技术也在不断发展。随着预制技术的迅速发展和提高，其内容还有待完善和补充。见图 1-2、图 1-3。

《装配式混凝土建筑技术标准》GB/T 51231—2016、《装配式混凝土结构技术规程》JGJ 1—2014 中对预制构件的制作和质量验收提出了基本要求。

1.3.2　装配式施工技术应用

装配式混凝土结构与现浇混凝土结构的施工方法差异很大。由于部分构件在工厂预制并在现场通过现浇段或钢筋连接技术装配成整体，因此施工现场的模板工程、混凝土工程、钢筋工程均大幅度减少，而预制构件的运输、吊运、安装、支撑以及节点处理等成为施工中的关键环节。

图 1-4 预制构件运输

图 1-5 预制构件吊装

图 1-6 预制构件支撑

装配式混凝土建筑按结构形式的不同可分为装配整体式框架结构、装配整体式剪力墙结构和装配整体式框架—剪力墙结构等结构体系，不同的结构体系在施工阶段的工艺流程有一定的区别，在制定预制构件吊装总体流程时，应充分掌握各类结构体系预制构件的吊装顺序和要领，合理安排工期，实现现场施工设备和劳动力等资源的合理分配和优化利用。见图 1-4 ～图 1-6。

装配整体式框架结构的主要预制构件有预制柱、预制梁、预制叠合楼板、预制楼梯、预制阳台、空调板和预制外墙等，其标准层楼面的主要工艺流程示例如图 1-7 所示。

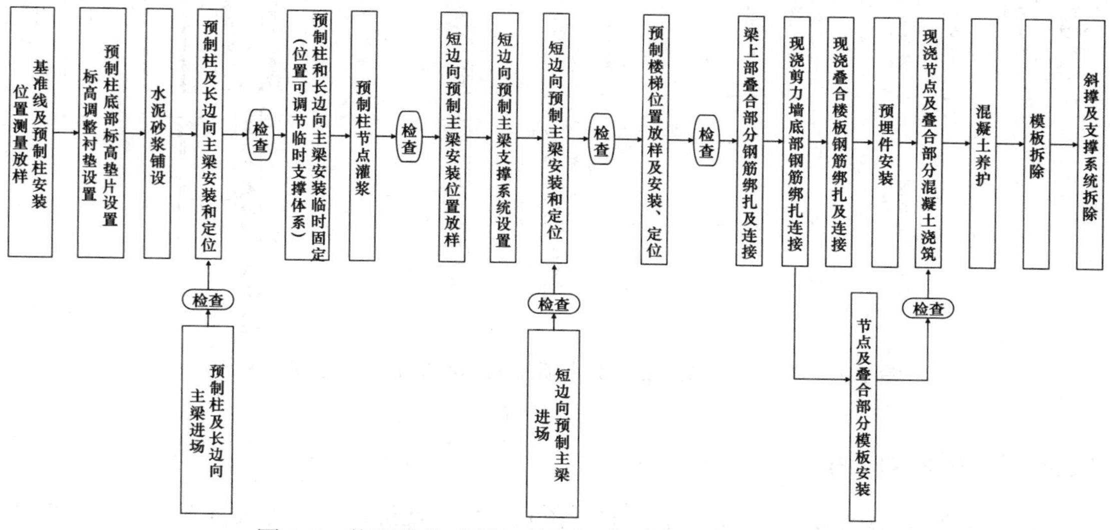

图 1-7　装配整体式框架结构标准层施工工艺流程示例

装配整体式剪力墙结构的主要预制构件有预制剪力墙、预制楼板、预制楼梯、预制空调板、阳台板等，其标准层楼面的主要工艺流程示例如图 1-8 所示。

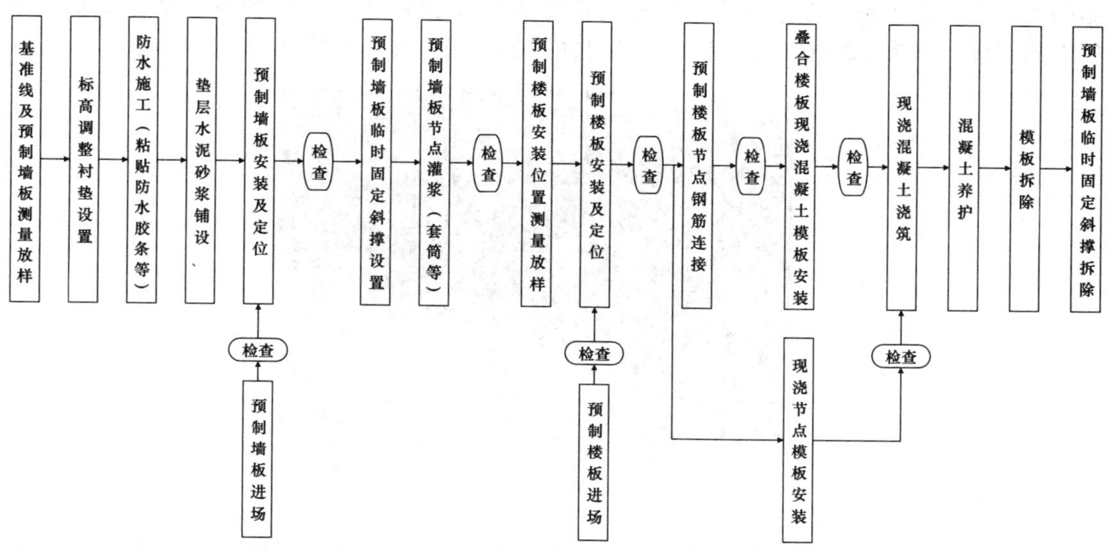

图 1-8　装配整体式剪力墙结构标准层施工工艺流程示例

装配整体式框架—剪力墙结构的主要预制构件有预制柱、预制主次梁、预制剪力墙（或现浇）、预制楼梯、预制楼板、预制空调板、阳台板等，其标准层楼面的主要工艺流程示例如图 1-9 所示。

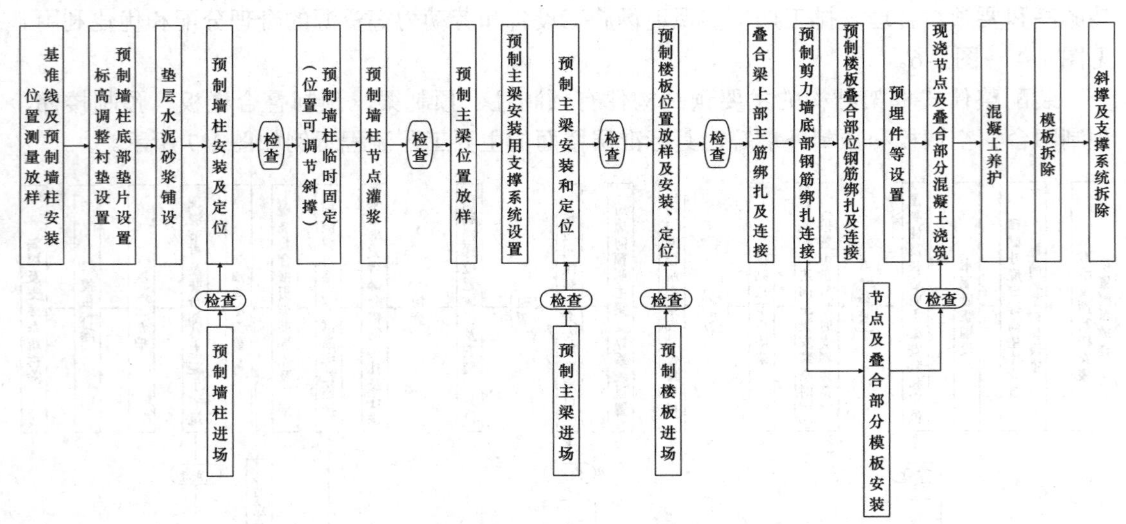

图 1-9 装配整体式框架—剪力墙结构标准层施工工艺流程示例

1.3.3 连接技术应用

装配式混凝土结构通过预制构件之间、预制构件与现浇混凝土等关键部位的连接保证结构的整体受力性能，连接技术的选择是设计及施工中最为关键的环节。目前，由于我国主要采用等同现浇的设计概念，高层建筑基本上采用装配整体式混凝土结构，即预制构件之间通过可靠的连接方式，与现场后浇混凝土、水泥基灌浆料等形成整体的装配式混凝土结构。竖向受力钢筋的连接方式主要有钢筋套筒灌浆连接、浆锚搭接连接；现浇混凝土结构中的搭接、焊接、机械连接等钢筋连接技术在施工条件允许的情况下也可以使用。

图 1-10 灌浆套筒

钢筋连接用灌浆套筒是指通过水泥基灌浆料的传力作用将钢筋对接连接所用的金属套筒，通过刚度很大的套筒对可微膨胀灌浆料的约束作用，在钢筋表面和套筒内侧间产生正向作用力，钢筋借助该正向力在其粗糙的、带肋的表面产生摩擦力，从而实现受力钢筋之间的应力传递。套筒可以分为全灌浆套筒和半灌浆套筒两种形式。钢筋套筒灌浆连接技术在欧美、日本等国家的应用，已有40多年的历史，经历了大地震的考验，编制有成熟的标准，得到普遍的应用。国内也已有大量的试验数据支持，主要用于柱、剪力墙等竖向构件中。《装配式混凝土建筑技术标准》GB/T 51231—2016、《装配式混凝土结构技术规程》JGJ 1—2014对套筒灌浆连接的设计、施工和验收等提出了要求。另外，《钢筋连接用套筒灌浆料》JG/T 408—2013、《钢筋连接用灌浆套筒》JG/T 398—2012、《钢筋套筒灌浆连接应用技术规程》JGJ 355—2015等专项标准，也都为该项连接技术的推广应用提供了可靠的技术依据。见图1-10。

钢筋浆锚连接是在预制构件中预留孔洞，受力钢筋分别在孔洞内外通过间接搭接并用水泥基灌浆料的传力作用实现钢筋应力的传递。此项技术的关键在于孔洞的成型方式、灌浆的质量以及对搭接钢筋的约束等各个方面。目前主要包括约束浆锚搭接连接和金属波纹管搭接连接两种方式，主要用于剪力墙竖向分布钢筋的连接。

除以上这两种主要连接技术外，国内也在研发相关的干式连接做法，比如通过型钢进行构件之间连接的技术，用于低多层建筑的各类预埋件连接技术等。

1.3.4　集成技术应用

装配式建筑要求技术集成化，对于预制构件来说，其集成的技术越多，后续的施工环节越容易，这也是预制构件一个重要的发展方向。

目前，预制夹心保温剪力墙外墙板应用中可集成承重、保温和外装修三项技术。近年来对整体卫生间有着深入的研究，目前已发展到第四代。整体卫生间一次安装到位，内墙面瓷砖可在工厂预贴，洁具也可在工厂预安装，但为了减少运输、施工阶段的破损也常在吊装施工完成之后安装。卫生间一侧设置粗糙面与承重墙体连接在一起，卫生间墙体非承重，其自重荷载由本层承受。见图1-11。

图1-11　整体式卫生间

1.3.5 装配式内装技术应用

推行装配式内装是推动装配式住宅发展的重要方向。住宅采用装配式内装的设计建造方式具有五个方面优势:（1）部品在工厂制作，现场采用干式作业，可以最大限度保证产品质量和性能;（2）提高劳动生产率，节省大量人工和管理费用，大大缩短建设周期，综合效益明显，从而降低住宅生产成本;（3）节能环保，减少原材料的浪费，施工现场大部分为干法施工，噪声粉尘和建筑垃圾等污染大为减少;（4）便于维护，降低了后期的运营维护难度，为部品更新变化创造了可能;（5）采用集成部品可实现工业化生产，有效解决施工生产的尺寸误差和模数接口问题。

装配式住宅建筑内装设计应考虑内装部品的后期维护、检修更换等问题，并应考虑不同材料、设备、设施具有不同的使用年限，内装部品应符合使用维护和维修改造要求。在现浇混凝土结构中，我国一般的做法是将设备管线埋置在楼板或墙板混凝土中，如今在装配式混凝土结构中也延续了这种做法，采用叠合板作为楼板时，叠合后浇层本身很薄，而纵横交错的管线埋置对楼盖的受力非常不利，且管线后期的维修、更换会造成对主体结构损坏，对结构安全性有一定影响。

CSI 内装是在房间内设置吊顶、装饰墙、架空地板等，实现了主体结构与管线、内装的分离，这种做法从根本上解决了管线的埋设问题。

1.4 术语

1.4.1 装配式建筑 assembled building

结构系统、外围护系统、设备与管线系统、内装系统的主要部分采用预制部品、部件集成的建筑。

1.4.2 装配式混凝土建筑 assembled building with concrete structure

建筑的结构系统由混凝土预制构件（部件）为主构成的装配式建筑。

1.4.3 结构系统 structure system

由结构构件通过可靠的连接方式装配而成，以承受或传递荷载作用的整体。

1.4.4 外围护系统 envelope system

由建筑外墙、屋面、外门窗及其他部品部件等组合而成，用于分隔建筑室内外环境的部品部件的整体。

1.4.5 设备与管线系统 facility and pipeline system

由给水、排水、供暖、通风空调、电气和智能化、燃气等设备与管线组合而成，满足建筑使用功能的整体。

1.4.6 内装系统 interior decoration system

由楼地面、墙面、轻质隔墙、吊顶、内门窗、厨房和卫生间等组合而成，满足建筑空间使用要求的整体。

1.4.7 部品 part

由工厂生产，构成外围护系统、设备与管线系统、内装系统的建筑单一产品或复合产品组装而成的功能单元的系统。

1.4.8 部件 component

在工厂或现场预先生产制作完成，构成建筑结构系统的结构及其他构件的统称。

1.4.9 模块 module

建筑中相对独立，具有特定功能，能够通用互换的单元。

1.4.10 标准化接口 standardized interface

具有统一的尺寸规格与参数，并满足公差配合及模数协调的接口。

1.4.11 预制混凝土结构 precast concrete structure

由预制混凝土构件通过可靠的连接方式装配而成的混凝土结构。

1.4.12 预制混凝土构件 precast concrete component

在工厂或现场预先制作的混凝土构件，简称预制构件。

1.4.13 施工工艺 construction technics

施工人员运用设备、工具对各种原材料、半成品进行加工处理，最终使之成为建筑产品的方法与过程。

1.4.14 预制外挂墙板 precast concrete facade panel

安装在主体结构上，起围护、装饰作用的非承重预制混凝土外墙板。简称外挂墙板。

1.4.15 干式工法 non-wet construction

采用干作业施工的建造方法。

1.4.16 钢筋套筒灌浆连接 grout sleeve splicing of rebars

在金属套筒中插入单根带肋钢筋并注入灌浆料拌合物，通过拌合物硬化形成整体并实现传力的钢筋对接连接方式。

1.4.17 灌浆套筒 grouting coupler

通过水泥基灌浆料的传力作用将钢筋对接连接所用的金属套筒，通常采用铸造工艺或者机械加工工艺制造。

1.4.18 钢筋浆锚搭接连接 rebar lapping in grout-filled hole

在预制混凝土构件中预留孔道，在孔道中插入需搭接的钢筋，并灌注水泥基灌浆料而实现的钢筋搭接连接方式。

1.4.19 干式连接 dry connection

相邻预制构件之间采用螺栓、焊接、搭接等方式连接，而不需要浇筑混凝土或灌浆的连接方式。

1.4.20 全装修 decorated

所有功能空间的固定面装修和设备设施全部安装完成，达到建筑使用功能和建筑性能的状态。

1.4.21 设备及管线装配一体化 Integration of assembled equipment and pipelines

装配式设备及管线施工，由施工单位主导，采用BIM技术进行深化设计、工厂化预制加工、物联网化运输配送、模块化装配式施工的一体化流程。

1.4.22 集成式厨房 integrated kitchen

由工厂生产的楼地面、吊顶、墙面、橱柜和厨房设备及管线等集成并主要采用干式工法装配而成的厨房。

1.4.23 集成式卫生间 integrated bathroom

由工厂生产的楼地面、墙面（板）、吊顶和洁具设备及管线等集成并主要采用干式工法装配而成的卫生间。

1.4.24 集成吊顶 integrated ceiling

由装饰模块、功能模块及构配件组成的，在工厂预制的、可自由组合的多功能一体化吊顶。装饰模块是具有装饰功能的吊顶板模块。功能模块是具有采暖、通风、照明等器具的模块。

1.4.25 装配式隔墙、吊顶和楼地面 assembled partition wall, ceiling and floor

由工厂生产的，具有隔声、防火、防潮等性能，且满足空间功能和美学要求的部品集成，并主要采用干式工法装配而成的隔墙、吊顶和楼地面。

1.4.26 同层排水 same-floor drainage

在建筑排水系统中，器具排水管及排水支管不穿越本层结构楼板到下层空间、与卫生器具同层敷设并接入排水立管的排水方式。

1.4.27 建筑信息模型 building information modeling（BIM）

在建设工程及设施全生命期内，对其物理和功能特性进行数字化表达，并依此设计、施工、运营的过程和结果的总称。

1.5 基本规定

（1）施工单位应建立相应的管理体系、施工质量控制和检验制度。

施工单位的质量管理体系应覆盖施工全过程，包括材料的采购、验收和存储，施工过程中的质量自检、互检、专检，隐蔽工程检查和验收，以及涉及安全和功能的项目抽查检验等环节。施工全过程中应随时记录并处理出现的问题和质量偏差。

（2）装配式混凝土建筑应综合协调建筑、结构、设备和内装等专业，制定相互协同的施工组织设计。

应制定以装配为主的施工组织设计文件，应根据建筑、结构、机电、内装一体化，设计、加工、装配一体化的原则，制定施工组织设计。施工组织设计应体现管理组织方式吻合装配工法的特点，以发挥装配技术优势为原则。

（3）装配式混凝土建筑施工前，应组织设计、生产、施工、监理等单位对设计文件进行图纸会审，确定施工工艺措施。施工单位应准确理解设计图纸的要求，掌握有关技术要求及细部构造，根据工程特点和相关规定，进行施工复核及验算、编制专项施工方案。

（4）施工单位应根据装配式建筑工程的管理和施工技术特点，按计划定期对管理人员及作业人员进行专项培训及技术交底。

鉴于装配式建筑施工的特殊性和安装工程重要性等，现阶段施工单位应根据装配式建筑的管理和施工技术特点，对管理人员及安装人员进行专项培训，目的在于全面掌握相关的专项施工技术。对于长期从事装配式建筑施工的企业，应建立专业化施工队伍。

（5）预制构件深化设计应满足建筑、结构和机电设备等各专业以及预制构件制作、运输、安装等各环节的综合要求。

（6）装配式混凝土建筑施工宜采用自动化、机械化、工具式的施工工具、设备。

装配式混凝土结构临时支撑体系应采用工具式支撑体系；外防护体系，宜根据结构形式，采用工具式外挂防护架体；现浇部位模板体系，宜采用工具式模板体系。

（7）施工中采用的新技术、新工艺、新材料、新设备，应按有关规定进行评审、备案。

采用新技术、新工艺、新材料、新设备时，应经过试验和技术鉴定，并应制定可行的技术措施。设计文件中指定使用的新技术、新工艺、新材料时，施工单位应依据设计要求进行施工。

（8）施工单位应根据装配式结构工程施工要求，合理选择和配备吊装设备；应根据预制构件存放、安装和连接等要求，确定安装使用的工（器）具。

（9）施工所采用的原材料及构配件应符合国家现行相关规范要求，应有明确的进场计划，并应按规定进行进场验收。

（10）施工单位应根据装配式混凝土建筑特点，按绿色建造的要求组织实施。

装配式混凝土建筑应满足适用性能、环境性能、经济性能、安全性能、耐久性能等要求，并应采用绿色建材和性能优良的部品部件。

装配式建筑强调性能要求，提高建筑质量和品质。因此外围护系统、设备与管线系统以及内装系统应遵循绿色建筑全寿命期的理念，结合地域特点和地方优势，优先采用节能环保的技术、工艺、材料和设备，实现节约资源、保护环境和减少污染的目标，为人们提供健康舒适的居住环境。

（11）装配式混凝土建筑应优先按全装修交付。

装配式混凝土建筑宜实现全装修，内装饰工程宜与结构工程、外围护工程、设备与管线工程一体化设计建造。

（12）装配式混凝土建筑施工应采取相应的成品保护措施。

在装配式混凝土建筑施工全过程中，应采取防止预制构件、部品及预制构件上的建筑附件、预埋件、预埋吊件等损伤或污染的保护措施。

（13）工程施工宜运用信息化技术，实现全过程、全专业的信息化，且应采取措施保证信息安全。

建筑信息模型技术是装配式建筑建造过程的重要手段。通过信息数据平台管理系统将设计、生产、施工、物流和运营等各环节联系为一体化管理，对提高工程建设各阶段及各专业之间协同配合的效率，以及一体化管理水平具有重要作用。

第二章 结构工程施工

2.1 一般规定

（1）预制构件进场时，构件生产单位应提供相关质量证明文件。质量证明文件应包括以下内容：

1）出厂合格证；

2）混凝土强度检验报告；

3）钢筋复验单；

4）钢筋套筒等其他构件钢筋连接类型的工艺检验报告；

5）合同要求的其他质量证明文件。

当设计有要求或合同约定时，还应提供混凝土抗渗、抗冻等约定的性能试验报告。预制构件出厂合格证所包含的内容应符合规范要求。

（2）预制构件、连接材料、配件等应按国家现行相关标准的规定进行进场验收，未经验收或验收不合格的产品不得使用。

预制构件、安装用材料及配件进场验收应符合现行国家标准《装配式混凝土建筑技术标准》GB/T 51231、《混凝土结构工程施工质量验收规范》GB 50204 及产品应用技术手册等的有关规定，确保预制构件、安装用材料及配件进场的产品品质。

（3）结构施工宜采用与构件相匹配的工具化、标准化工装系统。

工装系统是指装配式混凝土建筑吊装、安装过程中所用的工具化、标准化吊具、支撑架体等产品，包括标准化堆放架、模数化通用吊梁、框式吊梁、起吊装置、吊钩吊具与墙板斜支撑、叠合板独立支撑、支撑体系、模架体系、外围护体系、系列操作工具等产品。工装系统的定型产品及施工操作均应符合国家现行有关标准及产品应用技术手册的有关规定，在使用前应进行必要的施工验算。

（4）施工前宜选择有代表性的单元或构件进行试安装，根据试安装结果及时调整完善施工方案。

施工单位在开工前宜选取本工程典型单元进行试安装，以达到磨合吊装工艺、把控质量、领会安全控制要点的目的。选择有代表性的单元进行试制作、试安装，要求在实体工程施工前，选择标准户型，针对标准户型中预制构件进行试生产，并将生产构件用于样板间；在样板间施工过程中每道工序均按照吊装方案进行安装，管理人员和操作人员在样板间施工中均应规范管理、操作；试安装过程中遇到的问题、积累的经验，可在将来应用于实体工程施工中。

（5）装配式混凝土结构的连接节点及叠合构件的施工应进行隐蔽工程验收。

隐蔽工程验收应包括下列主要内容：

1）混凝土粗糙面的质量，键槽的尺寸、数量、位置；

2）钢筋的牌号、规格、数量、位置、间距，箍筋弯钩的弯折角度及平直段长度；

3）钢筋的连接方式、接头位置、接头数量、接头面积百分率、搭接长度、锚固方式及锚固长度；

4）预埋件、预留管线的规格、数量、位置；

5）预制混凝土构件接缝处防水、防火等构造做法；

6）保温及其节点施工；

7）其他隐蔽项目。

2.2　施工准备

2.2.1　技术准备

（1）施工前应完成深化设计，深化设计文件应经原设计单位认可。施工单位应校核预制构件加工图纸、对预制构件施工预留和预埋进行交底。

（2）施工单位应在施工前根据工程特点和施工规定，进行施工措施复核及验算、编制装配式结构专项施工方案。专项施工方案宜包括工程概况、编制依据、进度计划、施工场地布置、预制构件进场计划、预制构件运输与存放、安装与连接施工、成品保护、绿色施工、安全管理、质量管理、信息化管理、应急预案等内容。

2.2.2　材料准备

（1）装配式混凝土结构施工中采用专用定型产品时，专用定型产品及施工操作应符合现行有关国家、行业标准及产品应用技术手册的规定。

（2）采用钢筋套筒灌浆连接时，灌浆料应符合现行有关国家、行业标准的规定。

（3）采用钢筋浆锚搭接连接时，应采用水泥基灌浆料，灌浆料应符合现行有关国家、行业标准的规定。

（4）外墙板接缝处的密封材料应符合国家、行业现行有关标准的规定。

2.2.3　人员准备

（1）装配式混凝土结构施工前，施工单位应按照装配式结构施工的特点和要求，对作业人员进行安全技术交底。

（2）施工现场从事特种作业的人员应取得相应的资格证书后才能上岗作业。灌浆施工人员应进行专项培训，合格后方可上岗。

2.2.4　作业条件准备

（1）预制构件吊装、安装施工应严格按照施工方案执行，各工序的施工，应在前一道工序质量检查合格后进行，工序控制应符合规范和设计要求。

（2）经验算后选择起重设备、吊具和吊索，在吊装前，应由专人检查核对确保型号、机具与方案一致。

（3）安装施工前应按工序要求检查核对已施工完成结构部分的质量，测量放线后，标出安装定位标志，必要时应提前安装限位装置。

（4）预制构件搁置的底面应清理干净。

（5）吊装设备应满足吊装重量、构件尺寸及作业半径等施工要求，并调试合格。

2.3 构件进场

2.3.1 进场验收

（1）预制构件进场前，应依据设计文件对构件生产单位设置的构件编号、构件标识进行验收。

（2）预制构件进场时，混凝土强度应符合设计要求。当设计无具体要求时，混凝土同条件立方体抗压强度不应小于混凝土强度等级值的 75 %。

（3）预制构件进场时，应按照表 2-1 ～表 2-4 的规定进行检验。预制构件有粗糙面时，与预制构件粗糙面相关的尺寸允许偏差可放宽 1.5 倍。

预制楼板类构件外形尺寸允许偏差及检验方法 **表 2-1**

<table>
<tr><th>项次</th><th colspan="3">检查项目</th><th>允许偏差（mm）</th><th>检验方法</th></tr>
<tr><td rowspan="3">1</td><td rowspan="5">规格尺寸</td><td rowspan="3">长度</td><td>< 12m</td><td>±5</td><td rowspan="3">用尺量两端及中间部，取其中偏差绝对值较大值</td></tr>
<tr><td>≥ 12m 且< 18m</td><td>±10</td></tr>
<tr><td>≥ 18m</td><td>±20</td></tr>
<tr><td>2</td><td colspan="2">宽度</td><td>±5</td><td>用尺量两端及中间部，取其中偏差绝对值较大值</td></tr>
<tr><td>3</td><td colspan="2">厚度</td><td>±5</td><td>用尺量板四角和四边中部位置共 8 处，取其中偏差绝对值较大值</td></tr>
<tr><td>4</td><td colspan="3">对角线差</td><td>6</td><td>在构件表面，用尺量测两对角线的长度，取其绝对值的差值</td></tr>
<tr><td rowspan="2">5</td><td rowspan="4">外形</td><td rowspan="2">表面平整度</td><td>上表面</td><td>4</td><td rowspan="2">用 2m 靠尺安放在构件表面上，用楔形塞尺量测靠尺与表面之间的最大缝隙</td></tr>
<tr><td>下表面</td><td>3</td></tr>
<tr><td>6</td><td colspan="2">楼板侧向弯曲</td><td>L/750 且 ≤ 20mm</td><td>拉线，钢尺量最大弯曲处</td></tr>
<tr><td>7</td><td colspan="2">扭翘</td><td>L/750</td><td>四对角拉两条线，量测两线交点之间的距离，其值的 2 倍为扭翘值</td></tr>
<tr><td rowspan="2">8</td><td rowspan="2">预埋部件</td><td rowspan="2">预埋钢板</td><td>中心线位置偏差</td><td>5</td><td>用尺量测纵横两个方向的中心线位置，记录其中较大值</td></tr>
<tr><td>平面高差</td><td>0，－5</td><td>用尺紧靠在预埋件上，用楔形塞尺量测预埋件平面与混凝土面的最大缝隙</td></tr>
</table>

续表

项次	检查项目			允许偏差（mm）	检验方法
9	预埋部件	预埋螺栓	中心线位置偏移	2	用尺量测纵横两个方向的中心线位置，记录其中较大值
			外露长度	＋10，－5	用尺量
10		预埋线盒、电盒	在构件平面的水平方向中心位置偏差	10	用尺量
			与构件表面混凝土高差	0，－5	用尺量
11	预留孔	中心线位置偏移		5	用尺量测纵横两个方向的中心线位置，记录其中较大值
		孔尺寸		±5	用尺量测纵横两个方向尺寸，取其最大值
12	预留洞	中心线位置偏移		5	用尺量测纵横两个方向的中心线位置，记录其中较大值
		洞口尺寸、深度		±5	用尺量测纵横两个方向尺寸，取其最大值
13	预留插筋	中心线位置偏移		3	用尺量测纵横两个方向的中心线位置，记录其中较大值
		外露长度		±5	用尺量
14	吊环、木砖	中心线位置偏移		10	用尺量测纵横两个方向的中心线位置，记录其中较大值
		留出高度		0，－10	用尺量
15	桁架钢筋高度			＋5，0	用尺量

预制墙板类构件外形尺寸允许偏差及检验方法 **表 2-2**

项次	检查项目		允许偏差（mm）	检验方法
1	规格尺寸	高度	±4	用尺量两端及中间部，取其中偏差绝对值较大值
2		宽度	±4	用尺量两端及中间部，取其中偏差绝对值较大值
3		厚度	±3	用尺量板四角和四边中部位置共8处，取其中偏差绝对值较大值
4	对角线差		5	在构件表面，用尺量测两对角线的长度，取其绝对值的差值

续表

<table>
<tr><th>项次</th><th colspan="3">检查项目</th><th>允许偏差（mm）</th><th>检验方法</th></tr>
<tr><td rowspan="2">5</td><td rowspan="4">外形</td><td rowspan="2">表面平整度</td><td>内表面</td><td>4</td><td rowspan="2">用2m靠尺安放在构件表面上，用楔形塞尺量测靠尺与表面之间的最大缝隙</td></tr>
<tr><td>外表面</td><td>3</td></tr>
<tr><td>6</td><td colspan="2">侧向弯曲</td><td>L/1000且≤20mm</td><td>拉线，钢尺量最大弯曲处</td></tr>
<tr><td>7</td><td colspan="2">扭翘</td><td>L/1000</td><td>四对角拉两条线，量测两线交点之间的距离，其值的2倍为扭翘值</td></tr>
<tr><td rowspan="2">8</td><td rowspan="6">预埋部件</td><td rowspan="2">预埋钢板</td><td>中心线位置偏移</td><td>5</td><td>用尺量测纵横两个方向的中心线位置，记录其中较大值</td></tr>
<tr><td>平面高差</td><td>0，－5</td><td>用尺紧靠在预埋件上，用楔形塞尺量测预埋件平面与混凝土面的最大缝隙</td></tr>
<tr><td rowspan="2">9</td><td rowspan="2">预埋螺栓</td><td>中心线位置偏移</td><td>2</td><td>用尺量测纵横两个方向的中心线位置，记录其中较大值</td></tr>
<tr><td>外露长度</td><td>＋10，－5</td><td>用尺量</td></tr>
<tr><td rowspan="2">10</td><td rowspan="2">预埋套筒、螺母</td><td>中心线位置偏移</td><td>2</td><td>用尺量测纵横两个方向的中心线位置，记录其中较大值</td></tr>
<tr><td>平面高差</td><td>0，－5</td><td>用尺紧靠在预埋件上，用楔形塞尺量测预埋件平面与混凝土面的最大缝隙</td></tr>
<tr><td rowspan="2">11</td><td rowspan="2">预留孔</td><td colspan="2">中心线位置偏移</td><td>5</td><td>用尺量测纵横两个方向的中心线位置，记录其中较大值</td></tr>
<tr><td colspan="2">孔尺寸</td><td>±5</td><td>用尺量测纵横两个方向尺寸，取其最大值</td></tr>
<tr><td rowspan="2">12</td><td rowspan="2">预留洞</td><td colspan="2">中心线位置偏移</td><td>5</td><td>用尺量测纵横两个方向的中心线位置，记录其中较大值</td></tr>
<tr><td colspan="2">洞口尺寸、深度</td><td>±5</td><td>用尺量测纵横两个方向尺寸，取其最大值</td></tr>
<tr><td rowspan="2">13</td><td rowspan="2">预留插筋</td><td colspan="2">中心线位置偏移</td><td>3</td><td>用尺量测纵横两个方向的中心线位置，记录其中较大值</td></tr>
<tr><td colspan="2">外露长度</td><td>±5</td><td>用尺量</td></tr>
<tr><td rowspan="2">14</td><td rowspan="2">吊环、木砖</td><td colspan="2">中心线位置偏移</td><td>10</td><td>用尺量测纵横两个方向的中心线位置，记录其中较大值</td></tr>
<tr><td colspan="2">与构件表面混凝土高差</td><td>0，－10</td><td>用尺量</td></tr>
<tr><td rowspan="3">15</td><td rowspan="3">键槽</td><td colspan="2">中心线位置偏移</td><td>5</td><td>用尺量测纵横两个方向的中心线位置，记录其中较大值</td></tr>
<tr><td colspan="2">长度、宽度</td><td>±5</td><td>用尺量</td></tr>
<tr><td colspan="2">深度</td><td>±5</td><td>用尺量</td></tr>
</table>

续表

项次	检查项目		允许偏差（mm）	检验方法
16	灌浆套筒及连接钢筋	灌浆套筒中心线位置	2	用尺量测纵横两个方向的中心线位置，记录其中较大值
		连接钢筋中心线位置	2	用尺量测纵横两个方向的中心线位置，记录其中较大值
		连接钢筋外露长度	＋10，0	用尺量

预制梁柱桁架类构件外形尺寸允许偏差及检验方法 表 2-3

项次	检查项目			允许偏差（mm）	检验方法
1	规格尺寸	长度	＜12m	±5	用尺量两端及中间部，取其中偏差绝对值较大值
			≥12m 且＜18m	±10	
			≥18m	±20	
2		宽度		±5	用尺量两端及中间部，取其中偏差绝对值较大值
3		高度		±5	用尺量板四角和四边中部位置共 8 处，取其中偏差绝对值较大值
4	表面平整度			4	用 2m 靠尺安放在构件表面上，用楔形塞尺量测靠尺与表面之间的最大缝隙
5	侧向弯曲		梁柱	L/750 且≤20mm	拉线，钢尺量最大弯曲处
			桁架	L/1000 且≤20mm	
6	预埋部件	预埋钢板	中心线位置偏移	5	用尺量测纵横两个方向的中心线位置，记录其中较大值
			平面高差	0，－5	用尺紧靠在预埋件上，用楔形塞尺量测预埋件平面与混凝土面的最大缝隙
7	预埋部件	预埋螺栓	中心线位置偏移	2	用尺量测纵横两个方向的中心线位置，记录其中较大值
			外露长度	＋10，－5	用尺量

续表

项次	检查项目		允许偏差（mm）	检验方法
8	预留孔	中心线位置偏移	5	用尺量测纵横两个方向的中心线位置，记录其中较大值
		孔尺寸	±5	用尺量测纵横两个方向尺寸，取其最大值
9	预留洞	中心线位置偏移	5	用尺量测纵横两个方向的中心线位置，记录其中较大值
		洞口尺寸、深度	±5	用尺量测纵横两个方向尺寸，取其最大值
10	预留插筋	中心线位置偏移	3	用尺量测纵横两个方向的中心线位置，记录其中较大值
		外露长度	±5	用尺量
11	吊环	中心线位置偏移	10	用尺量测纵横两个方向的中心线位置，记录其中较大值
		留出高度	0，－10	用尺量
12	键槽	中心线位置偏移	5	用尺量测纵横两个方向的中心线位置，记录其中较大值
		长度、宽度	±5	用尺量
		深度	±5	用尺量
13	灌浆套筒及连接钢筋	灌浆套筒中心线位置	2	用尺量测纵横两个方向的中心线位置，记录其中较大值
		连接钢筋中心线位置	2	用尺量测纵横两个方向的中心线位置，记录其中较大值
		连接钢筋外露长度	＋10，0	用尺量测

装饰构件外观尺寸允许偏差及检验方法 **表 2-4**

项次	装饰种类	检查项目	允许偏差（mm）	检验方法
1	通用	表面平整度	2	2m 靠尺或塞尺检查
2	面砖、石材	阳角方正	2	用托线板检查
3		上口平直	2	拉通线用钢尺检查

续表

项次	装饰种类	检查项目	允许偏差（mm）	检验方法
4	面砖、石材	接缝平直	3	用钢尺或塞尺检查
5		接缝深度	±5	用钢尺或塞尺检查
6		接缝宽度	±2	用钢尺检查

（4）采用装饰、保温一体化等技术体系生产的预制部品、构件，其质量应符合现行国家和行业有关标准的规定。

2.3.2 构件运输

（1）现场运输道路和存放堆场应平整坚实，并有排水措施。运输车辆进入施工现场的道路，应满足预制构件的运输要求。卸放、吊装工作范围内不应有障碍物，并应有满足周转使用的场地。

（2）预制构件装卸时应采取可靠措施；预制构件边角部或与紧固用绳索接触部位，宜采用垫衬加以保护。

要点说明：

1）预制构件进场前，应制定进场计划、场内运输与存放方案。

2）施工现场运输道路必须平整坚实，并有足够的路面宽度和转弯半径。载重汽车的单行道宽度不得小于3.5m，拖车的单行道宽度不得小于4m，双行道宽度不得小于6m；采用单行道时，要有适当的会车点。载重汽车的转弯半径不得小于10m，半拖式拖车的转弯半径不宜小于15m，全拖式拖车的转弯半径不宜小于20m。

3）现场存放堆场应平整坚实，并有排水措施。卸放、吊装工作范围内不应有障碍物，并应有满足周转使用的场地。

4）预制构件装卸时应采取绑扎固定措施；预制构件边角部或与紧固用绳索接触部位，宜采用垫衬加以保护。构件在运输时要固定牢靠，以防在运输中途倾倒，或在道路车辆转弯时车速过高被甩出。对于屋架等重心较高、支承面较窄的构件，应用支架固定。

5）预制构件运送到施工现场后，应按规格、品种、使用部位、吊装顺序分别设置存放场地。存放场地应设置在吊车有效起重范围内，并设置通道。

6）构件运输时的混凝土强度，如设计无要求时，一般构件不应低于设计强度等级的75%，屋架和薄壁构件应达到100%。

7）钢筋混凝土构件的垫点和装卸车时的吊点，不论上车运输或卸车堆放，都应按设计要求进行。叠放在车上或堆放在现场上的构件，构件之间的垫木要在同一条垂直线上，且厚度相等。

8）根据工期、运距、构件重量、尺寸和类型以及工地具体情况，选择合适的运输车辆和装卸机械。

9）根据吊装顺序，先吊先运，保证配套供应。

10）对于不容易调头和又重又长的构件，应根据其安装方向确定装车方向，以利于卸车就位。必要时，在加工场地生产时，就应进行合理安排。

图 2-1 预制墙板运输示意图

图 2-2 叠合板运输示意图

图 2-3 预制阳台运输示意图

图 2-4 预制楼梯运输示意图

2.3.3 构件堆放

预制构件运送到施工现场后，应按规格、品种、使用部位、吊装顺序分类设置存放场地。存放场地宜设置在塔式起重机有效起重范围内，并设置通道。

预制墙板可采用插放或靠放的方式，堆放工具或支架应有足够的刚度，并支垫稳固。采用靠放方式时，预制外墙板宜对称靠放、饰面朝外，且与地面倾斜角度不宜小于 80°。

预制水平类构件可采用叠放方式，层与层之间应垫平、垫实，各层支垫应上下对齐。垫木距板端不大于 200mm，且间距不大于 1600mm，最下面一层支垫应通长设置，堆放时间不宜超过两个月。

预制构件堆放时，预制构件与支架、预制构件与地面之间宜设置柔性衬垫保护。

预应力构件需按其受力方式进行存放，不得颠倒其堆放方向。

要点说明：

构件堆放根据构件的刚度、受力情况及外形尺寸采取平放或立放。板类构件一般采取平放，桁架类构件一般采取立放，柱子则视具体情况采取平放或立放（柱截面长边与地面垂直称立放，截面短边与地面垂直称平放）。对于采用堆放架的大型构件，架体受力情况必须经过计算。

（1）预制剪力墙

预制剪力墙进场后，可采取背靠架堆放或插放架直立堆放，也可采取联排插放架堆放，堆放工具或支架应有足够的刚度，并支垫稳固。预制外墙板宜对称靠放、饰面朝外，且与地面倾斜角度不宜小于 80°。见图 2-5。

图 2-5　预制墙板堆放示意图

（2）叠合楼板

堆放场地应平整夯实，并设有排水措施，堆放时底板与地面之间应有一定的空隙。垫木放置在桁架侧边，板两端（至板端 200mm）及跨中位置应设置垫木且间距不应大于 1.6m。垫木的长、宽、高均不宜小于 100mm，且应上下对齐。层与层之间应垫平、垫实，各层支垫应上下对齐。不同板号应分别堆放，堆放高度不宜大于 6 层。堆放时间不宜超过两个月。见图 2-6。

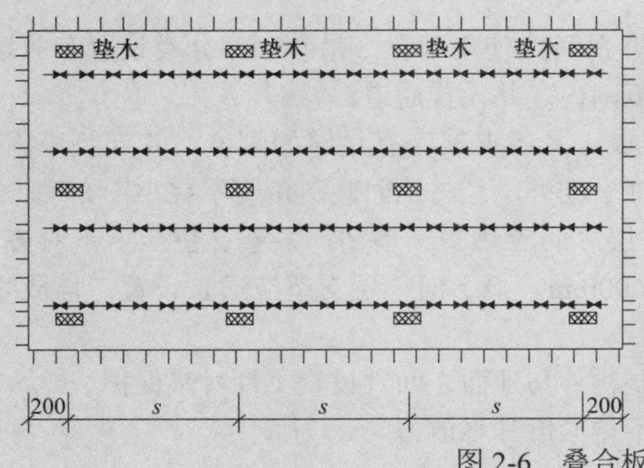

图 2-6　叠合板堆放示意图

(3)预制梁

预制梁堆放场地应平整夯实，并设有排水措施，预制梁的堆放应正确设置支承点，支承点位置必须符合设计要求，多层堆放时，各层支承点必须在同一垂直线上。见图 2-7。

图 2-7 预制梁堆放示意图

(4)预制楼梯

预制楼梯堆放场地应平整夯实，楼梯段每垛码不应超过 6 层，考虑集中荷载的效应，预制楼梯分散堆放，并在放置楼梯下面铺木枋，垫木应上下对正，放在同一垂线上，以增加受力面积及减少碰撞损坏。见图 2-8。

图 2-8 预制楼梯堆放示意图

(5)预制阳台

预制阳台板运送到施工现场后，应按规格、品种、所用部位、吊装顺序分别设置堆场。堆场应设置在起重机回转半径范围内，宜为正吊，堆垛之间宜设置通道。

预制阳台板叠放时，层与层之间应垫平、垫实，各层支垫应上下对齐，最下面一层支垫应通长设置。叠放层数不应大于 4 层。预制阳台板封边高度为 800mm、

1200mm 时宜单层放置。见图 2-9。

预制阳台板应在正面设置标识，标识内容宜包括构件编号、制作日期、合格状态、生产单位等信息。

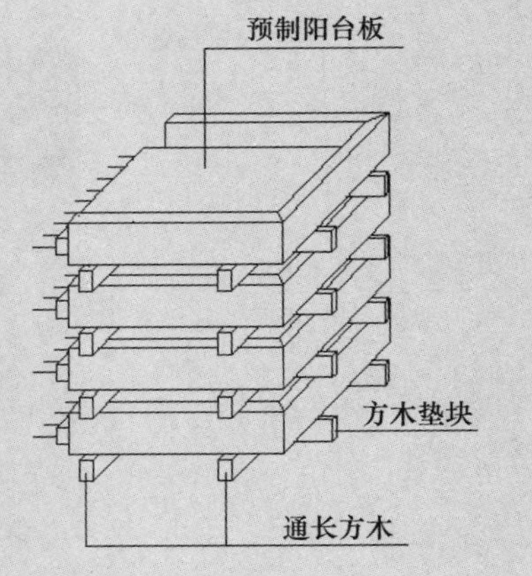

图 2-9　预制阳台堆放示意图

2.4　构件安装与连接

2.4.1　预制构件应按照施工方案吊装顺序提前编号，吊装时严格按编号顺序起吊；预制构件吊装就位并校准定位后，应及时设置临时支撑或采取临时固定措施。

2.4.2　预制构件吊装应符合下列规定：

（1）预制构件起吊宜采用标准吊具均衡起吊就位，吊具可采用预埋吊环或埋置式接驳器的形式。专用内埋式螺母或内埋式吊杆及配套的吊具，应根据相应的产品标准和应用技术规定选用；

（2）应根据预制构件形状、尺寸及重量和作业半径等要求选择适宜的吊具和起重设备；在吊装过程中，吊索与构件的水平夹角不宜小于 60°，不应小于 45°；

（3）预制构件吊装应采用慢起、快升、缓放的操作方式；构件吊装校正，可采用起吊、静停、就位、初步校正、精细调整的作业方式；起吊应依次逐级增加速度，不应越档操作。

2.4.3　竖向预制构件安装采用临时支撑时，应符合下列规定：

（1）每个预制构件应按照施工方案设置稳定可靠的临时支撑；

（2）对预制柱、墙板的上部斜支撑，其支撑点距离板底不宜小于柱、板高的 2/3，且不应小于柱、板高的 1/2。下部支承垫块应与中心线对称布置；

（3）对单个构件高度超过 10m 的预制柱、墙等，需设缆风绳；

（4）构件安装就位后，可通过临时支撑对构件的位置和垂直度进行微调。

2.4.4 叠合类构件的装配施工应符合下列规定：

（1）叠合类构件的支撑应根据设计要求或施工方案设置，支撑标高除应符合设计规定外，尚应考虑支撑系统本身的施工变形；

（2）施工荷载不应超过设计规定。

2.4.5 预制构件吊装校核与调整应符合下列规定：

（1）预制墙板、预制柱等竖向构件安装后应对安装位置、安装标高、垂直度、累计垂直度进行校核与调整。对较高的预制柱，在安装其水平连系构件时，须采取对称安装方式；

（2）预制叠合类构件、预制梁等水平构件安装后应对安装位置、安装标高进行校核与调整；

（3）相邻预制板类构件，应对相邻预制构件平整度、高差、拼缝尺寸进行校核与调整；

（4）预制装饰类构件应对装饰面的完整性进行校核与调整。

2.4.6 预制剪力墙安装

（1）安装工艺

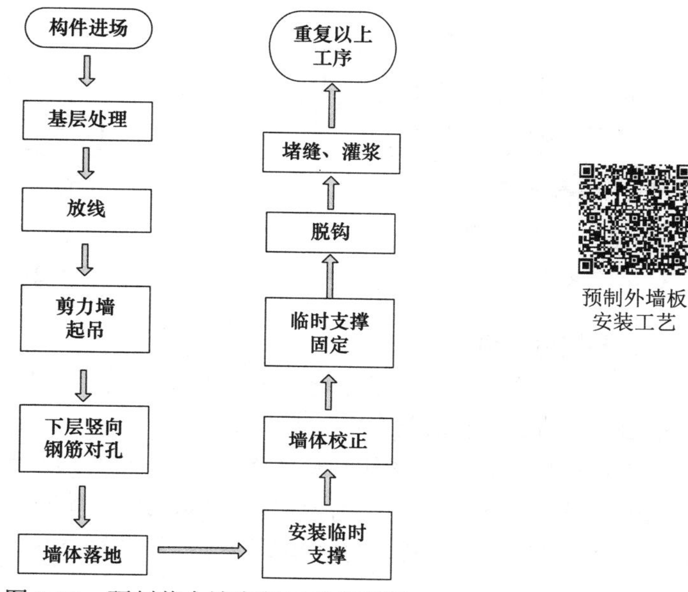

图 2-10 预制剪力墙安装工艺流程图

（2）起吊前准备

1）基层处理：安装墙板的结合面应清理干净，基面应干燥。

2）测量放线：根据定位轴线，在作业层混凝土顶板上，弹设控制线以便安装墙体就位，包括墙体及洞口边线；墙体 500mm（300mm）水平位置控制线；作业层 500mm 标高控制线（混凝土楼板插筋上）；套筒中心位置线。见图 2-11。

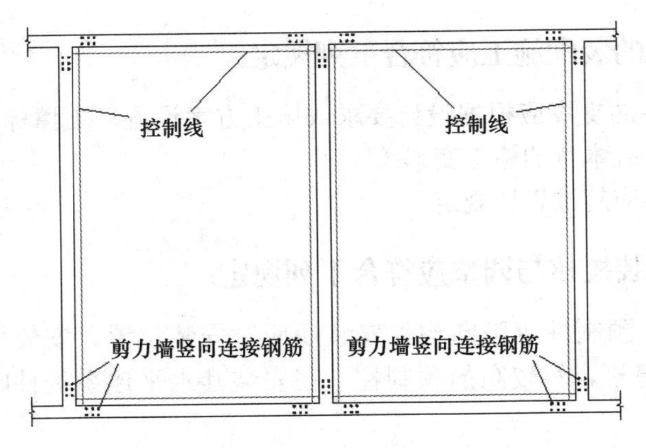

图 2-11　弹出墙体边线及控制线

3）外露连接钢筋校正：用钢筋卡具对钢筋的垂直度、定位及高度进行复核，对不符合要求的钢筋进行校正，确保上层预制外墙上的套筒与下一层的预留钢筋能够顺利对孔。

4）设置墙体标高调节垫片：墙板安装前，应在预制构件及其支承构件间设置垫片进行标高调节及找平，水平接缝厚度通常为 20mm，找平可采用垫片、预埋螺栓。见图 2-12、图 2-13。

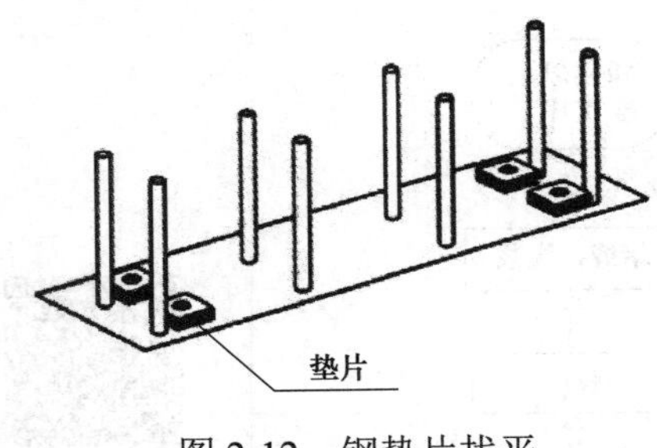

图 2-12　钢垫片找平

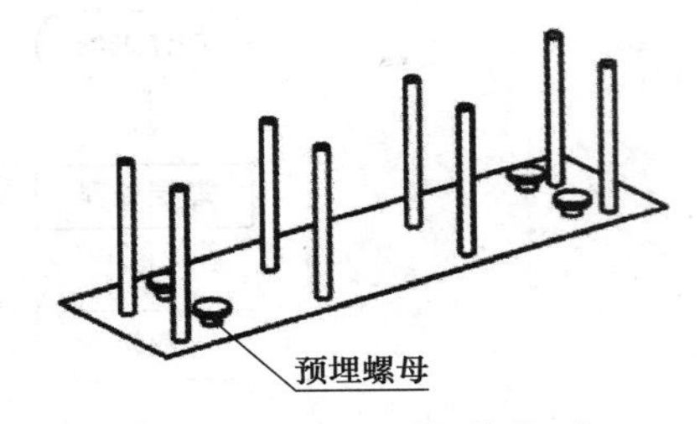

图 2-13　预埋螺栓找平

（3）预制墙体起吊

吊装时设置两名信号工，起吊处一名，吊装楼层上一名。另外墙吊装时配备一名挂钩人员，楼层上配备 3 名安放及固定外墙人员。

吊装前由质量检查人员核对墙板型号、尺寸，检查质量无误后，由专人负责挂钩，待挂钩人员撤离至安全区域时，由下面信号工确认构件四周安全情况，确认无误后进行试吊，指挥缓慢起吊，起吊到距离地面 0.5m 左右时，塔吊起吊装置确定安全后，继续起吊。见图 2-14、图 2-15。

（4）预制墙体安装

待墙体下放至距楼面 0.5m 处，根据预先定位的导向架及控制线微调，微调完成后减缓下放。由两名专业操作工人手扶引导降落，降落至 0.1m 时一名工人利用专用目视镜观察连接钢筋是否对孔。见图 2-16。

（工作面上吊装人员提前按构件就位线和标高控制线及预埋钢筋位置调整好，将垫片准备好，构件就位至控制线内，并放置垫片。）

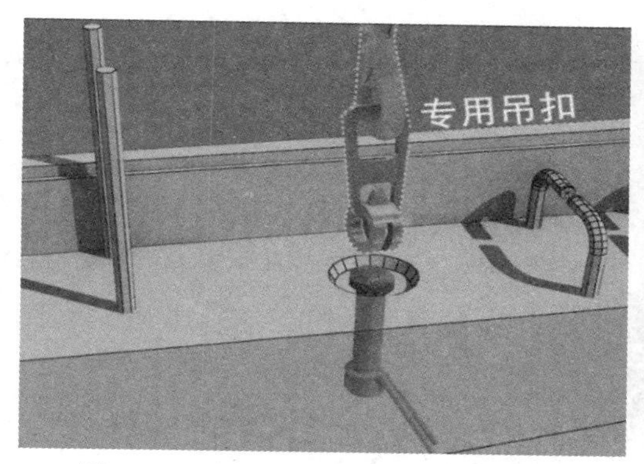

图 2-14 将专用吊扣牢固扣在吊钉上

图 2-15 外墙缓缓起吊至 0.5m 高

图 2-16 墙体安装示意图

（5）支撑体系的安装

墙体停止下落后，由专人安装斜支撑和七字码，利用斜支撑和七字码固定并调整预制墙体，确保墙体安装垂直度。构件调整完成后，复核构件定位及标高无误后，由专人负责摘钩，斜支撑最终固定前，不得摘除吊钩。（预制墙体上需预埋螺母，以便斜支撑固定）

斜支撑固定完成后在墙体底部安装七字码，用于加强墙体与主体结构的连接，确保后续作业时墙体不产生位移。每块墙体安装两根可调节斜支撑和两个七字码。见图 2-17 ～图 2-19。

图 2-17 斜支撑安装示意图

图 2-18 斜支撑及七字码安装示意图

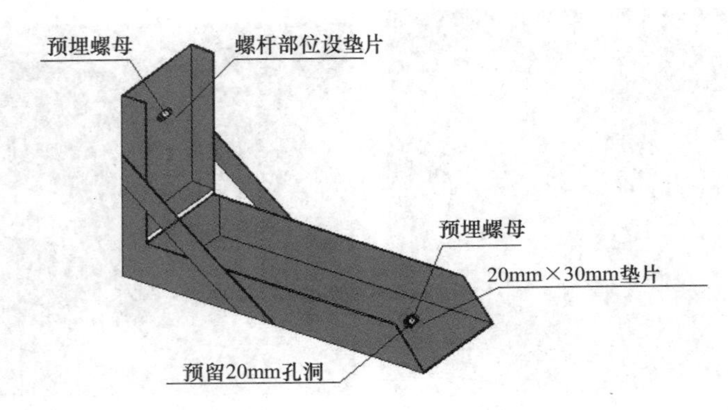

图 2-19 七字码示意图

也可采用两道斜撑固定方式，七字码用斜撑代替。见图 2-20。

图 2-20 双斜撑方式

（6）预制墙体校正

通过靠尺核准墙体垂直度，水准仪核准墙体标高，预制墙体校正包括平面定位、垂直度及标高等方面，具体措施如下：

1）平行墙体方向水平位置校正措施：通过在楼板面上弹出墙板边界线进行墙体位置校正，墙板按照边界线就位。若水平位置有偏差需要调节时，则可利用小型千斤顶在墙体侧面进行微调，也可采用撬棍微调。

2）垂直墙体方向水平位置校正措施：利用短斜撑调节杆，对墙体根部进行微调来控制墙体水平的位置，也可采用撬棍微调。

3）墙体垂直度校正措施：待墙体水平就位调节完毕后，利用长斜撑调节杆，通过可调节装置对墙体顶部的水平位移的调节来控制其垂直度。

4）墙体标高校正措施：墙板标高宜采用1mm后钢质垫片进行校正。见图2-21、图2-22。

图2-21 核准墙体垂直度及标高

图2-22 终拧斜支撑，摘除吊钩

2.4.7 预制柱安装

（1）吊装工艺

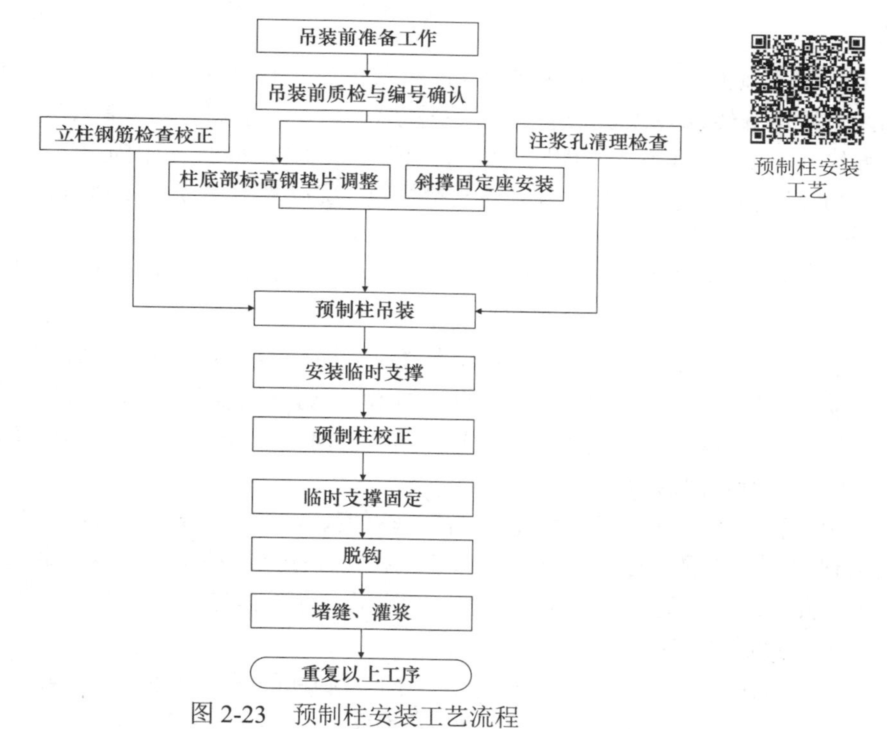

图2-23 预制柱安装工艺流程

（2）吊装准备

1）预制柱续接下层钢筋位置、高程复核，底部混凝土面清理干净，预制柱吊装位置测量放线。见图2-24。

图 2-24 钢筋复核示意图

结构层施工完成后吊装预制构件前需要投放：①轴线；②柱轮廓井字线；③柱定位控制线（柱轮廓线以外 200mm）；④预制柱纵横轴线；⑤梁安装控制线（在出厂前就在柱子上弹好）；⑥支撑体系的平面网格线（立杆），斜撑拉杆的定位固定点。

2）吊装前应对预制柱进行外观质量检查，尤其要对主筋连续套筒质量进行检查及预制柱预留孔内部的清理。

3）吊装前应备齐安装所需的设备和器具，如斜撑、固定用铁件、螺栓、柱底高程调整垫片、起吊工具、垂直度测定杆等。

4）在预制柱顶部架设预制主梁的位置应进行放样和做出明晰的标识，并放置柱头第一片箍筋，避免因预制梁安装时与预制柱的预留钢筋发生碰撞而无法吊装。

5）应事先确认预制柱的构件编号、吊装方向、水电预埋管、吊点与构件重量等内容。

（3）预制柱吊装过程

预制柱吊装前做好外观质量、钢筋垂直度、注浆孔清理等准备工作；预制柱落位后，对预制柱吊装位置进行标高复核与调整；然后进行预制柱吊装和精度调整；最后锁定斜撑位置，并摘除吊钩进入下一根立柱的吊装施工。见图 2-25。

（4）预制柱校正

吊装前在柱四角放置金属垫块，以利于预制柱的垂直度校正，按照设计标高，结合柱子长度对偏差进行确认。用经纬仪控制垂直度，若有少许偏差运用千斤顶等进行调整。

柱吊装到位后应及时将斜撑固定到预埋在预制柱上方和楼板的预埋件上，通过可调节装置进行垂直度调整，直至垂直度满足规定的要求后进行锁定。

（5）预制柱斜撑设置

预制柱的支撑可采用钢板固定。

在塔吊吊装之前，施工人员在构件吊装到相应位置后需及时将支撑钢板固定在预制柱

图 2-25 预制柱安装示意图

上，在预制柱按照测量员投放的线安装到位后，施工人员将斜撑的钢管支撑在支撑钢板上和楼面的支撑点上。

2.4.8 预制梁、叠合板安装

（1）工艺流程

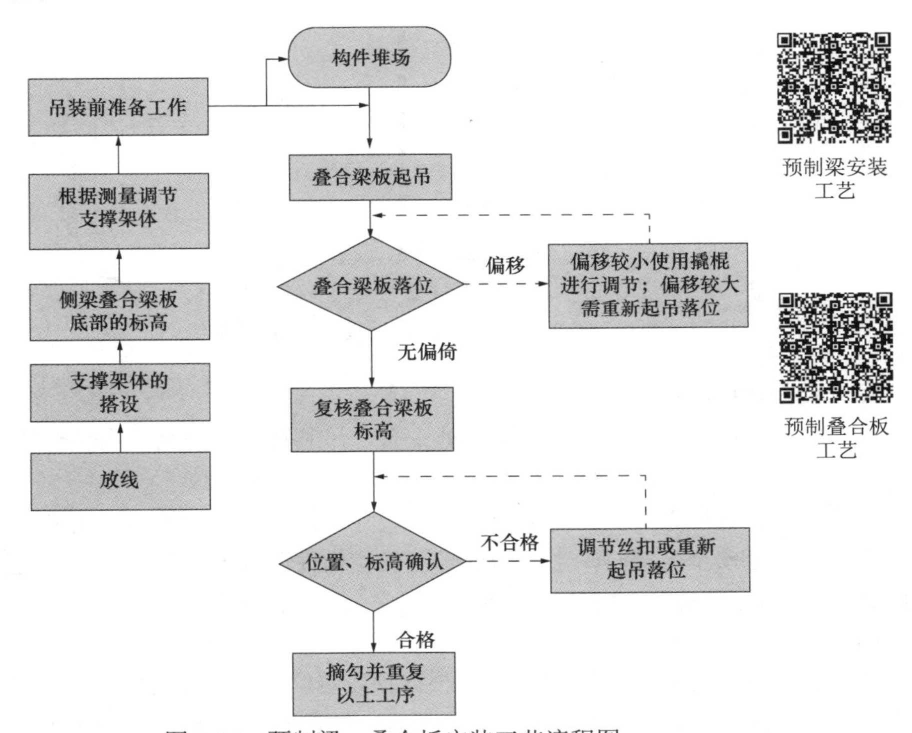

图 2-26 预制梁、叠合板安装工艺流程图

预制梁安装工艺

预制叠合板工艺

（2）吊装前准备工作

在进行叠合梁、板吊装之前，在下层板面上进行测量放线，弹出尺寸定位线及支撑立杆定位线；

叠合梁、板在与预制构件或现浇构件搭接处放出 10mm 控制线。见图 2-27、图 2-28。

图 2-27　放出叠合板边线及叠合板架体定位线

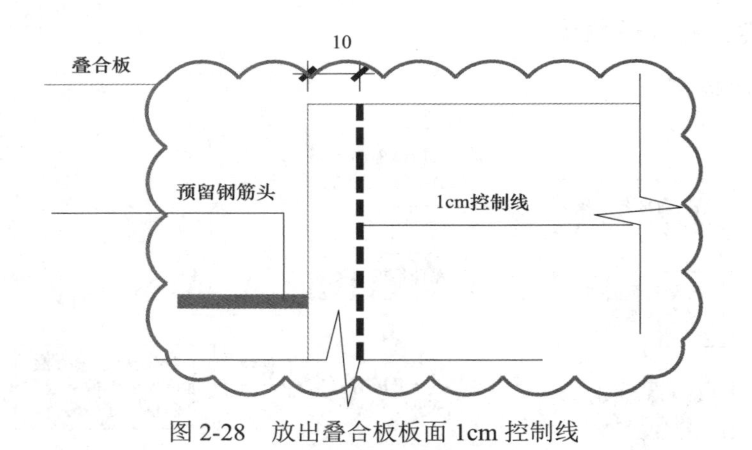

图 2-28　放出叠合板板面 1cm 控制线

（3）叠合梁板起吊

吊装时设置两名信号工，构件起吊处一名，吊装楼层上一名。另叠合梁板吊装时配备一名挂钩人员，楼层上配备两名安放叠合梁板人员。见图 2-29。

吊装前由质量检查人员核对墙板编号、尺寸，检查质量无误后，由专人负责挂钩，待挂钩人员撤离至安全区域时，由下面信号工确认构件四周安全情况，指挥缓慢起吊，起吊到距离地面 0.5m 左右时，塔吊起吊装置确定安全后，继续起吊。

（4）叠合梁板安装

待叠合梁板下放至距楼面 0.5m 处，根据预先定位的导向架及控制线微调，微调完成后减缓下放。由两名专业操作工人手扶引导降落，降落至 100mm 时，一名工人通过铅垂观察叠合梁板的边线是否与水平定位线对齐。见图 2-30。

图 2-29　叠合梁板起吊示意图

图 2-30　叠合梁板安装示意图

（5）叠合梁定位及标高的控制

1）叠合梁水平定位的控制

在进行叠合梁吊装之前，在下层板面上进行测量放线，弹出尺寸定位线。在叠合梁吊装完毕后，进行后浇构件和现浇梁的模板支设过程中，在与叠合梁落位处设置一个卡口，防止叠合梁的偏位。

2）叠合梁竖向标高的控制

叠合梁底支撑采用普通扣件式脚手架进行支撑，叠合梁搁置在扣件式脚手架的横杆上，通过调节扣件式脚手架的横杆标高来对叠合板的标高进行控制。使用水准仪测量梁底的标高，将梁底标高线抄于支撑立杆上方，再进行支撑横杆的搭设，待横杆搭设完毕后，对横杆的上侧标高进行复测，直至达到允许误差以内为止。

搭设完小横杆后，再根据立杆间距在梁底加设梁底支撑，支撑上部采用U拖调节标高，U拖上方通常放置100mm×100mm木枋，同样使用水准仪对木枋上侧的标高进行控制。见图2-31。

在支撑架体搭设的过程中，在进行叠合梁吊装前，预制墙体已吊装完成，与叠合板一样，可通过在下层板面上使用水准仪，根据已安装好的预制墙体顶标高，对承放叠合梁的小横杆的标高进行控制。

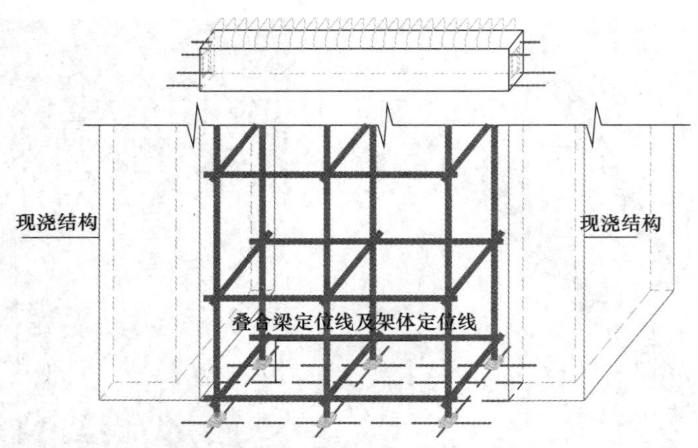

图 2-31　叠合梁定位及架体定位线

3）叠合梁落位时的定位控制

支撑体系搭设完毕后，将叠合梁直接从运输构件车辆上挂钩起吊至操作面，距离墙顶500mm 时，停止降落，操作人员稳住叠合梁，参照下层板面上的控制线，使用铅垂定位逐步引导叠合梁缓慢降落至支撑上方，待构件稳定后，方可进行摘勾和校正。

由于叠合梁为人工手扶的落位方式，故在叠合梁落位的过程当中，需要操作工人严格按照定位进行落位。吊装过程中需要项目管理人员和劳务管理人员旁站监督，吊装完毕后，需要双方管理人员共同检查定位是否与定位线偏差，采用铅垂和靠尺进行检测，如超出质量控制要求，管理人员需责令操作人员对叠合梁进行调整，如误差较小则采用撬棍即可完成调整，若误差较大，则需要重新起吊落位，直到通过检验为止。

（6）叠合板定位及标高的控制

1）叠合板水平定位的控制

先对靠近预制外墙侧的叠合板进行吊装，在进行叠合板吊装之前，在下层板面上进行测量放线，弹出尺寸定位线。叠合板的吊装根据设计要求，需与甩筋两侧预制墙体、现浇剪力墙、现浇梁或叠合梁相互搭接 10mm，需在以上结构上方或下层板面上弹出水平定位线。

2）叠合板竖向标高的控制

由于叠合板是通过三脚架独立支撑进行受力支撑的，则必须要求对三脚架独立支撑的竖向标高进行严格的控制。

由于在进行叠合板吊装前，预制墙体已吊装完成，且每一大块叠合板均与预制墙体搭接，则可通过在下层板面上使用水准仪，根据已安装好的预制墙体顶标高，对三脚架独立支撑的标高进行控制。

3）叠合板落位时的定位控制

支撑体系搭设完毕后，将叠合板直接从地面挂钩起吊至操作面，距离墙顶 500mm 时，停止降落，操作人员稳住叠合板，参照墙顶垂直控制线和下层板面上的控制线，引导叠合板缓慢降落至支撑上方，待构件稳定后，方可进行摘勾和校正。

由于叠合板为人工手扶的落位方式，故在叠合板落位的过程当中，需要操作工人严格按照定位进行落位。吊装过程中需要项目管理人员和劳务管理人员旁站监督，吊装完毕后，需要双方管理人员共同检查定位是否与定位线偏差，采用铅垂和靠尺进行检测，如超出质量控制要求，或偏差已影响到下一块叠合板的吊装，管理人员需责令操作人员对叠合板进行重新起吊落位，直到通过检验为止。

2.4.9　预制楼梯安装

（1）工艺流程

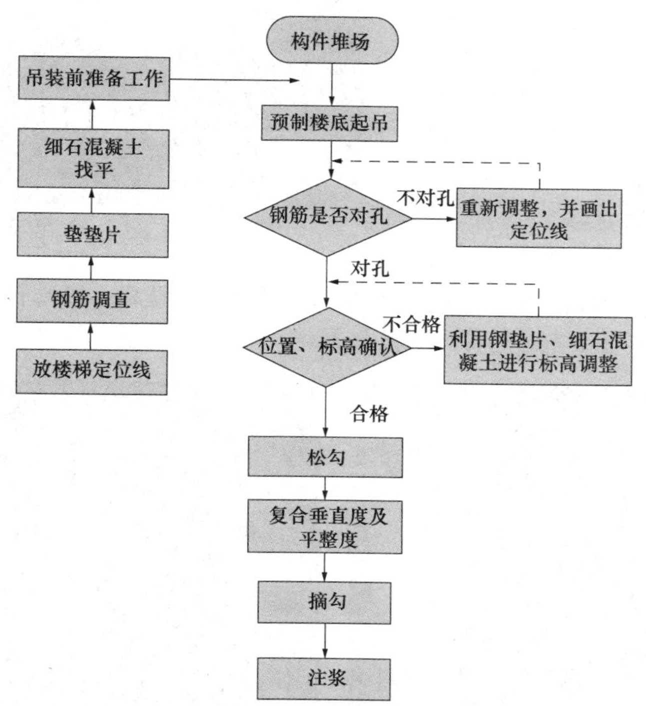

图 2-32　预制楼梯安装工艺流程

预制楼梯
安装工艺

（2）吊具准备

预制楼梯吊装时，由于楼梯自身抗弯刚度能够满足吊运要求，故预制楼梯采用常规方式吊运，即长短钢丝绳或吊索，吊装之前提前根据楼梯深化设计情况计算相应的钢丝绳或吊索长度。为了保证预制楼梯准确安装就位，需控制楼梯两端吊索长度，要求楼梯两端部同时降落至休息平台上。见图 2-33。

图 2-33　吊具示意图

（3）吊装前准备工作

根据施工图纸，在上下楼梯休息平台板上分别放出楼梯定位线；同时在梯梁面放置钢垫片，并铺设细石混凝土找平。垫片尺寸：3mm、5mm、8mm、10mm、15mm、20mm。检查竖向连接钢筋，针对偏位钢筋进行校正。

（4）预制楼梯的起吊

用吊钩及长短吊绳吊装预制楼梯，吊装时设置两名信号工，构件起吊处一名，吊装楼层上一名。另楼梯吊装时配备一名挂钩人员，楼层上配备两名安放及固定楼梯人员。

吊装前由质量检查人员核对楼梯型号、尺寸，检查质量无误后，由专人负责挂钩，待挂钩人员撤离至安全区域时，由下面信号工确认构件四周安全情况，指挥缓慢起吊，起吊到距离地面0.5m左右，塔吊起吊装置确定安全后，继续起吊。见图2-34。

图2-34　起吊示意图

（5）预制楼梯的安装

待预制楼梯下放至距楼面0.5m处，由专业操作工人稳住预制楼梯，根据水平控制线缓慢下放楼梯，对准预留钢筋，安装至设计位置。见图2-35、图2-36。

图2-35　预制楼梯安装

图2-36　安装至设计位置

（6）安装连墙件、踏步板及永久栏杆

楼梯停止降落后，由专人安装预制楼梯与墙体之间的连接件，然后安装永久栏杆（预制墙体上需预埋螺母，以便连接件固定）。见图2-37、图2-38。

图2-37　安装连接件

图2-38　安装永久栏杆

2.4.10 预制阳台板、空调板安装

（1）吊装工艺流程：测量放线→临时支撑搭设→预制阳台板、空调板起吊→预制阳台板、空调板落位→位置、标高确认→摘钩；

预制阳台安装工艺

（2）安装前，应检查支座顶面标高及支撑面的平整度；

（3）吊装完后，应对板底接缝高差进行校核；如板底接缝高差不满足设计要求，应将构件重新起吊，通过可调托座进行调节；

（4）就位后，应立即调整并固定；

（5）应待后浇混凝土强度达到设计要求后，方可拆除预制板下临时支撑。

要点说明：

预制阳台板、空调板吊装时使用长短钢丝绳或吊索进行吊装；当预制阳台板、空调板吊装至作业面上空500mm时，减缓降落，由专业操作工人稳住预制阳台板、空调板，根据叠合板上控制线，引导预制阳台板、空调板降落至独立支撑上，根据预制墙体上水平控制线及预制叠合板上控制线，校核预制阳台板、空调板水平位置及竖向标高情况，通过调节竖向独立支撑，确保预制阳台板、空调板满足设计标高要求，允许误差为±5mm；通过撬棍调节预制阳台板、空调板水平位移，确保预制阳台板、空调板满足设计图纸水平分布要求，允许误差为5mm。待预制阳台板、空调板定位完成后，将阳台板、空调板钢筋与叠合板钢筋焊接固定，预制构件固定完成后，摘除吊钩。

2.4.11 预制构件间钢筋连接宜采用套筒灌浆连接、浆锚搭接连接以及环筋扣合锚接等形式。采用钢筋套筒灌浆连接、钢筋浆锚搭接连接的预制构件就位前，应检查下列内容：

（1）套筒、预留孔的规格、位置、数量和深度；

（2）被连接钢筋的规格、数量、位置和长度；

（3）当套筒、预留孔内有杂物时，应清理干净，并应检查注浆孔、出浆孔是否通畅；

（4）当连接钢筋倾斜时，应进行校正，连接钢筋偏离套筒或孔洞中心线符合有关规范规定。

2.4.12 采用钢筋套筒灌浆连接时，应符合下列规定：

（1）灌浆前应制定钢筋套筒灌浆操作的专项质量保证措施，套筒内表面和钢筋表面应洁净，灌浆操作全过程应由监理人员旁站；

（2）灌浆料应由经培训合格的专业人员按配置要求计量灌浆材料和水的用量，经搅拌均匀后测定其流动度满足设计要求后方可灌注；

（3）浆料应在制备后30min内用完，灌浆作业应采取压浆法从下口灌注，当浆料从上口流出时应及时封堵，持压30s后再封堵下口，灌浆后24h内不得使构件和灌浆层受到振动、碰撞；

（4）灌浆作业应及时做好施工质量检查记录，并按要求每工作班应制作 1 组且每层不应少于 3 组 40mm×40mm×160mm 的长方体试件，标准养护 28d 后进行抗压强度试验；

（5）灌浆施工时环境温度不应低于 5℃；当采用低温灌浆料时，灌浆施工应符合相关规定；

（6）灌浆作业应留下影像资料作为验收资料。资料应包括灌浆操作的部位、时间、操作人员等信息。

要点说明：

（1）套筒灌浆施工工艺

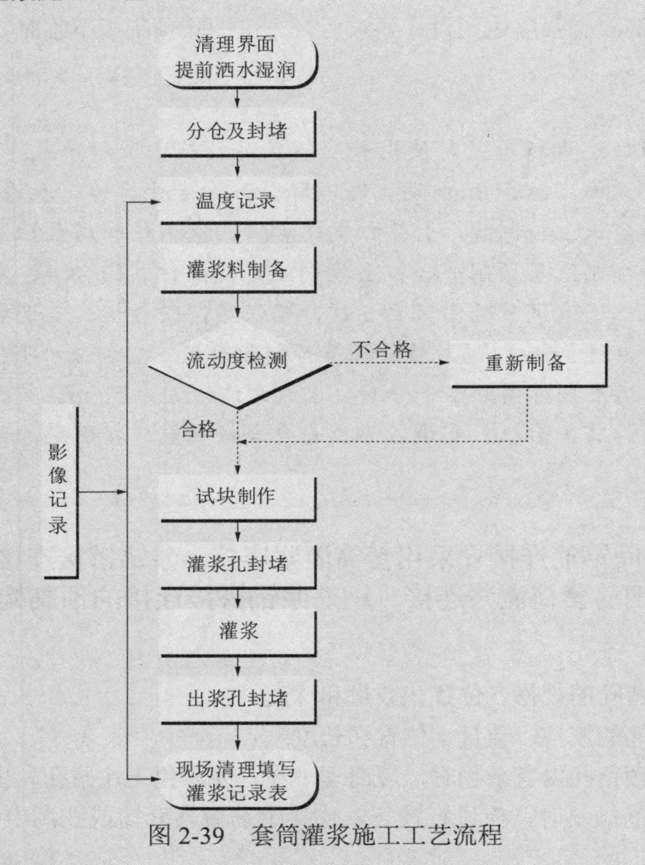

图 2-39　套筒灌浆施工工艺流程

（2）灌浆前准备

1）技术准备

套筒灌浆前应编制专项施工方案并进行专项技术交底。灌浆前，应对灌浆孔进行检查，保证通畅。见图 2-40。

套筒灌浆连接施工应采用匹配的灌浆套筒和灌浆料。

机械灌浆的灌浆压力，灌浆速度可根据现场施工条件确定。

2）人员准备

现场灌浆施工是影响套筒灌浆连接施工质量的最关键因素，直接关系到装配式建筑的结构稳定性，需由专业工人完成。灌浆施工前，所有人员（包括管理人员和

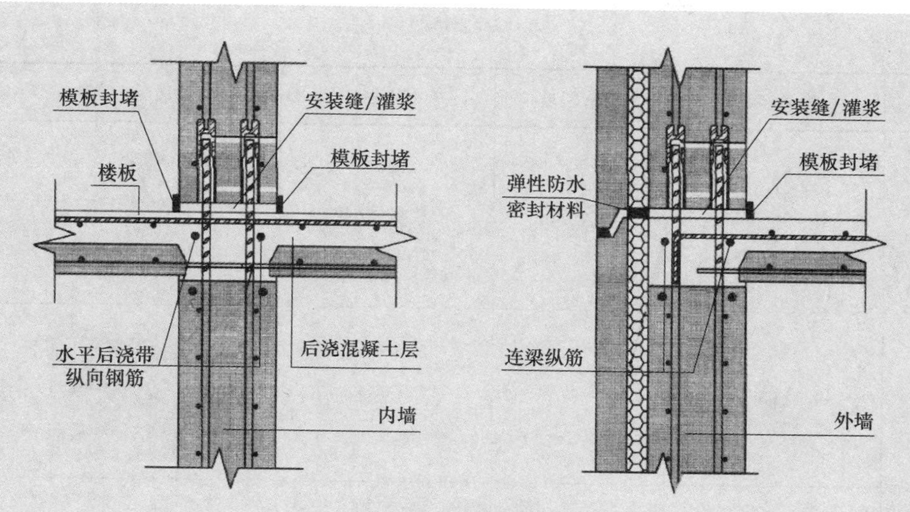

图 2-40 预制墙板灌浆构造示意图

施工操作人员）均需进行培训，施工时严格按照国家现行相关规范执行。管理人员配备齐全，施工人员操作熟练，未经许可不准随意更换人员。灌浆操作班组可由下列人员组成:一名机械调试人员，一名浆料制备人员，一名灌浆人员，一名封堵人员，共四人。

3）材料准备

套筒灌浆料进场时，应检查其产品合格证及出厂检验报告，并在现场做试搅拌、试灌浆，对其初始流动度、30min 流动度及灌浆可操作时间进行测试。灌浆料存放在通风干燥处并避免阳光直射。

灌浆料与灌浆套筒需是同一厂家生产。根据设计要求及套筒规格、型号选择配套的灌浆料，施工过程中严格按照厂家提供的配置方法进行灌浆料的制备，不允许随意更换。如要更换，必须重新做连接接头的型式检验，确保连接强度符合设计要求后方可投入使用。

4）器具设备准备（表 2-5）

器具设备 **表 2-5**

序号	设备名称	规格型号	用途	图示
1	电子地秤	30kg	量取水、灌浆料	
2	搅拌桶	25L	盛水、浆料拌制	

续表

序号	设备名称	规格型号	用途	图示
3	电动搅拌机	≥ 120r/min	浆料拌制	
4	电动灌浆泵		压力法灌浆	
5	手动注浆枪		应急用注浆	
6	管道刷		清理套筒内表面	

（3）灌浆料制备

1）打开包装袋，检验灌浆料外观及包装上的有效期，将干料混合均匀，无受潮结块等异常后，方可使用。

2）拌合用水应符合现行行业标准《混凝土用水标准》JGJ 63 的有关规定。

3）灌浆料须按产品质量证明文件（使用说明书，出厂检验报告等）注明的加水量（也可按加水率，加水率＝加水重量 / 干料重量 ×100%）进行拌制。

4）为使灌浆料的拌合比例准确，可使用量筒作为计量容器。

5）搅拌机，搅拌桶就位后，将水和灌浆料倒入搅拌桶内进行搅拌。先加入 80% 水量搅拌 3 ～ 4min 后，再加剩余的约 20% 水，搅拌均匀后静置 2min 排气，然后进行灌浆作业。灌浆料搅拌完成后，不得加水。

（4）灌浆料的检验

1）强度检验

灌浆料强度按批检验，以每楼层为一检验批；每工作班应制作一组且每层不应少于 3 组 40mm×40mm×160mm 的试件，标准养护 28d 后进行抗压强度试验。

2）流动度及实际可操作时间检验

每次灌浆施工前，需对制备好的灌浆料进行流动度检验，同时须做实际可操作时间检验，保证灌浆施工时间在产品可操作时间内完成。灌浆料搅拌完成初始流动度应≥300mm，以260mm为流动度下限。浆料流动时，用灌浆机循环灌浆的形式进行检测，记录流动度降为260mm时所用时间；浆料搅拌后完全静止不动，记录流动度降为260mm时所用时间；根据时间数据确定浆料实际可操作时间，并要求在此时间内完成灌浆。见图2-41。

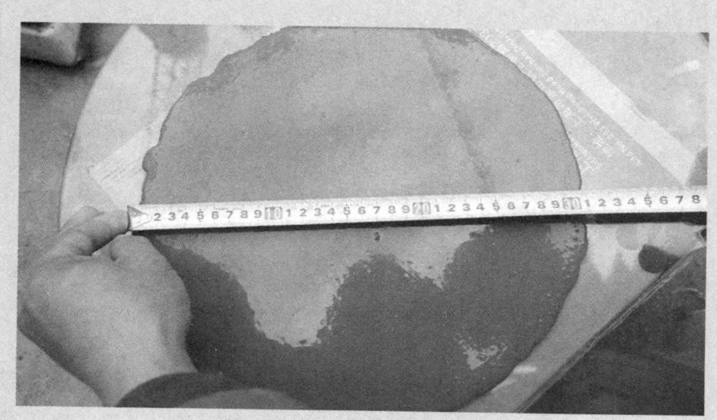

图2-41 灌浆料流动度检查

（5）灌浆区内外侧封堵

预制墙板灌浆前，需要对预制墙板与楼板接触面的两侧进行封堵，不得减少结构构件的断面尺寸。预制外墙板外侧可采用弹性防水密封材料（50mm宽橡塑棉条或EPE伸缩条等），避免灌浆料污染外墙面；内侧可采用模板进行封堵。常采用蛇皮软管置入墙体内侧保护层位置处，沿蛇皮软管外侧封堵浆料，待坐浆料具备强度后缓慢抽出蛇皮软管。预制内墙板两侧均可采用模板封堵。模板封堵宽度宜为10～15mm。

（6）灌浆区域的分仓措施

若灌浆面积大、灌浆料多、灌浆操作时间长，而灌浆料初凝时间较短，这种情况需对一个较大的灌浆区域进行人为的分区操作，保证灌浆操作的可行性。

采用电动灌浆泵灌浆时，一般单仓长度不超过1.5m，在经过实体灌浆试验确定可行后可适当延长，但不宜超过3m。

根据项目实际情况，一般将分仓隔墙设置在套筒区域与非套筒区域的分界线上，即墙体暗柱区域及墙身的分界线上。墙体长度较大时，可将墙身部分再次分仓以满足灌浆可行性。分仓隔墙宽度不应小于20mm，为防止遮挡套筒孔口，距离连接钢筋外缘不应小于40mm。

分仓时两侧内衬模板选用便于抽出的PVC管，将拌好的封堵料填塞充满模板，保证其与上下构件表面结合密实，然后抽出内衬。

（7）接缝封堵及灌浆孔封堵

分仓完成后对接缝处外沿进行封堵。由于压力灌浆时一旦漏浆很难进行处理，因此采用封缝砂浆与聚乙烯棒密封条相结合进行封堵。墙体吊装前将密封条布置在墙体边线处，吊装后将砂浆填充在接缝外沿，将密封条向里挤压，支模固定待砂浆养护至初凝（不少于 24h）能承受套筒灌浆的压力后，再进行灌浆。

图 2-42　现场灌浆作业

灌浆时需提前对灌浆面进行洒水湿润且不得有明显积水。采用压浆法从套筒下孔灌浆，通过水平缝连通腔一次向多个套筒灌注，按浆料排出先后用橡胶塞（或软木塞）依次封堵排浆孔，灌浆泵一直保持灌浆压力，直到所有套筒的上孔都排出浆料并封堵牢固后再停止灌浆，最后一个出浆孔封堵后需持压 5s，确保套筒内浆料密实度。如有漏浆须立即补灌。

2.4.13　采用钢筋浆锚搭接连接时，应符合下列要求：

（1）灌浆前应对连接孔道及灌浆孔和排气孔全数检查，确保孔道通畅，内表面无污染；

（2）竖向构件与楼面连接处的水平缝应清理干净，灌浆前 24h 连接面应充分浇水湿润，灌浆前不得有积水；

（3）竖向构件的水平拼缝应采用与结构混凝土同强度或高一级强度等级的水泥砂浆进行周边坐浆密封，1d 以后方可进行灌浆作业；

（4）灌浆料应采用电动搅拌器充分搅拌均匀，搅拌时间从开始加水到搅拌结束应不少于 5min，然后静置 2 ～ 3min；搅拌后的灌浆料应在 30min 内使用完毕，每个构件灌浆总时间应控制在 30min 以内；

（5）浆锚节点灌浆必须采用机械压力注浆法，确保灌浆料能充分填充密实；

（6）灌浆应连续、缓慢、均匀地进行，直至排气孔排出浆液后，立即封堵排气孔，持压不小于 30s，再封堵灌浆孔，灌浆后 24h 内不得使构件和灌浆层受到振动、碰撞；

（7）灌浆结束后应及时将灌浆孔及构件表面的浆液清理干净，并将灌浆孔表面抹压平整；

（8）灌浆作业应及时做好施工质量检查记录，并按要求每工作班应制作 1 组且每层不应少于 3 组 40mm×40mm×160mm 的长方体试件，标准养护 28d 后进行抗压强度试验；

（9）灌浆作业应留下影像资料，作为验收资料。

要点说明：

(1) 浆锚搭接连接注浆施工工艺

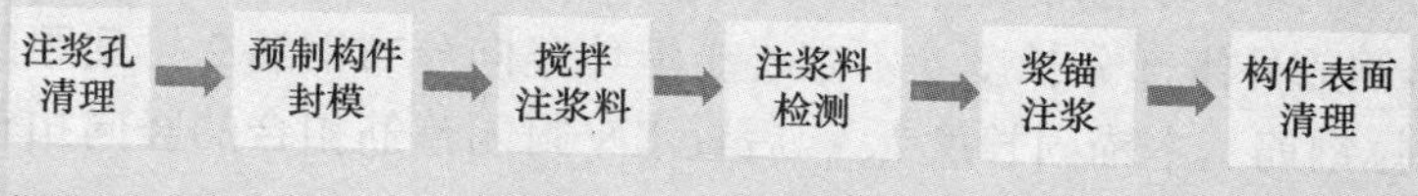

注浆孔清理 → 预制构件封模 → 搅拌注浆料 → 注浆料检测 → 浆锚注浆 → 构件表面清理

(2) 拼缝模板支设

1) 外墙外侧上口预先采用20mm厚挤塑条，可用胶水将挤塑板固定于下部构件上口外侧，外墙内侧采用木模板围挡，用钢管加顶托顶紧。

2) 墙板与楼地面间缝隙使用木模将两侧封堵密实。

(3) 注浆管内喷水湿润

1) 选用生活饮用水或经检测可用的地表水及地下水。

2) 拌合用水不应产生以下有害作用：①影响注浆材料的和易性和凝结；②有损注浆材料的强度发展；③降低注浆材料的耐久性，加快钢筋腐蚀及导致预应力钢筋脆断；④污染混凝土表面；⑤水中相应物质含量及pH值要求应符合相关规定。

3) 对金属注浆管内和接缝内洒水应适量，洒水后应间隔2h再进行灌浆，防止积水。

(4) 搅拌注浆料

1) 选用水同上。

2) 注浆材料宜选用成品高强灌浆料，应具有大流动性、无收缩、早强高强等特点。选用的灌浆材料需附出厂合格证或质量证明文件，并经复试合格方可使用。

3) 一般要求配料比例控制：一包灌浆料20kg，用水3.5kg，流动度≥300mm。

4) 注浆料搅拌宜使用手持式电动搅拌机，用量较大时也可选用砂浆搅拌机。搅拌时间为60s以上，应充分搅拌均匀，选用手持式电动搅拌机搅拌过程中不得将叶片提出液面，防止带入气泡。

5) 一次搅拌的注浆料应在30min内使用完。

(5) 注浆管内孔灌浆

1) 可采用高位自重流淌灌浆或采用压力灌浆。

2) 采用高位自重流淌灌浆方法时注意先从高位注浆管口灌浆，待灌浆料接近低位灌浆口时，注入第二高位灌浆口，以此类推。待灌浆料终凝前分别对高、低位注浆管口进行补浆，这样确保注浆材料的密实性和连续性。

3) 灌浆应逐个构件进行，一块构件中的灌浆孔或单独的拼缝应一次性连续灌浆直至灌满。

(6) 构件表面清理

构件灌浆后应及时清理沿灌浆口溢出的灌浆料，随灌随清，防止污染构件表面。

(7) 注浆管口表面填实压光

1) 注浆管口填实压光应在注浆料终凝前进行。

2) 注浆管口应抹压至与构件表面平整，不得凸出或凹陷。

3) 注浆料终凝后应洒水养护，每天3～5次，养护时间不得少于7d。

2.4.14　采用环筋扣合锚接形式连接时，节点形式如下及施工措施：

（1）楼层内预制环形钢筋混凝土内、外墙的水平连接，预制环形钢筋混凝土内、外墙预留的水平环形钢筋外露部分长度 a 不宜小于墙体竖向分布钢筋 2 排间距的长度，且不应小于 0.6 倍的受拉钢筋基本锚固长度 l_{ab}；后置水平封闭箍筋扣合的竖向扣合连接筋每端不宜少于 2 排，如图 2-43 所示。

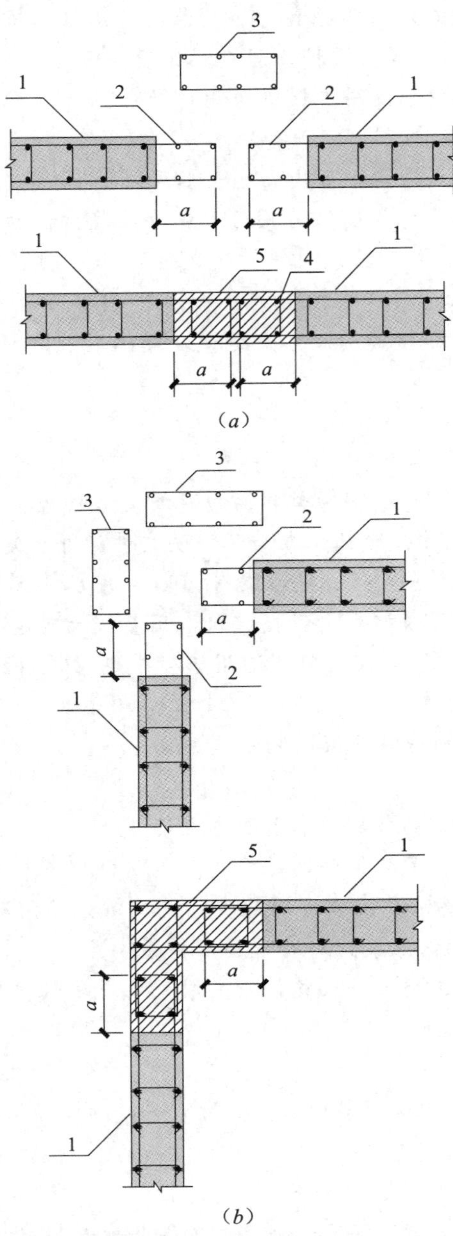

图 2-43　楼层内预制环形钢筋混凝土内、外墙连接（一）

（a）一字形连接；（b）L 形连接

1—预制环形钢筋混凝土内、外墙；2—环形钢筋；3—封闭箍筋；4—扣合连接筋；5—后浇段

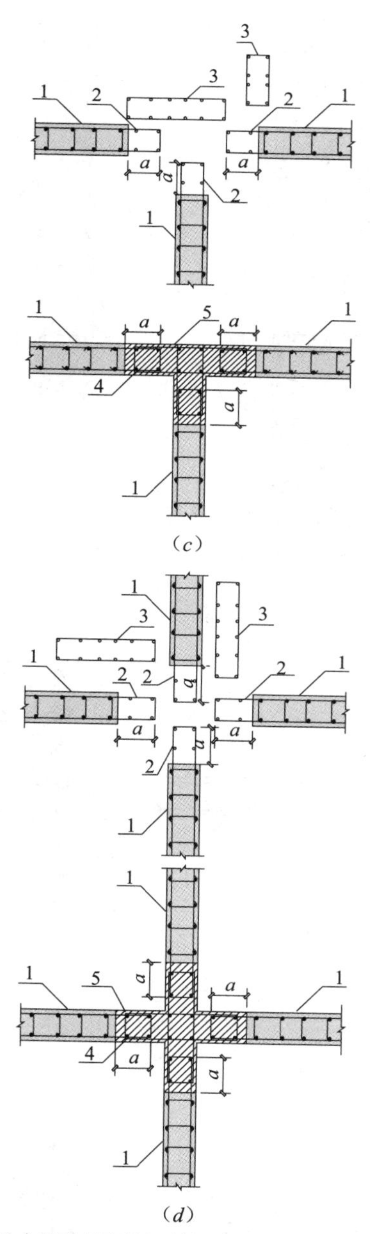

图 2-43　楼层内预制环形钢筋混凝土内、外墙连接（二）

（c）T 形连接；（d）十字形连接

1—预制环形钢筋混凝土内、外墙；2—环形钢筋；3—封闭箍筋；4—扣合连接筋；5—后浇段

（2）预制环形钢筋混凝土内、外墙上下层连接时，接缝处水平的扣合连接筋的竖向间距不宜大于 200mm，如图 2-44 所示。

（3）环形钢筋混凝土叠合板预制层预留的环形钢筋应与预制环形钢筋混凝土内、外墙预留的环形钢筋交错扣合安装；接缝处墙的顶面标高宜低于楼板顶面标高 10mm；环形钢筋混凝土叠合板预制层的板端在预制环形钢筋混凝土内、外墙上的搁置长度不宜小于 10mm，且不宜大于 15mm，如图 2-45 所示。

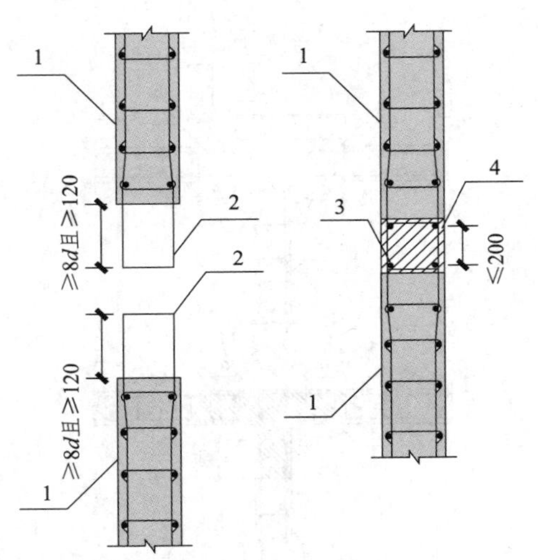

图 2-44　预制环形钢筋混凝土内、外墙上下层连接

1—预制环形钢筋混凝土内、外墙；2—环形钢筋；3—扣合连接筋；4—暗梁后浇区段

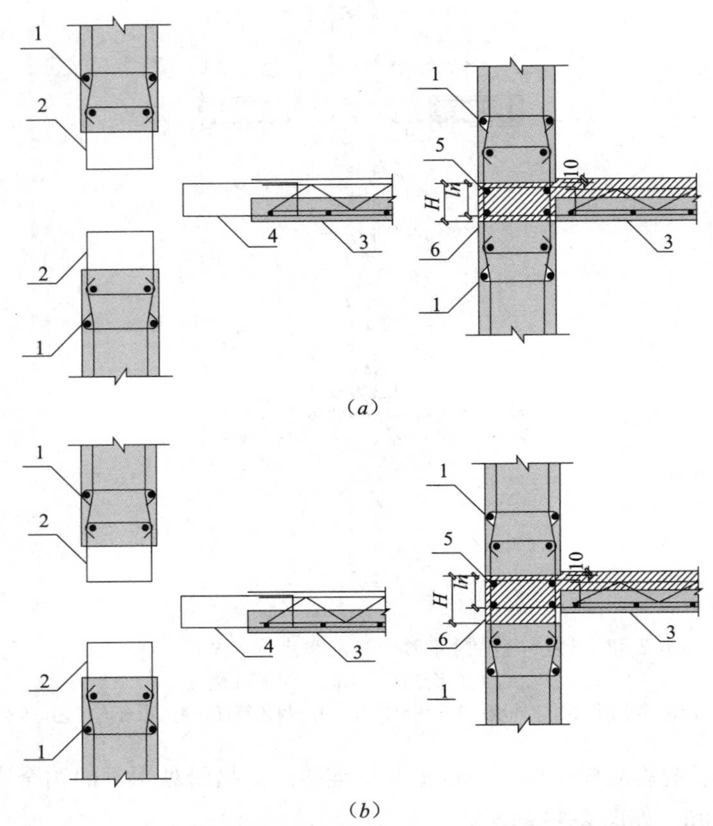

图 2-45　上下层预制环形钢筋混凝土内、外墙与楼板的连接（一）

（a）叠合板总厚度与墙竖向连接的暗梁高度相同时（H 为环筋扣合高度）；

（b）叠合板总厚度小于墙竖向连接的暗梁高度时（H 为环筋扣合高度）

1—预制环形钢筋混凝土内、外墙；2—剪力墙外墙环形钢筋；3—环形钢筋混凝土叠合板；4—叠合板环形钢筋；5—扣合连接筋；6—后浇段

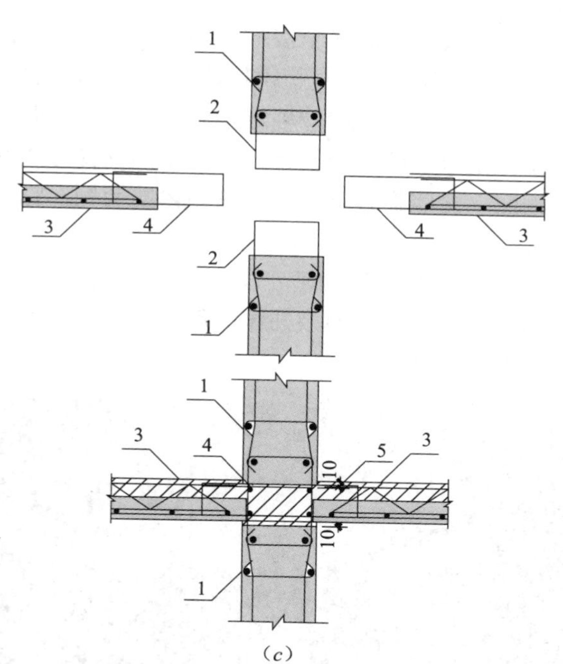

(c)

图 2-45 上下层预制环形钢筋混凝土内、外墙与楼板的连接（二）

(c) 上下层预制环形钢筋混凝土内、外墙与双侧楼板连接

1—预制环形钢筋混凝土内、外墙；2—剪力墙外墙环形钢筋；3—环形钢筋混凝土叠合板；
4—叠合板环形钢筋；5—扣合连接筋

施工控制措施方法：

（1）预制环形钢筋混凝土剪力墙上、下层连接时，上下层相邻环形钢筋应交错设置，错开距离不宜大于 50mm。

（2）预制环形钢筋混凝土剪力墙上、下层连接时，为保证墙体轴线定位准确、快捷，墙体预制时下侧两端设置三角楔形槽，楔形槽顶与轴线重合，下侧与轴线对称布置；在墙体上侧对应位置预埋内丝套筒，安装时在下层剪力墙顶内丝套筒上拧入圆锥形定位顶针，定位顶针伸入上层墙底楔形槽内，并由顶针的拧入深度控制其上焊接的平垫板标高来控制和支撑上层墙体，实现墙体轴线、标高快速准确定位，如图 2-46 所示。

图 2-46 环形钢筋混凝土剪力墙上、下层连接时的定位支撑

每片墙体就位完成后，应及时穿插水平接缝处的纵向钢筋，纵向钢筋应分段穿插，采用搭接连接，搭接长度应符合设计要求；有防雷接地要求时宜采用焊接。

（3）楼层内预制环形钢筋混凝土内、外墙连接时，应采用临时斜支撑固定，临时斜支撑的下着力点应设置在垂直于该墙的下层墙体顶部，单面支撑点不应少于 2 处。外墙临时斜支撑安装在墙体的内侧面，内墙临时支撑安装在墙体的两侧，临时斜支撑与楼板面的夹角宜在 45° ～ 60°之间。

两片环形钢筋混凝土内、外墙形成“L”、“T”形时，在两片成直角夹角剪力墙的上端各用 1 个可调夹具夹住墙体，再用 1 个连接件作为斜边，将两块剪力墙固定。直角角撑可调夹具固定连接示意，如图 2-47 所示。

图 2-47 墙顶夹具

（4）安装叠合板时，在环形钢筋混凝土内、外墙两侧或内侧上设预埋孔，通过螺栓对拉或栓接将预埋孔与可调支撑三脚架相连接，利用两侧墙体自身的稳定性结构可调支撑安装三脚架，在两侧墙体中部根据叠合板的跨度架设支撑，形成完整稳定的叠合板支撑体系，如图 2-48 所示。

图 2-48 叠合板支撑体系

（5）环形钢筋混凝土叠合板现浇层的混凝土与预制环形钢筋混凝土剪力墙上、下层连接水平接缝处的混凝土应连续浇筑，当二者混凝土强度不同时，水平接缝两侧 100mm 范围内宜设钢板网支挡；楼板现浇层混凝土宜从周边向中间浇筑。

2.4.15 采用干式连接时，应根据不同的连接构造，编制施工方案，应符合相关国家、行业标准规定，并应符合以下规定：

（1）采用螺栓连接时，应按设计或有关规范的要求进行施工检查和质量控制，螺栓型号、规格、配件应符合设计要求，表面清洁，无锈蚀、裂纹、滑丝等缺陷，并应对外露铁件采取防腐措施。螺栓紧固方式及紧固力须符合设计要求；

（2）采用焊接连接时，其焊接件、焊缝表面应无锈蚀，并按设计打磨坡口，并应避免由于连续施焊引起预制构件及连接部位混凝土开裂。焊接方式应符合设计要求；

（3）采用预应力法连接时，其材料、构造需符合规范及设计要求；

（4）采用支座支撑方式连接时，其支座材料、质量、支座接触面等须符合设计要求。

2.4.16 后浇混凝土节点钢筋施工：

（1）预制墙体间后浇节点主要有“一”形、“L”形、“T”形几种形式。节点处钢筋施工工艺流程：安放封闭箍筋→连接竖向受力筋→安放开口筋、拉筋→调整箍筋位置→绑扎箍筋；

后浇节点钢筋绑扎工艺——一形节点

（2）预制墙体间后浇节点钢筋施工时，可在预制板上标记出封闭箍筋的位置，预先把箍筋交叉就位放置；先对预留竖向连接钢筋位置进行校正，然后再连接上部竖向钢筋；

后浇节点钢筋绑扎工艺——L 形节点

（3）叠合构件叠合层钢筋绑扎前清理干净叠合板上的杂物，根据钢筋间距弹线绑扎，上部受力钢筋带弯钩时，弯钩向下摆放，应保证钢筋搭接和间距符合设计要求；

（4）叠合构件叠合层钢筋绑扎过程中，应注意避免局部钢筋堆载过大。

后浇节点钢筋绑扎工艺——T 形节点

要点说明：

（1）装配式剪力墙结构暗柱节点主要有“一”形、“L”形和“T”形几种形式。由于两侧的预制墙板有外伸钢筋，因此暗柱钢筋等安装难度较大。需要在深化设计阶段及构件生产阶段就进行暗柱节点钢筋穿插顺序分析研究，发现无法实施的节点，及早与设计单位进行沟通，避免现场施工时出现箍筋安装困难或临时切割的现象发生。见图 2-49 ～图 2-51。

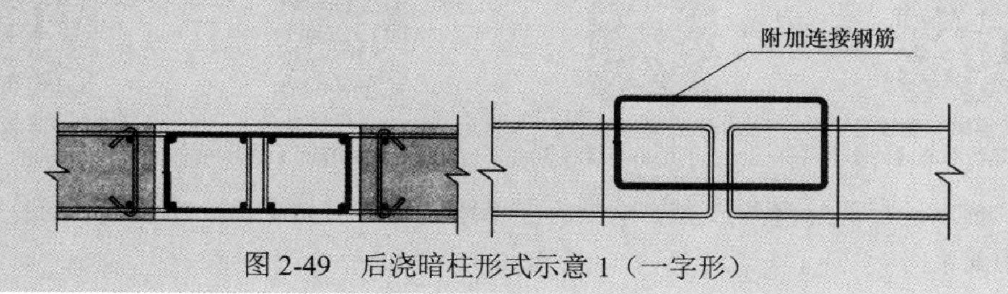

图 2-49 后浇暗柱形式示意 1（一字形）

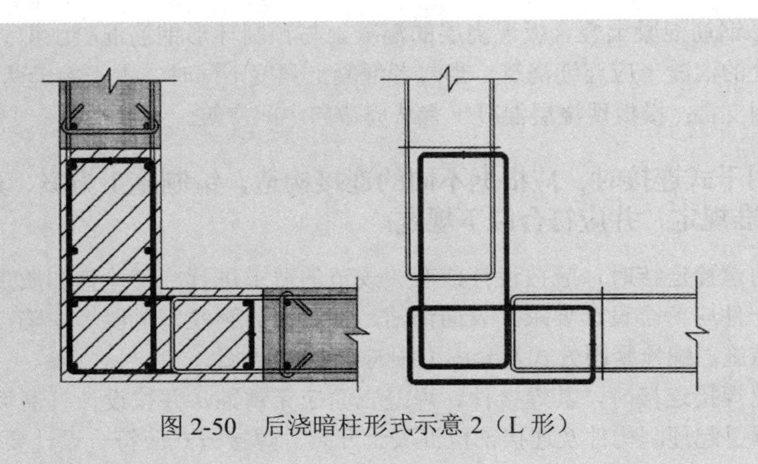

图 2-50　后浇暗柱形式示意 2（L 形）

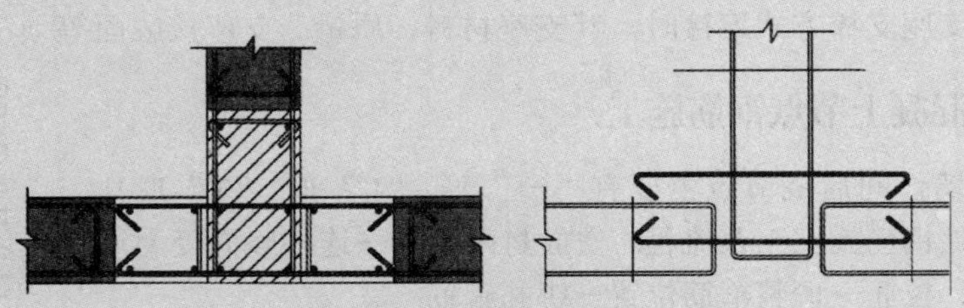

图 2-51　后浇暗柱形式示意 3（T 形）

（2）后浇节点钢筋绑扎时，可采用人字梯作业，当绑扎部位高于围挡时，施工人员应佩戴穿芯自锁保险带并作可靠连接。

（3）在预制版上用粉笔标定暗柱箍筋的位置，预先把箍筋交叉放置就位（“L”形的将两方向箍筋依次置于两侧外伸钢筋上）；先对预留竖向连接钢筋位置进行校正，然后再连接上部竖向钢筋。

2.4.17　后浇混凝土节点模板施工:

后浇节点模板安装工艺——一形节点【一】

后浇节点模板安装工艺——一形节点【二】

后浇节点模板安装工艺——一形节点【三】

后浇节点模板安装工艺——T 形节点【一】

后浇节点模板安装工艺——T 形节点【二】

后浇节点模板安装工艺——L 形节点【一】

后浇节点模板安装工艺——L 形节点【二】

（1）预制墙板间后浇节点安装模板前应将墙内杂物清扫干净，在模板下口抹砂浆找平层，防止漏浆；

（2）预制墙板间后浇节点宜采用工具式定型模板，并应符合下列规定：模板应通过螺栓或预留孔洞拉结的方式与预制构件可靠连接，模板安装时应避免遮挡预制墙板下部灌浆预留孔洞，夹心墙板的外叶板应采用螺栓拉结或夹板等加强固定，墙板接缝部分及与定型模板接缝处均应采用可靠的密封、防漏浆措施。

要点说明：

（1）预制墙体间后浇节点支模

1）两块预留外墙板之间“一”字形后浇节点做法。

采用内侧单侧支模时，外侧利用预制墙板外叶板作为外模板，内侧模板与预制墙板内埋螺母固定。见图2-52。

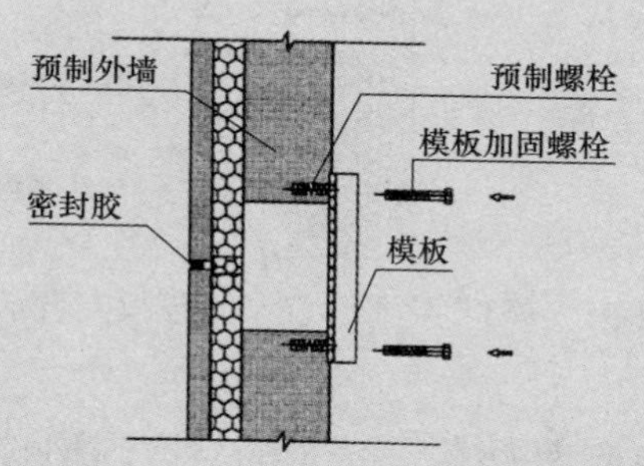

图2-52 “一”字形后浇节点模板支设示意图1

采用内外侧双支模板时，可通过墙板拼缝设置对拉螺杆，也可以在预制墙板上留洞设置对拉螺杆。见图2-53、图2-54。

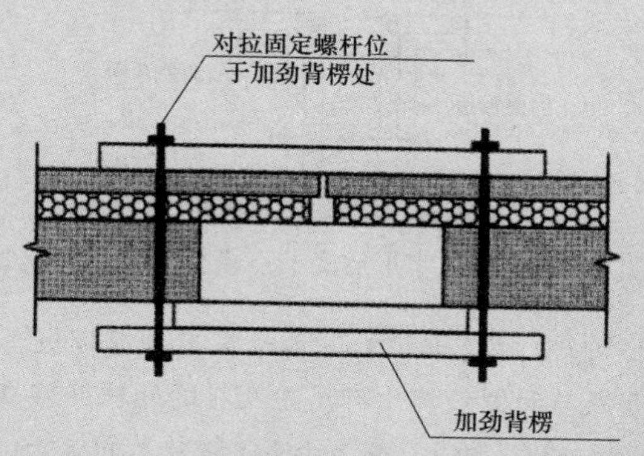

图2-53 “一”字形后浇节点模板支设示意图2

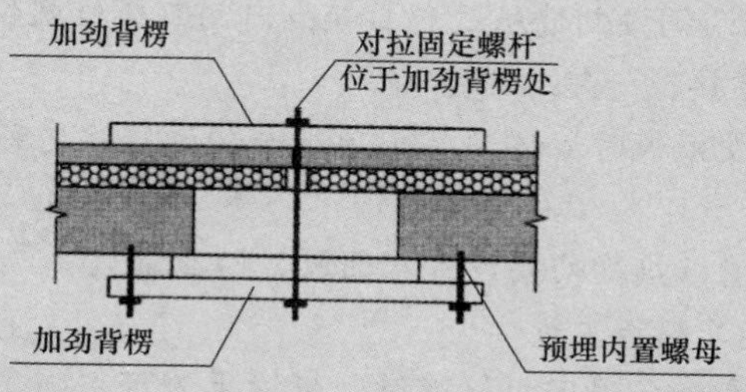

图2-54 “一”字形后浇节点模板支设示意图3

2）两层预制外墙板之间“T”形后浇节点，后浇节点内侧采用单侧支模，外侧为预制墙板外叶板（装饰面层＋保温层）兼模板，接缝处采用聚乙烯棒＋密封胶。与“一”字形类似。见图 2-55、图 2-56。

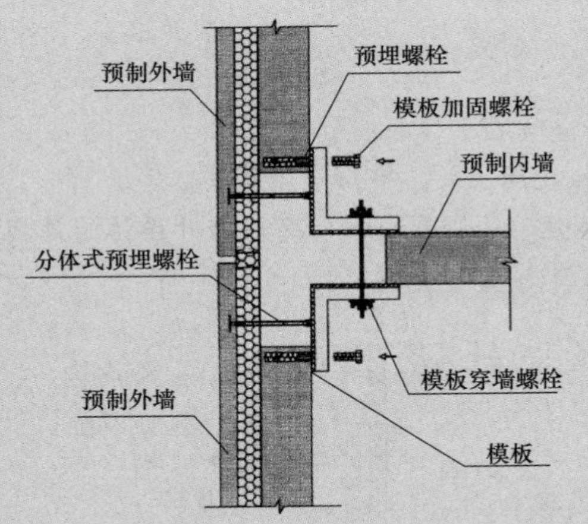

图 2-55 “T”字形后浇节点模板支设示意图 1

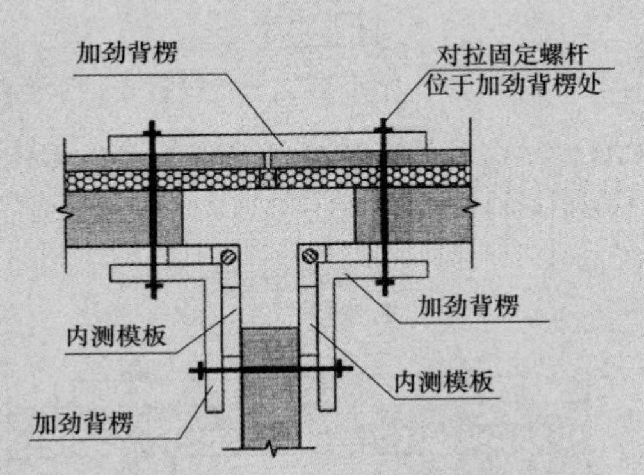

图 2-56 “T”字形后浇节点模板支设示意图 2

3）当后浇节点位于墙体转角部位时，由于采用普通模板与装饰面相平进行混凝土浇筑，会出现后浇节点与两侧装饰面有高差及接缝处理等难点。因此目前通常采用预制装饰保温一体化模板（PCF 板），确保外墙装饰效果的统一。见图 2-57、图 2-58。

PCF 板支设要点如下：将 PCF 板临时固定在外架上或下层结构上，并与暗柱钢筋绑扎牢固，也可与两侧预制墙板进行拉接；内侧钢模板就位；对拉螺栓将内测模板与 PCF 板通过背楞连接在一起；调整就位。

4）采用铝模支设模板时墙体通常与顶板一起浇筑，达到顶板支撑拆除条件后方可拆除墙体模板。

5）模板与预制墙板接缝处要设置双面胶，防止漏浆。

（2）叠合板接缝处模板支设

1）预制叠合板底板采用密拼接缝时，板缝上侧可用腻子＋砂浆封堵，避免后浇混凝土漏浆。见图 2-59。

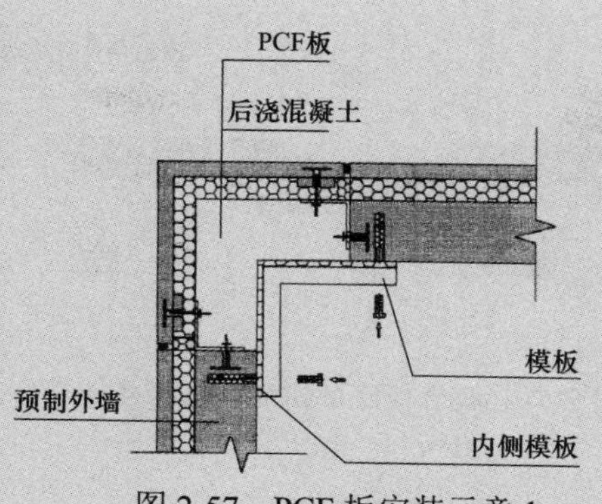

图 2-57 PCF 板安装示意 1

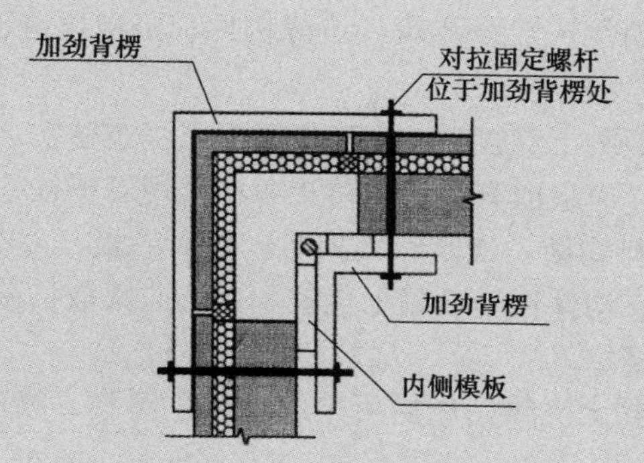

图 2-58 PCF 板安装示意 2

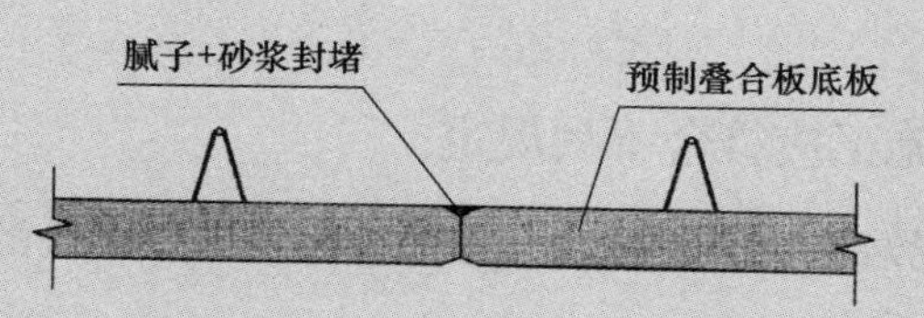

图 2-59 叠合板底部拼缝构造示意图 1

2）单向叠合板板缝宽度 30～50mm 时，接缝部位混凝土后浇，通常利用预制叠合板底板做吊模。预制叠合板底板下部通常加工预留凹槽，将木模嵌入，避免拆模后后浇节点下侧混凝土面突出于叠合板。板缝下部通常不设支撑。见图 2-60。

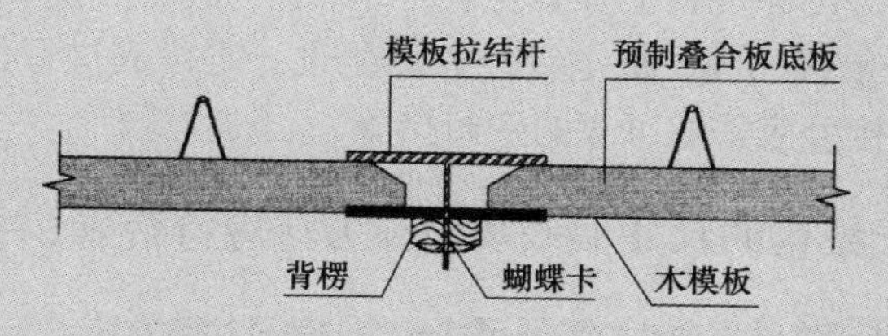

图 2-60 叠合板底部拼缝构造示意图 2

3）双向叠合板接缝宽度达 200mm 以上时，应单独支设接缝模板及下部支撑。见图 2-61。

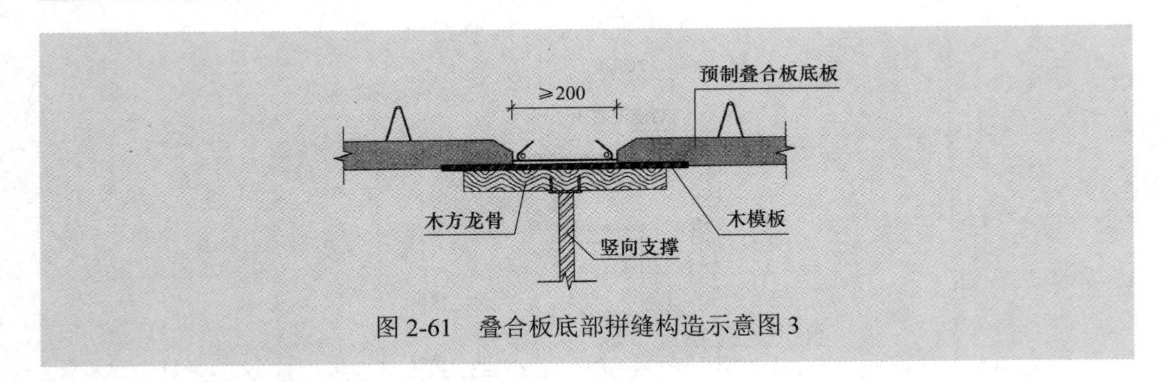

图 2-61　叠合板底部拼缝构造示意图 3

2.4.18　后浇混凝土节点混凝土浇筑及养护:

（1）连接节点、水平拼缝应连续浇筑，边缘构件、竖向拼缝应逐层浇筑，采取可靠措施确保混凝土浇筑密实。

（2）预制构件接缝处混凝土浇筑时，应确保混凝土浇筑密实。

（3）后浇节点施工时，应采取有效措施防止各种预埋管槽线盒位置偏移。

（4）混凝土浇筑应布料均衡。浇筑和振捣时，应对模板及支架进行观察和维护，发生异常情况应及时进行处理。构件接缝混凝土浇筑和振捣应采取措施防止模板、相连接构件、钢筋、预埋件及其定位件移位。

（5）预制构件接缝混凝土浇筑完成后可采取洒水、覆膜、喷涂养护剂等养护方式，养护时间不应少于 14d。

（6）装配式结构连接部位后浇混凝土或灌浆料强度达到设计规定的强度时方可进行支撑拆除。

2.4.19　叠合层混凝土施工应符合下列规定:

（1）叠合层混凝土浇筑前应清除叠合面上的杂物、浮浆及松散骨料，浇筑前应洒水润湿，洒水后不得留有积水;

（2）浇筑时宜采取由中间向两边的方式;

（3）叠合层与现浇构件交接处混凝土应振捣密实;

（4）叠合层混凝土浇筑时应采取可靠的保护措施；不应移动预埋件的位置，且不得污染预埋件连接部位;

（5）分段施工应符合设计及施工方案要求;

（6）在叠合板内的预留孔洞、机电管线在深化设计阶段应进行优化，合理排布，叠合层混凝土施工时管线连接处应采取可靠的密封措施。

2.4.20　装配式混凝土结构的尺寸偏差及检验方法应符合表 2–6 的规定。

装配式结构构件位置和尺寸允许偏差及检验方法　　表 2-6

项目		允许偏差（mm）	检验方法
构件中心线对轴线位置	基础	15	经纬仪及尺量

续表

<table>
<tr><th colspan="3">项目</th><th>允许偏差（mm）</th><th>检验方法</th></tr>
<tr><td rowspan="2">构件中心线对轴线位置</td><td colspan="2">竖向构件（柱、墙、桁架）</td><td>8</td><td rowspan="2">经纬仪及尺量</td></tr>
<tr><td colspan="2">水平构件（梁、板）</td><td>5</td></tr>
<tr><td rowspan="2">构件标高</td><td colspan="2">梁、墙、板底面或顶面</td><td>±3</td><td rowspan="2">水准仪或拉线、尺量</td></tr>
<tr><td colspan="2">柱底面或顶面</td><td>±5</td></tr>
<tr><td rowspan="2">构件垂直度</td><td rowspan="2">柱、墙</td><td>≤ 6m</td><td>5</td><td rowspan="2">经纬仪或吊线、尺量</td></tr>
<tr><td>> 6m</td><td>10</td></tr>
<tr><td>构件倾斜度</td><td colspan="2">梁、桁架</td><td>5</td><td>经纬仪或吊线、尺量</td></tr>
<tr><td rowspan="5">相邻构件平整度</td><td colspan="2">板端面</td><td>5</td><td rowspan="5">2m 靠尺和塞尺量测</td></tr>
<tr><td rowspan="2">梁、板
底面</td><td>抹灰</td><td>5</td></tr>
<tr><td>不抹灰</td><td>3</td></tr>
<tr><td rowspan="2">柱
墙侧面</td><td>外露</td><td>5</td></tr>
<tr><td>不外露</td><td>8</td></tr>
<tr><td>构件搁置长度</td><td colspan="2">梁、板</td><td>±10</td><td>尺量</td></tr>
<tr><td>支座、支垫
中心位置</td><td colspan="2">板、梁、柱、墙、桁架</td><td>10</td><td>尺量</td></tr>
<tr><td rowspan="2">墙板接缝</td><td colspan="2">宽度</td><td>±5</td><td rowspan="2">尺量</td></tr>
<tr><td colspan="2">中心线位置</td><td>5</td></tr>
</table>

2.4.21 防水施工

（1）预制外墙板的接缝及门窗洞口等防水薄弱部位应按照设计要求的防水构造进行施工。

（2）预制外墙接缝构造应符合设计要求。外墙板接缝处，可采用聚乙烯棒等背衬材料塞紧，外侧用建筑密封胶嵌缝。外墙板接缝处等密封材料应符合《装配式混凝土结构技术规程》JGJ 1 的相关规定。

（3）外侧竖缝及水平缝建筑密封胶的注胶宽度、厚度应符合设计要求，建筑密封胶应在预制外墙板固定后嵌缝。建筑密封胶应均匀顺直，饱满密实，表面光滑连续。

（4）预制外墙板接缝施工工艺流程如下：表面清洁处理→底涂基层处理→贴美纹纸→背衬材料施工→施打密封胶→密封胶整平处理→板缝两侧外观清洁→成品保护。

（5）采用密封防水胶施工时应符合下列规定：

1）密封防水胶施工应在预制外墙板固定校核后进行；

2）注胶施工前，墙板侧壁及拼缝内应清理干净，保持干燥；

3）嵌缝材料的性能、质量应符合设计要求；

4）防水胶的注胶宽度、厚度应符合设计要求，与墙板粘接牢固，不得漏嵌和虚粘；

5）施工时，先放填充材料后打胶，不应堵塞防水空腔，注胶均匀、顺直、饱和、密实，表面光滑，不应有裂缝现象。

第三章　外围护工程施工

3.1　一般规定

（1）施工前应熟悉已报审报批的设计图纸及获批的施工方案，对外围护系统的排版图进行认真仔细的研究分析；施工人员应熟练掌握外围护系统的构造形式；测量放线人员应对建筑的空间特征充分了解。

深化设计时应结合建筑体型、布置及构造采用统一模数，尽量避免零星板块。

测量放线前应对完工后的建筑主体结构的平面控制网和高程控制网进行复测审核，统一建筑结构、设备与管线、内装的测量数据，并在施工过程中定期进行校准并及时反馈实际测量数据。

（2）施工前宜结合设计、生产、装配一体化进行整体策划，协同建筑结构系统、设备与管线系统、内装系统等专业要求，编制详细的施工组织设计和施工方案，并按规定流程审批通过后方可实施，对于非常规的施工方案、工艺应编制专项施工方案并组织专家论证。

在设计、生产、施工阶段应协调确认以下主要内容：

1）装修做法、装配式部品、预埋管线、预留洞等点位的定位、选材及安装方法；

2）预制构件上门窗及栏杆预埋预留方式、防雷导线的连接方式、预制构件中部品预埋件的种类、型号及预埋方式；

3）塔吊、施工外架、货运升降电梯、施工模板与外墙的连接方式。

（3）外围护工程应采用与构配件相匹配的工厂化、标准化装配系统。装配前，宜选择有代表性的单元进行样板施工，并根据样板施工结果进行施工方案的调整和完善。

外围护工程装配前，为分析判断设计效果、检验设计、制作及安装工艺，宜在施工现场主体结构对应部位，选择有代表性的单元进行现场样板施工。

3.2　预制外墙施工

（1）预制外墙按构造可分为预制混凝土外墙挂板和预制复合保温外墙挂板，按功能定位可分为围护板系统和装饰板系统，其中围护板系统按建筑立面特征又划分为整间板体系、横条板体系、竖条板体系。规格一般根据建筑楼层高度以及分格模数确定，工厂生产一次成型。预制外墙、外窗其技术性能应符合设计要求和国家现行规范规定。

（2）预制外墙与主体的连接形式主要分为外挂式与侧连式，本节所述外挂式螺栓连接，构件制作时均预埋铁件，用螺栓连接固定。见图 3-1。

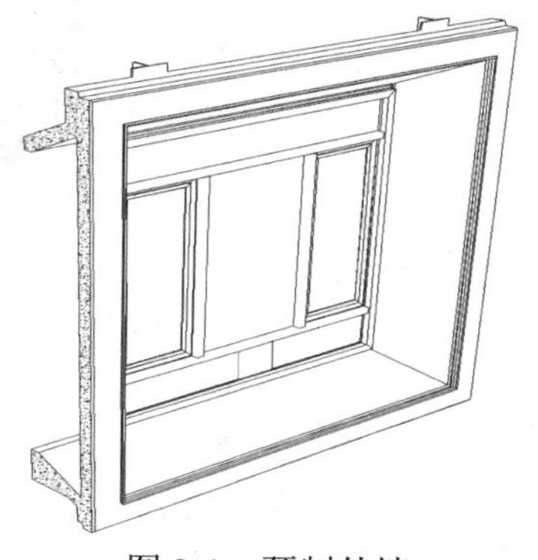

图 3-1　预制外墙

（3）预制外墙、外窗装卸进入工程所指定的位置，减少二次吊运，预埋吊件向上，标志外露。材料吊运到指定的堆放位置，应按名称、规格、安装部位及安装顺序堆放整齐。预留叉车吊车机具通道，做好成品保护。吊运时应轻拿轻放，注意保护面板，不得碰坏面层和边角。

（4）吊装工必须取得上岗证方可进行预制外墙吊装工作。

（5）预制外墙操作流程图

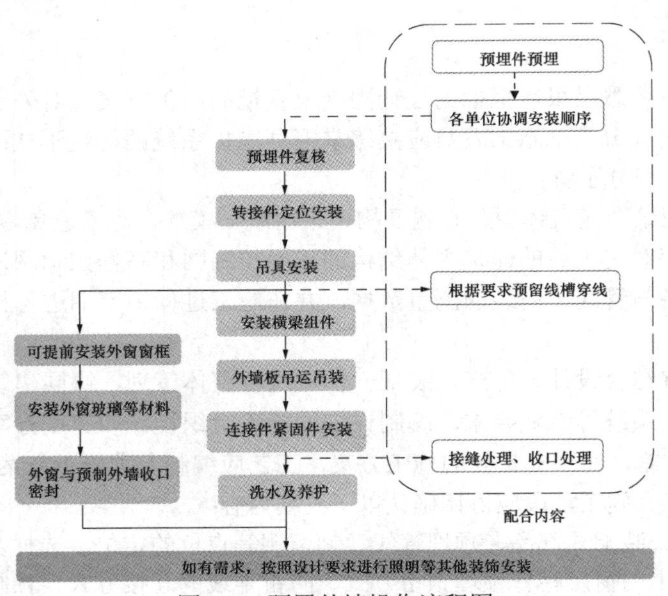

图 3-2 预置外墙操作流程图

（6）预制外墙板构造图

图 3-3 预制外墙板构造图

1—转接件；2—预制外墙；3—竖向保温区；4—层间保温区；
5—土建结构；6—预留窗洞口；7—外窗固定点；8—预埋件

预制外墙
施工工艺

（7）预制外墙施工工艺

1）预埋件的复核

在标准层混凝土上弹控制线，定位高度及进出进行安装，在安装前应对预埋件尺寸及锚栓规格、数量及间距进行复核；如预埋件位置偏差较大或遗漏，应及时采取补救。见图 3-4、图 3-5。

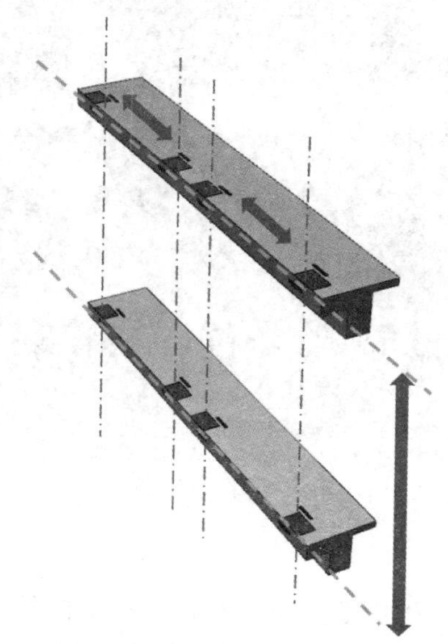

图 3-4　预埋件的复核

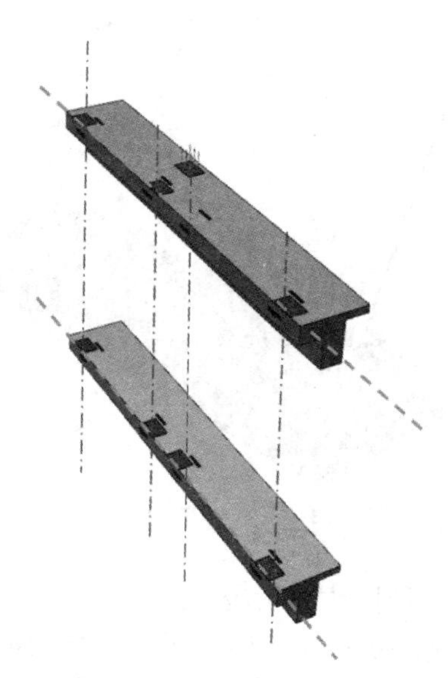

图 3-5　预埋件的补埋

2）转接件的定位和安装

外墙挂板转接件安装前，根据水平标高做好基础找平；安装时通过转接件外墙完成面的定位确定安装位置，调整转接件的标高及进出，固定螺栓；连接件应采取可靠的防腐蚀措施，满足设计使用年限要求。见图 3-6、图 3-7。

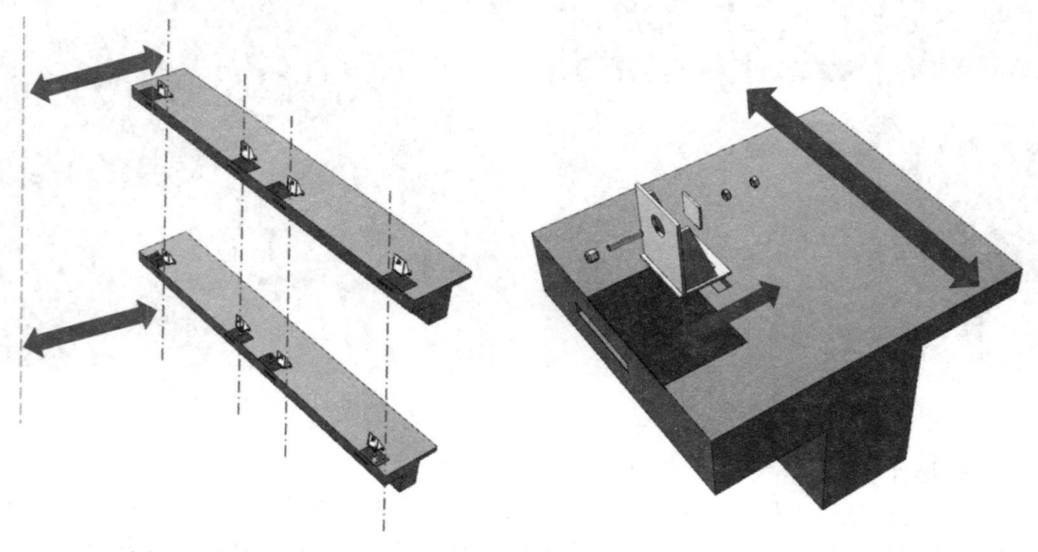

图 3-6　转接件的定位

图 3-7　转接件的安装

3）吊具的安装

外墙板起吊前，检查预制外墙板上的预埋吊点螺栓是否符合规范，检查吊环绳索，用卡环销紧吊点顶部转接件，调整绳索长度，做好起吊准备。见图3-8、图3-9。

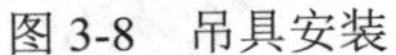
图3-8　吊具安装

图3-9　吊具安装就位

4）预制外挂板吊运及就位

预制外墙板起吊时必须在构件的混凝土达到设计强度后方可进行，吊环上的绳索要求等长并对称设置，起吊后保持水平，受力均匀，就位时缓慢落钩。外墙板就位时，应做到外墙面顺直、墙身垂直、缝隙一致、企口缝不得错位，注意保护外墙板的棱角和防水构造。下口由专人定位、对线，并用靠尺板找直。安装首层时需注意质量，使之成为以上各层的基准。见图3-10、图3-11。

图3-10　预制外墙起吊

图3-11　预制外墙就位

5）连接件与紧固件安装

连接件与外挂墙板吊具同步安装，利用预制外挂墙板的预埋带丝套筒，通过定位螺栓和抗剪螺栓在施工层内连接；利用预埋在梁板上的预埋件的带丝套筒，通过螺栓将紧固件和梁板连接。见图3-12、图3-13。

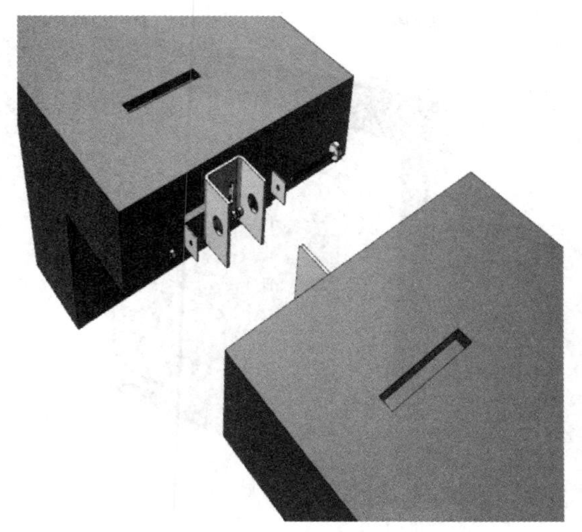

图 3-12 转接件安装

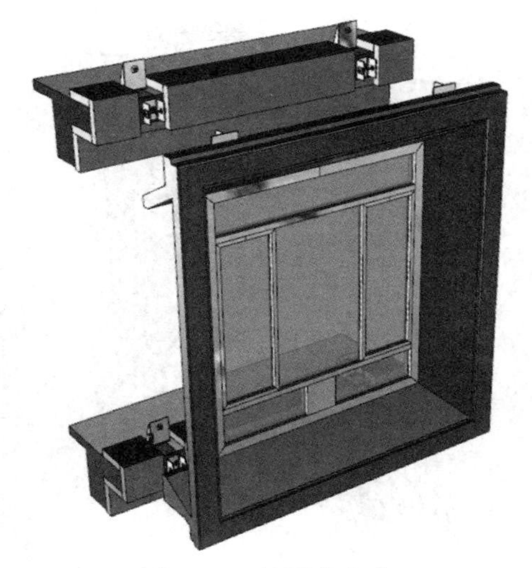

图 3-13 紧固件安装

6）拼缝处理

处理拼缝前应清理缝隙处的浮尘、浮浆，并保持干燥；预制外挂墙板拼缝防水施工时，应先嵌塞填充高分子材料，不得堵塞防水空腔，宽度应大于接缝宽度，填充应均匀、顺直、饱和、密实，表面光滑，不得有裂缝现象。密封胶自上往下依次注入，密封胶的打胶厚度应满足设计要求。见图 3-14、图 3-15。

图 3-14 整体拼缝处理

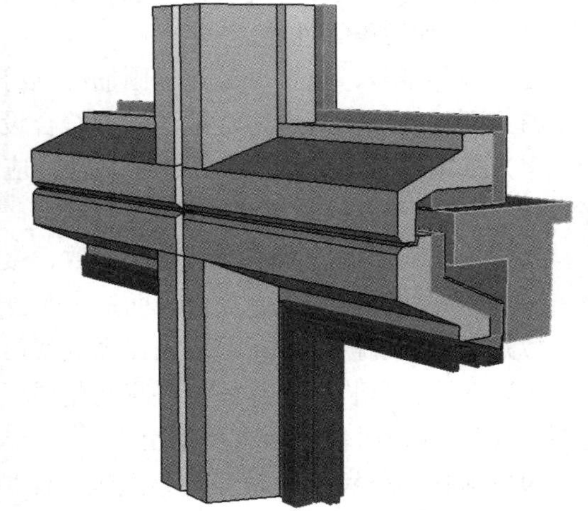

图 3-15 拼缝部位构造

7）外窗安装

外窗根据预制外墙板块配合设计，在工厂预先对加工的成品窗进行固定，窗与预制混凝土板块间采用特制铝合金连接件连接，实现上下左右方向调节功能。窗与预制混凝土板块之间的拼缝填充保温岩棉，打胶密封完成，确保保温性能及密封性能。见图 3-16、图 3-17。

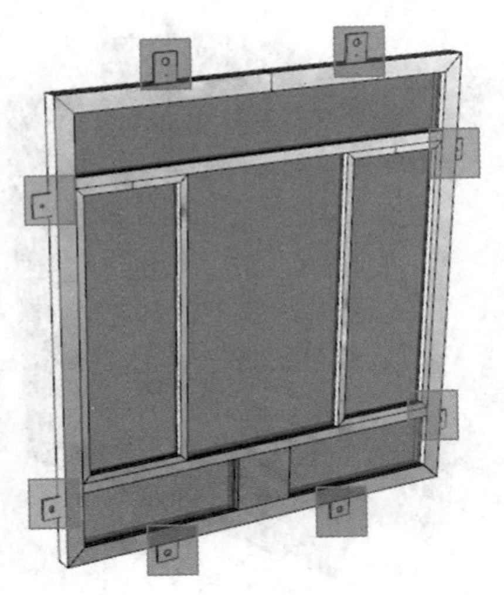

图 3-16　外窗安装固定点

图 3-17　外窗安装

8）洗水及养护

各项工作安装完成，清理现场机具与杂物，根据规范要求控制合适的水压。洗水时，预制外墙外观应干净整洁、无色差、棱角分明，无气孔水眼。如有问题修补之后再进行洗水。洗水完成根据现场条件、湿度、构件特点、技术要求、施工操作等因素选择养护措施。

（8）施工质量控制要点

1）预制外墙板应符合设计要求和国家现行有关标准的规定，且应具有保温、隔热、防潮、阻燃、耐污染等性能。

2）构件型号、位置、节点锚固筋必须符合设计要求，且无变形损坏现象。

3）预制外墙板防水构造做法必须符合设计要求。

4）基本项目：构件接头，捻缝做法，应符合设计要求和施工规范的规定。焊缝长度符合要求，表面平整，无凹陷、焊瘤、裂纹、气孔、夹渣及咬边。

5）预制外墙板表面洁净、色泽一致、接缝均匀、周边顺直无防水构造破损。

6）预制外墙板安装完成后表面进出平正、洁净、颜色一致，接缝平整。

7）预制外墙板进场后，应放在插放架内。

8）运输、吊装操作过程中，应避免损坏外墙板防水构造，如披水台、挡水台、空腔等已有损坏，应及时修补后方可使用。

9）预制外墙板就位时尽量要准确，保护已抹好的砂浆找平层。安装时防止生拉硬撬。安装外墙板时，不得碰撞已经安装好的楼板。

3.3　建筑幕墙施工

3.3.1　建筑幕墙主要包括构件式幕墙、玻璃幕墙、单元式幕墙等，装配式混凝土建筑应根据建筑物的使用要求、建筑构造，合理选择幕墙形式，宜采用单元式幕墙形式。

3.3.2　单元式幕墙是幕墙面板（玻璃、石材、金属板等）与支撑框架在工厂制成完整的幕墙结构基本单元，直接安装在主体结构上的建筑幕墙，其技术性能应符合设计要求和国家现行标准规定。

3.3.3　单元板块吊装可采用单轨道系统或双轨道系统。

（1）单轨道系统

单层环形轨道吊装系统主要在建筑外围立面的起吊楼层，设置挑出工字钢梁，然后在梁下安装工字钢形成水平移动轨道，在轨道上吊装环链电动葫芦，从而实现单元式板块的水平移动和垂直吊装，确保单元式板块的吊装运输。

轨道系统安装流程如图 3-18 所示。

（2）双轨道系统

双层环形轨道吊装系统主要是在建筑外围立面的起吊楼层，设置挑出工字钢梁，在梁下安装双层工字钢形成水平移动轨道，在内侧轨道上吊装环链电动葫芦，从而实现单元式板块的水平移动和垂直吊装，确保单元式板块的吊装运输；在外侧轨道上吊装吊篮环链电动葫芦，从而实现吊篮水平移动和垂直吊装，确保施工人员操作平台的使用。解决单元板块的垂直吊装运输问题，运行稳定，效率较高，安全指数较高，同时解决了二次安装装饰线条、灯光照明、破损玻璃更换等人工室外操作平台。见图 3-19。

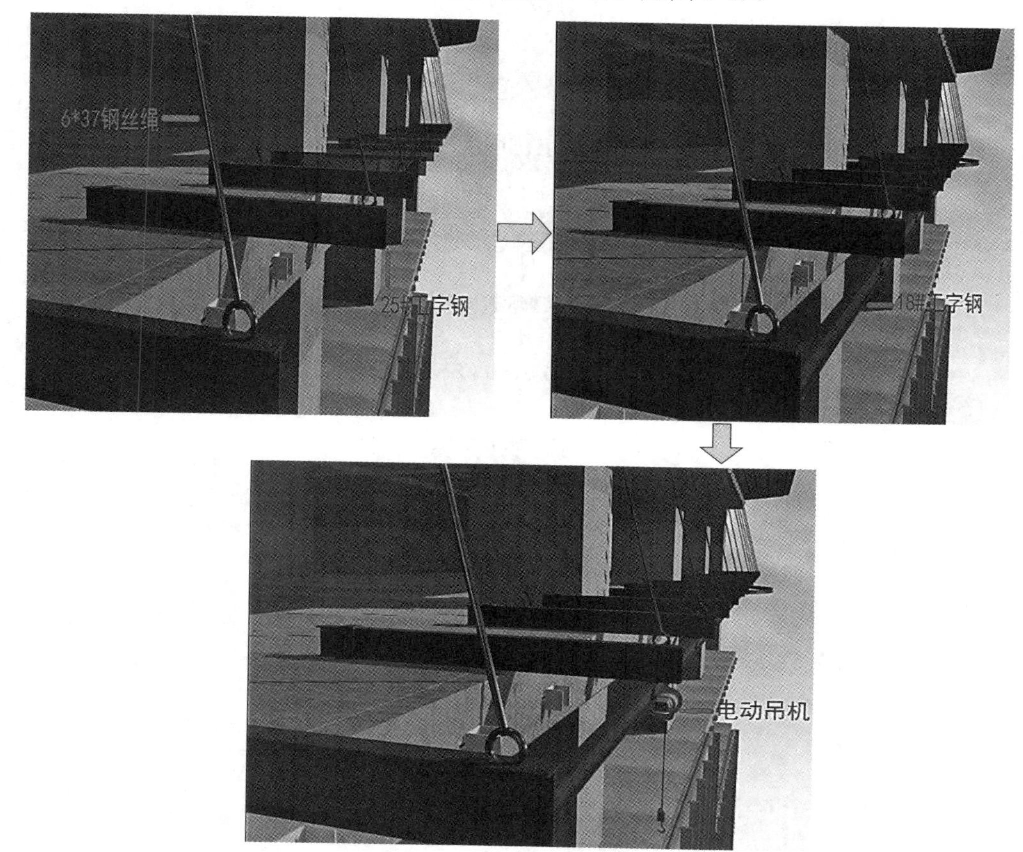

图 3-18　单轨道吊装系统

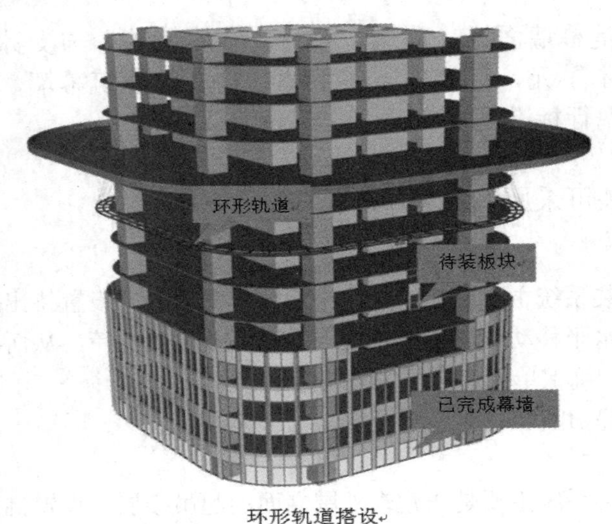

图 3-19　双层环形轨道设置

3.3.4　单元式幕墙施工流程图

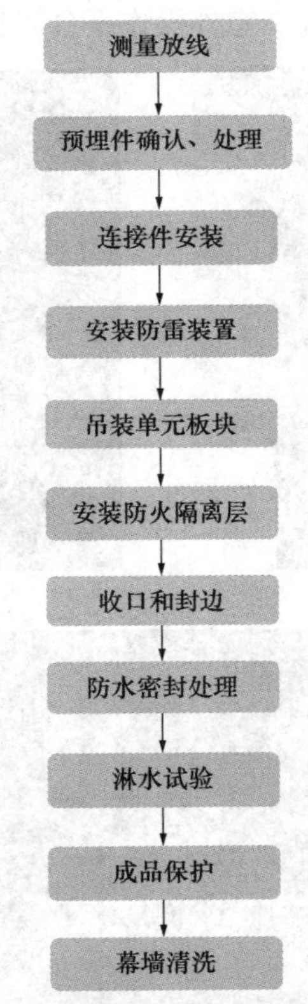

图 3-20　单元式幕墙施工流程图

3.3.5 单元式幕墙构造图

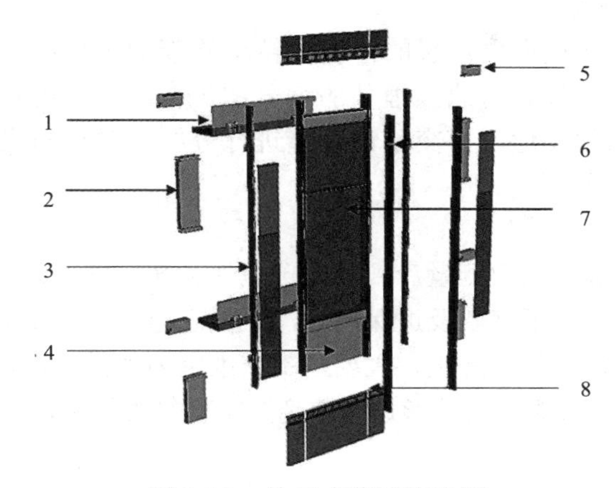

图 3-21 单元式幕墙构造图

1—结构楼板；2—层间保温系统；3—立柱；4—层间背衬板；
5—转接件；6—装饰线条；7—玻璃面板；8—层间装饰线条

3.3.6 操作工艺

（1）测量放线

建筑幕墙
施工工艺

1）建筑玻璃幕墙测量之前应根据设计文件及建筑特点编制测量专项方案，经审批合格后实施。

2）主体结构施工单位应进行平面和垂直控制网的移交，幕墙施工单位应对移交的控制网进行复测，建立幕墙施工所需的控制体系。

3）施工安装阶段平面测量应满足下列规定：

① 施工安装前应对主体结构首层平面控制网进行复核。

② 幕墙控制点宜分段投测和控制。

③ 根据施工层测控点，测设楼层平面控制网，确定楼层平面内控线。

4）施工安装阶段高程测量应满足下列规定：

① 施工安装前应对主体结构高程控制网进行复核。

② 楼层标高宜用钢尺沿结构边柱或井道预留洞等，竖向向上测量，校核引测点。

③ 高程测控的传递层应与平面测控传递层一致。

5）放线应在结构沉降、变形趋于稳定后进行；放线时，作业面应清理干净，保持视线良好，且风力应小于 4 级。

6）室外控制网应建立在相对稳定的建筑物或标识上，外控线宜离幕墙结构距离较近，外控线精度必须符合测量放线精度要求。

（2）预埋件处理

1）结构的检查

首先检查埋件下方混凝土是否填充饱满密实，如有空洞现象，对埋件进行拉力、剪力、弯矩的测试，对不符合测试标准的预埋件必须按有关规定采用其他可靠的连接措施；其次对预埋件所在结构偏差进行检查，如果结构偏差较大，已超出施工图范围或垂直度不符合现行国家及地方标准，则应制定方案报批报审后组织施工。

2）预埋件位置的检查

在测量放线过程中，预埋件位置的检查与结构检查的工作相继展开，进行预埋件位置的检查，并记录检测结果。对照预埋件的编号图，依次逐个进行检查，记录每一编号处的结构偏差与埋件的偏差值，提交反馈设计进行分析，对超出设计允许范围的埋件需进行纠偏。

（3）转接件安装

对埋件及建筑结构进行全面测量后，确定预埋件和连接件安装位置，可进行转接件的安装。弹出水平线，控制水平高低及进深尺寸，以保证连接件的安装准确无误。对初步固定的连接件按层次逐个检查施工质量，主要控制三维空间误差。根据转接件设计特点，槽式埋件有侧埋及面埋两种形式，两种形式的转接件安装方法分别如图 3-22、图 3-23 所示。

图 3-22　面埋槽式埋件转接件

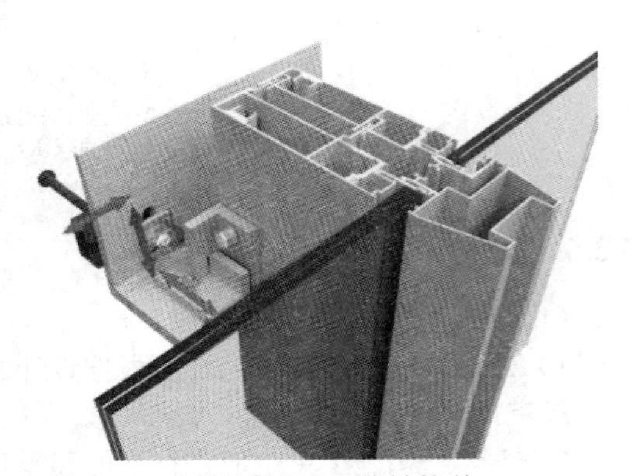

图 3-23　侧埋式槽式埋件转接件

连接件位置确定后，用螺栓完全固定。转接件应安装牢固，与混凝土接触部位应进行防腐处理。

（4）吊装单元板块

单元板块地面转运组根据运输计划完成卸货及转运，单元板块应堆放于坚实平整结构处，且不宜过于集中。吊装前应制定吊装方案。

1）工程单元幕墙总体安装顺序

单元幕墙安装顺序如图 3-24 所示，可采用逆时针方向组织现场单元板块安装，原则是按照母口插接子口的安装顺序，即先子口后母口的安装顺序，每一层应横向按次序逐块对插，安装完一层再安装上一层。如图 3-24 所示以塔吊、升降梯单元 A、B 为起始点，沿图中箭头方向依次逐块、逐层自下而上安装单元板块，塔吊、升降梯区域单元板块须待拆除后，具备安装条件后方可安装。

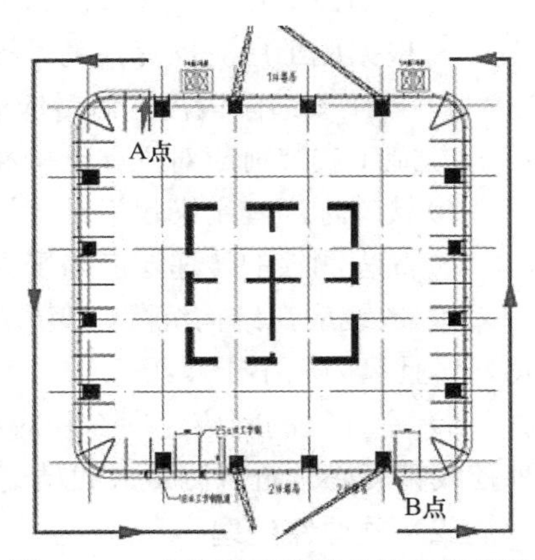

图 3-24　工程单元幕墙总体安装顺序

2）单元板块的吊装

应根据单元板块的尺寸、形状、重量及现场条件选择塔吊、施工电梯等运输设备。应根据单元板块的尺寸、形状、重量设置卸料平台。单元板块垂直吊运中应有防脱落、防摆动等措施。

3）单元板块的三维调节

单元板块三维调节是通过埋件螺栓、转接件以及单元体挂件实现的，通过三维调整可确保单元板块水平、垂直和高度方向的正确位置。

4）单元板块打底横框的安装

用膨胀螺栓组件将打底横框安装在正确位置，打底横框的安装误差要满足设计要求。

5）单元板块交界处灌注密封胶

两相邻单元板块安装完成后，应在上横框插芯接缝及四周部位灌注密封胶。

（5）安装防雷装置

幕墙龙骨安装报验完毕后，开始层间防火封修工作。在防火封修前进行避雷安装。

（6）安装防火隔离层

根据《建筑设计防火规范》有关规定，应在每层楼板外沿处，采用符合防火规范规定的防火措施，幕墙与每层楼板、隔墙处的缝隙应采用防火封堵材料封堵。

同一幕墙玻璃单元不宜跨越建筑物的两个防火分区。

（7）防渗漏试验

每完成一层外墙单元板块的安装都应进行排水槽防漏水测试。

玻璃幕墙宜每三层进行一次现场淋水试验。

（8）幕墙清洗

整体外装工程，在施工完毕后，进行一次室内、室外全面彻底清洗，方可交验交付。

3.3.7 施工质量控制要点

（1）单元吊装机具

应根据单元板块选择适当的吊装机具，并与主体结构安装牢固；吊装机具使用前，应进行全面质量、安全检验；吊具设计应使其在吊装中与单元板块之间不产生水平方向分力；吊具运行速度应可控制，并有安全保护措施；吊装机具应采取防止单元板块摆动的措施。

（2）单元构件运输

运输前单元板块应顺序编号，并做好成品保护；装卸及运输过程中，应采用有足够承载力和刚度的周转架，衬垫弹性垫，保证板块相互隔开并相对固定，不得相互挤压和串动；超过运输允许尺寸的单元板块，应采取特殊措施；单元板块应按顺序摆放平衡，不应造成板块或型材变形；运输过程中，应采取措施减少颠簸。

（3）场内堆放单元件

宜设置平整清洁的专用堆放场地，并应有安全保护措施；宜存放在周转架上；应按照安装顺序先出后进的原则按编号排列放置；不应直接叠层堆放；不宜频繁装卸。

（4）起吊和就位

吊点和挂点应符合设计要求，吊点不应少于2个，必要时可增设吊点加固措施并试吊；起吊单元板块时，应使各吊点均匀受力，起吊过程应保持单元板块平稳；吊装升降和平移应使单元板块不摆动、不撞击其他物体；吊装过程应采取措施保证装饰面不受磨损和挤压；单元板块就位时，应先将其挂到主体结构的挂点上，板块未固定前，吊具不得拆除。

（5）连接件安装

安装允许偏差应符合相关规定要求；节点固定方式应符合设计要求；防腐、防锈应按设计要求；连接件位置应符合设计要求；不同金属接触需设置防腐绝缘垫片；玻璃与梁柱接触，需用柔性垫片和防松措施。

（6）校正及固定

单元板块就位后，应及时校正；校正后，应及时与连接部位固定，并应进行隐蔽工程验收；单元式幕墙安装固定后的偏差，应符合相关规范和设计要求；单元板块固定后，方可拆除吊具，并应及时清洁单元板块的型材槽口；单元板若暂停安装，应将对插槽口等部位进行保护；安装完成的单元板块应及时进行成品保护。

3.4　外门窗施工

3.4.1　外门窗应采用在工厂生产的标准化系列部品，并应采用带有批水板等的外门窗配套系列部品。

3.4.2　预制外墙中外门窗宜采用企口或预埋件等方法固定，外门窗可采用预装法或后装法设计，并满足下列要求：

（1）采用预装法时，外门窗框应在工厂与预制外墙整体成型；

（2）采用后装法时，预制外墙的门窗洞口应设置预埋件。

3.4.3　本节适用于后装法外门窗安装工程的施工。预制墙体上应预留安装预留槽及预埋螺栓。

3.4.4　外门窗施工工艺流程

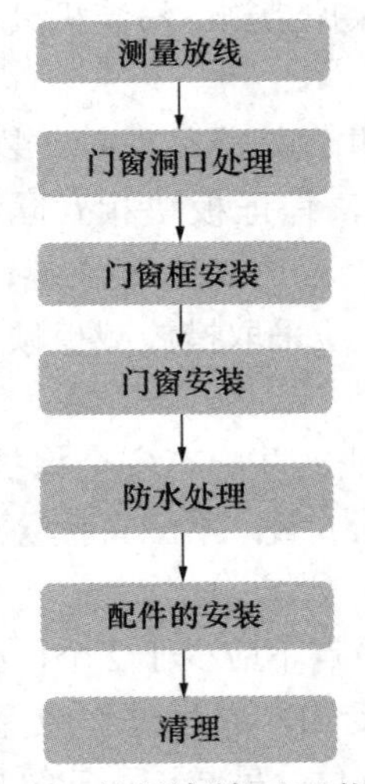

图 3-25　外门窗施工工艺流程

3.4.5 外门窗施工控制要点

（1）测量放线

根据图纸和土建提供的洞口中心线和水平标高，在门窗洞口墙体上弹出安装副框所需的水平线、窗中线、进出位线。

（2）门窗洞口处理

检查洞口的尺寸、位置和标高，洞口尺寸应符合标准《民用建筑外窗工程技术规范》中建筑外窗安装要求。若洞口不符合要求，应进行剔凿和修补。

（3）门窗框安装

1）检查副框规格、尺寸、窗号是否符合要求，检查副框焊接点、表面处理、安装铁件是否满足安装条件。

2）副框在外墙保温及室内抹灰施工前进行，安装点采用螺栓安装。安装过程中注意副框的横平、竖直，注意副框面不能出现凹凸现象。

3）副框安装无误后，副框与墙体之间的间隙采用水泥砂浆封堵，保证连续、密实、无遗漏。

（4）门窗安装

1）系统门窗进场后，整齐有序的堆放在指定存放处。装卸和搬运过程中应轻拿轻放，防止摔伤、划伤。对异形窗或需现场组装的窗需特别保护存放以免变形、丢失、损坏。

2）门窗洞口内外具备门窗安装条件方可进行门窗安装。

3）门窗水平校正调整、定位无误后，用螺丝将门窗框与副框固定，螺丝固定中要求拧紧不得漏装。在主副框之间空隙四周打聚氨酯发泡剂填充密封，发泡剂发泡完成凝固后，用壁纸刀按照要求切割干净后进行室外注胶施工。

4）安装门窗固定玻璃、扣上压条、填塞密封胶条和注胶。密封胶条（注胶）应平整、光滑、无松动、密实。

5）门窗扇的安装，应在土建工程施工基本完成的情况下进行，以保持门窗完好无损。

（5）防水处理

在处理框体与墙体的防水时，要先进行凹槽的清理工作，在注胶时，要求直线段尽可能一次定型，表面要求圆润光滑，可采用专门的刮胶工具在密封胶未完全凝结前处理表面并压密实。注胶后须保证在24h内不受震动，确保密封牢固。

（6）配件安装

五金配件（执手、锁扣等）应齐全、配套，安装牢固，使用灵活，位置正确，端正美观。

（7）清理

将沾污在框、扇、玻璃与窗台上的水泥浆、胶迹等污物，用拭布清擦干净。

3.4.6 施工质量控制要点

（1）外门窗及附件质量、位置、开启方向、与墙连接位置、数量必须符合设计要求和有关标准规定。

（2）外门窗框和副框的安装应牢固。预埋件及锚固件的数量、位置、埋设方式、与框的连接方式必须符合设计要求。

（3）外门窗应保证各楼层的窗上下顺直，左右通平。

（4）外门窗必须有可靠的刚性。否则，必须增设加固件，并应做好防腐、防锈处理。

（5）组合外门窗安装前应进行试拼装。

（6）开启部位的安装，要确保按工艺要求安装止水胶条，杜绝渗水现象。

3.5　金属屋面施工

3.5.1　屋面工程有多种形式，金属屋面通常采用装配式施工工艺，其他屋面工程参照相应的国家和行业标准。屋面面板、所有结构部分的钢材、焊接材料的技术性能应符合设计要求和国家现行标准规定。

3.5.2　金属屋面按系统主要分为立边咬合系统、直立锁边系统、古典式扣盖系统、平锁扣式系统、平面板条系统、压型板系统、单元板块式系统。本节主要介绍压型金属板系统。

3.5.3　安装前应复核压型金属板的支承结构施工安装精度并应有复核记录。应根据压型金属板系统构造，确定各个构造层的安装工序。

3.5.4　压型金属板系统工程施工应符合下列规定:

（1）施工人员应戴安全帽，穿防护鞋；高空作业应系安全带，穿防滑鞋；

（2）屋面周边和预留孔洞部位应设置安全防护栏和安全网，或其他防止坠落的防护措施；

（3）雨天、雪天和五级风以上时严禁施工。

3.5.5　施工工艺流程

图3-26　施工工艺流程

3.5.6　施工工艺要点

（1）测量放线

屋面工程施工测量的主要内容为屋面测量控制网的测设，檩条安装定位放线、T码安装定位、天沟安装定位、屋面板安装定位等。

（2）预埋件清理及转接件的安装

将转接件与主体钢结构固定，用钢直尺检查钢尺与角码的距离，$a = b$ 合格。调整完后将镀锌钢垫片与转接件点焊加固。转接件安装后，在转接件上依据1m

标高线定标高定位线，用水平仪进行跟踪检查，定标高线。

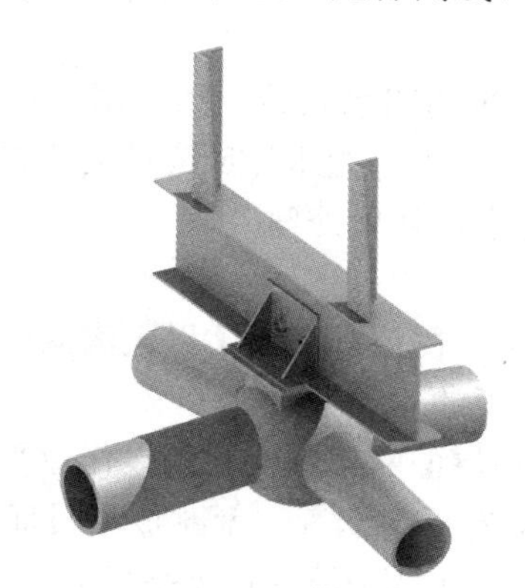

图 3-27　金属屋面基层转接件安装

（3）檩条（支承结构）安装

1）檩条吊装

檩条吊装可选用屋面钢结构进行屋面檩条的吊装作业。檩条采用尼龙软吊带吊装至屋面作业平台，放置稳定后搬运至屋面各作业点进行就位安装。

2）檩条固定

当檩条吊装就位后，穿入螺栓，在螺栓紧固之前检查正在安装的檩条顶面是否与已安装的相邻檩条顶面平齐，如不平齐应作调整。部分需要焊接的檩条安装前必须拉安装控制线控制檩条顶面平齐。相邻檩条顶面高差在 2mm 以内时方可紧固螺栓及焊接作业。

（4）排水天沟安装

1）安装前的检测、调差

屋面天沟骨架焊接前，应对各安装点位置的钢结构的各项性能进行测量，保证焊接准确。

2）天沟龙骨安装

天沟支撑架在工厂焊接成型，根据已测设的控制线保证天沟底部的平整度以及流水坡度方向，焊接时应四周围焊。安装天沟支架前必须进行天沟测量，天沟放线必须与屋面板材在天沟位置标高同步进行，在确保天沟的水平度与直线度的同时应保证屋面固定座的幕墙铝板安装尺寸，防止天沟上口不直线或天沟骨架在安装铝支座的位置坡度不一，使在天沟部分无法将板端位置固定。

3）天沟搭接、焊接

两段天沟之间的连接方式为对接氩弧焊接。焊缝一遍成型。由于屋面排水有虹吸需要的，在安装时应注意确定相应的落水孔位置，开设落水孔。所有的工序完成以后，应进行统一的修边处理。最终完工后，要进行清理。

4）焊缝检查

每条天沟安装好后，除应对焊缝外观进行认真检查外，还应在雨天检查焊缝是否有肉眼无法发现的气孔，如发现气孔渗水，则应用磨光机打磨该处，并重新焊接。

5）虹吸排水口安装

安装好一段天沟后，先要在设计的落水孔位置中部钻虹吸排水孔，安装虹吸排水口，避免天沟存水，对施工造成影响。

6）闭水试验

天沟安装完成后，应进行天沟的闭水试验，闭水试验时天沟内部灌水应达到天沟最大水量的2/3，且闭水达到48h以上，天沟灌水后应立即对天沟底部进行全面检查，直到48h不漏水为止，如有漏水点应及时进行补焊处理。

（5）屋面底板安装

1）底板安装采取从一侧向另一侧展开施工，以天沟为分界线分区域安装。安装时，以天沟处骨架为基准线，以确定底板的安装轴线。

2）屋面底板正面安装采用在屋面网架结构上铺设作业平台、网架室内设置安全网以满足安全安装需要，操作平台再用架采用钢管、木跳板搭设而成。屋面设置足够的安全绳施工人员必须佩戴安全带，在安全带与安全绳连接处采用防坠锁。

3）铝合金内板的安装顺序为由低处至高处，由两边缘至中间部位安装；搭接为高处搭低处。屋面内板分区安装完毕后，在内板上表面相继安装后续材料。

（6）防潮隔气膜的铺设

1）在屋面底板上部，设一道防潮隔气膜，可以较好地保证整体屋面的防渗漏防潮性能。

2）施工时其铺设应从檐口自下而上逐卷进行，上卷边缘应重叠在下卷边缘之上。

（7）固定支座的安装

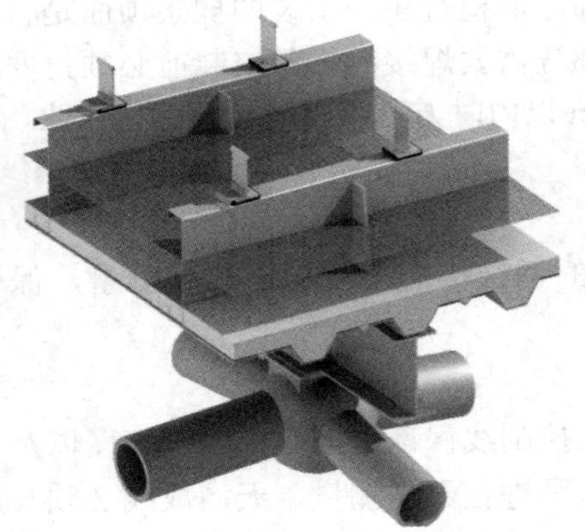

图3-28 金属屋面固定支座的安装、保温材料的安装

1）屋面板固定支座采用自攻螺钉安装，安装后应控制好螺钉的紧固程度，避免出现沉钉或浮钉。

2）固定座的安装坡度应放正（与屋面板平行）。

3）在施工以前，应事先检验屋面檩条的安装坡度、放正（与屋面板平行）进行调整。

4）支座安装完成后进行全面检查，采用在固定座梅花头位置用拉线方式进行复查，对错位及坡度不符、不平行的及时调整。

（8）避雷装置的安装

屋面体系与结构整体防雷体系紧密连接，充分接触雷电破坏、静电积留的问题。

（9）保温材料的安装

1）保温棉的铺设要严格按照保温棉布置图纸进行安装。

2）屋面或墙面板的安装应与保温棉进度要保持一致。

3）保温棉应重叠铺装，以避免屋面或墙面凹凸不平。在安装保温棉时，必须将棉毡之间完全紧密到位，避免冷桥的出现。从而达到最佳的保温隔热效果。

（10）防水透气膜的安装

保温棉分区安装完毕即开始在其表面安装防水透气膜，安装方法及注意事项与隔气膜类似。

（11）压型金属板的安装

1）放线

屋面板的平面控制，一般以屋面板以下固定支座来定位完成。在屋面板固定支座安装合格后，只需设板端定位线。一般以板出排水沟边沿的距离为控制线，板块伸出排水沟边沿的长度以略大于设计为宜，以便于修剪。

2）就位

施工人员将板抬到安装位置，就位时先对准板端控制线，然后将搭接边压入前一块板的搭接边，最后检查搭接边是否紧密接合。

3）咬合

图 3-29 金属屋面压型金属板的安装

图 3-30 咬边机咬合现场图

屋面板位置调整好后，用专用电动锁边机进行锁边咬合。要求咬过的边连续、平整，不能出现扭曲和裂口。当天就位的屋面板必须完成咬边，以免来风时板块被吹坏或刮走。见图 3-29、图 3-30。

4）板边修剪

屋面板安装完成后，需对边沿处的板边进行修剪，以保证屋面板边缘整齐、美观。

5）翻边处理

另外，在修剪完毕后，在屋面檐口部位屋面板的端头，需要利用专用夹具进行翻边处理。

（12）收边收口

1）檐口

在屋面板檐口端部设同屋面板材质滴水片，一方面可增强板端波谷的刚度，另一方面可形成滴水，使屋面雨水不会渗入室内。在滴水片与屋面板之间，塞入与屋面板板型一致的防水堵头，使板肋形成的缝隙能够被完全密封，防止因风吹灌入雨水，如图 3-31 所示。

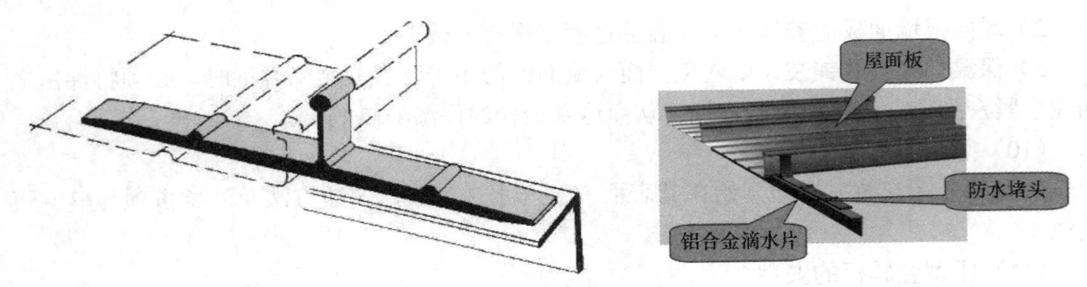

图 3-31　金属屋面收边收口

2）转角滴水

转角滴水距离板的末端至少要 20mm，这样底板才能向下翻折。

3）板边缘

用铆钉将山墙末端的排水道同 ALL-ZIP 板的窄边（面向 ALL-ZIP 锁边的泛水），沿着此方向每相隔最大距离 500mm 安装一个铆钉。当铆钉接近支座时，二者之间可有 50mm 的距离，避免出现计划外的安装点。

4）山墙末端支座

从山墙的末端到支座的腹板用螺栓连接。必要的时候采用有棘齿的螺栓。当安装面已经预先定位时，就在支座相应位置预钻 4.5mm 直径的孔洞。孔洞的中心距离支座头部最高点距离为 66mm。为方便泛水板的安装，在安装泛水板之前，先轻轻地夹住在山墙末端排水道和山墙末端支座上部的支撑支座。见图 3-32。

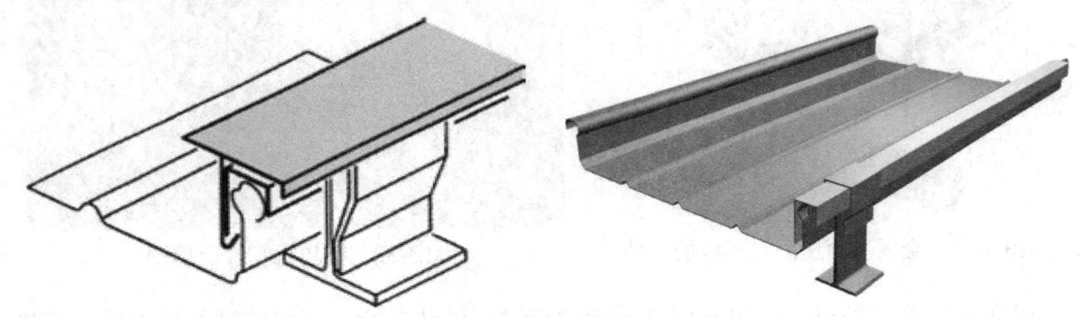

图 3-32　山墙末端支座安装示意图

5）泛水板

泛水板套进山墙末端排水道，或者用螺栓连接到墙支撑支座上。将泛水板安装到山墙上。不能限制 ALL-ZIP 板沿长度方向延伸变形。用相应尺寸的盖子将屋脊处的敞口盖住，参见图 3-33。

（13）成品保护

1）已安装好的屋面板应保持清洁，尽量减少人员走动，不能留有杂物，严禁锐物和重物撞击。安装泛水时在上面走动要脚踏在屋面板的肋上，不能踩在面板的平板处。

2）已安装完的泛水严禁人在上面行走，特别是打胶的部位，更不允许硬物撞击。

3）使用电焊时，注意对板材的保护，杜绝因焊把线短路损坏屋面板。

（14）验收（详见验收章节）

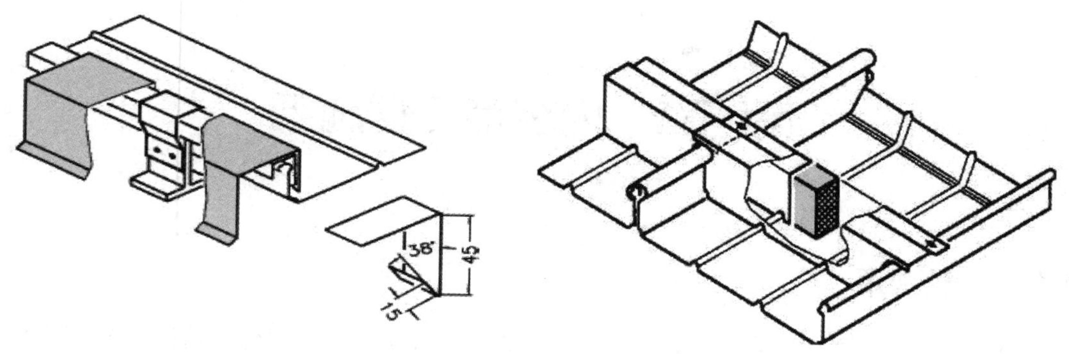

图 3-33　屋面泛水板示意图

3.5.7　施工质量控制要点

（1）檩条布置安装要准确，该步骤是控制建筑物外观效果的关键;

（2）檩条疏密布置要合理，该步骤是建筑物整体结构安全的保障;

（3）固定支座的高程控制是对檩条位置、高程的细化调整，是建筑物外观的最终保障;

（4）施工过程中，都要进行随时观测，以便及时发现和调整安装过程中的误差和偏移。

第四章 内装饰工程施工

4.1 一般规定

（1）内装饰工程应结合设计、生产、装配进行整体策划，协同建筑结构系统、设备与管线系统、内装系统等专业要求，制定相应的施工组织设计和施工方案，并经过审核批准后方可实施。

1）深化设计应采用统一模数，面层板块应对称排布，边角的板块规格尺寸不应小于整板的 1/2。

2）深化设计时应综合考虑门、窗洞、设备预埋基座、设备点使用位置和房间形状等因素。

3）墙面有消防栓或管道井暗门时，立面工艺缝宜与门缝平齐，横向工艺缝位置宜避开视角线范围。

4）内装饰工程所用材料的安装孔及预留孔应按要求在工厂制作完成。

5）内装饰施工应按照已审批后的方案执行，并进行动态调整。

（2）内装饰工程所用材料及构配件、设备的品种、规格、性能和质量应符合设计要求，预埋螺栓、后置螺栓和柱应做拉拔试验。

（3）连接材料常用的有钢制连接件、不锈钢挂件、镀锌挂件和不锈钢背栓等。配件等应按国家现行相关标准的规定进行进场验收，未经验收或检验不合格的产品不得使用。

板材与主体结构采用连接件固定，连接件的间距应按设计要求确定，并符合相关规范要求。

（4）应采用与构配件相匹配的工厂化、标准化、模块化装配系统。装配施工前，应按设计要求选用合适的、经确认的材料试做样板，选取具有代表性的空间进行样板施工，并根据样板施工结果进行施工方案的调整和完善。

4.2 装配式隔墙

装配式隔墙包括：板材隔墙、骨架隔墙、玻璃隔墙、活动隔墙等。

4.2.1 板材隔墙施工

（1）板材隔墙主要包括加气混凝土条板、石膏条板、炭化石灰板、石膏珍珠岩板等，本节重点介绍加气混凝土条板隔墙，其他类型可参照此工艺及相关规范执行。

（2）施工前应完成深化设计，深化设计文件应经原设计单位认可。当墙面有门洞口时，应从门洞口处向两侧依次排板；无门洞口时，应从一端向另一端排板。按施工图纸和技术规程对操作者进行安全技术交底及作业技术交底。按项目施工进度计划合理安排材料、机具、人员进场施工。

（3）板材隔墙施工流程图

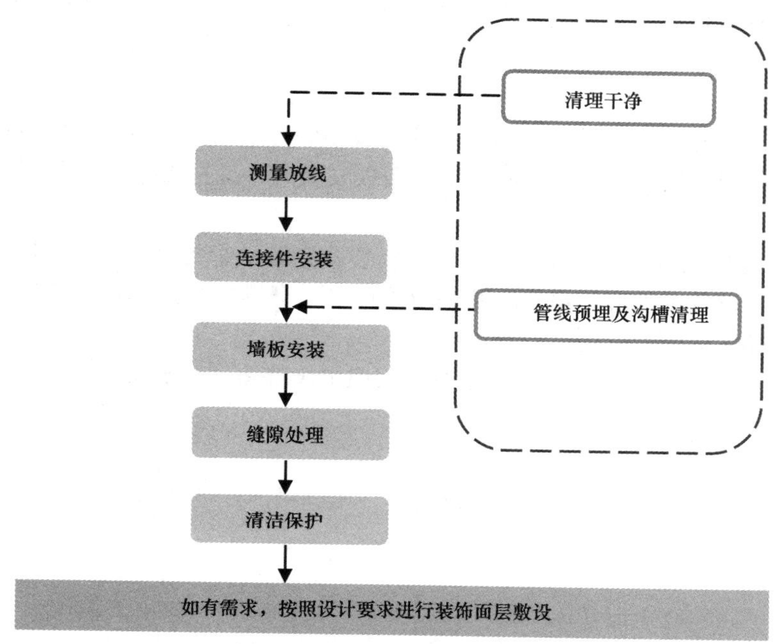

图 4-1　板材隔墙施工流程图

（4）板材隔墙施工节点图

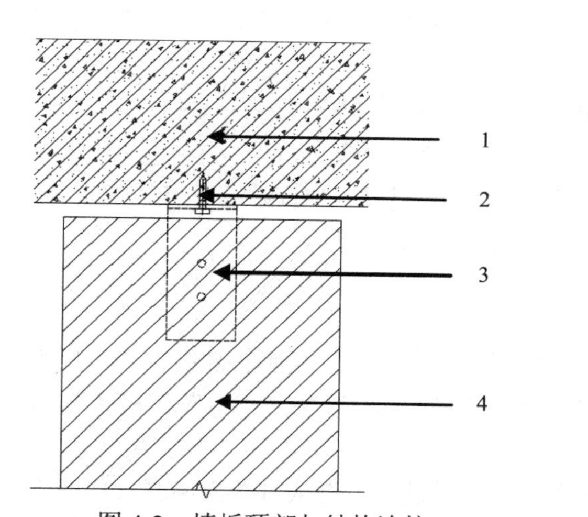

图 4-2　墙板顶部与结构连接

1—基体结构；2—螺钉或膨胀螺栓；3—连接件；4—墙板

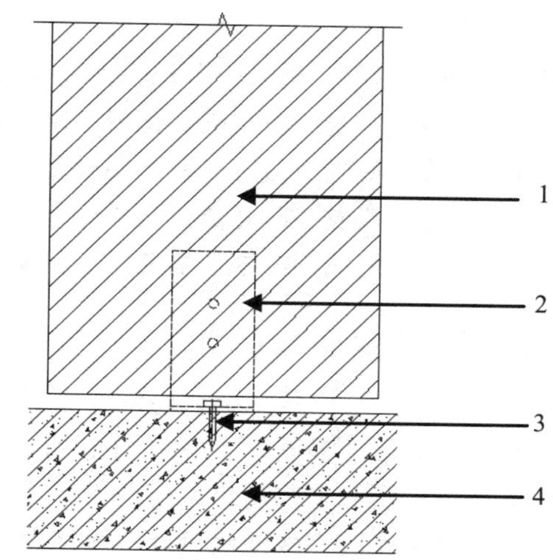

图 4-3　墙板底部与结构连接

1—墙板；2—连接件；3—螺钉或膨胀螺栓；4—基体结构

（5）施工工艺

1）测量放线

沿地、墙、顶弹出隔墙的中心线及宽度线，宽度应与隔墙厚度一致，弹线清晰，位置准确。应注意以轴线为控制线进行放线。

2）连接件安装

板材与基体结构采用连接件固定，连接件的间距应符合相关规范要求。隔墙高度超过 4m 时应增设钢龙骨。板材隔墙所用金属配件应做防腐处理，板材拼接用的芯材应符合防火要求。

3）墙板安装

① 墙板上下口应与安装线相吻合，板底和板顶间隙应采用专用水泥砂浆填塞密实。门洞口上方应增加钢结构横梁进行加固。多层条板安装时，底层板应安装牢固后方可进行上一层墙板安装。

② 墙板固定后按设计要求进行机电管线安装。穿墙风管及水管应在穿墙处增设钢架与天花连接加固。设备保护管、箱、盒开槽应采用竖向开槽方式，尽量避免横向开槽，线盒安装完成后应与板面平齐。

③ 如有机电栓箱、箱体、卫生间柜体或嵌墙水箱等需做嵌墙安装时，应提前安装独立钢架或支撑后再进行墙体安装。

4）缝隙处理

墙板安装牢固后，采用专用砂浆嵌缝密实，接缝槽内贴玻纤布一道，外侧用砂浆找平，表面粘贴防裂网带等措施进行防裂处理。

5）清洁保护

墙板安装完成后将墙面清理干净，应适当包封或围挡保护墙板不被污染、损坏。

（6）施工质量控制要点

1）安装隔墙板材所需预埋件（或后置埋件）、连接件的位置、数量、规格、连接方法及防腐处理必须符合设计要求。

2）隔墙板材的品种、规格、颜色和性能应符合设计要求。有隔声、隔热、阻燃、防潮等特殊要求的工程，材料应有相应性能等级的检测报告。

3）隔墙板材安装应牢固、位置正确，板材不应有裂缝或缺损。

4）隔墙板材所用接缝材料的品种及接缝方法应符合设计要求。

5）板材隔墙表面应光洁、平顺、色泽一致，接缝应均匀、顺直。

6）隔墙上的孔洞、槽、盒应位置正确、套割吻合、边缘整齐。

4.2.2 骨架隔墙施工

（1）骨架隔墙主要包括以轻钢龙骨和型钢龙骨等为骨架，以纸面石膏板、水泥纤维板、金属饰面板、石材饰面板、木饰面板等为墙面板的隔墙，本节重点介绍石膏板骨架隔墙，其他类型可参照此工艺及相关规范执行。

（2）施工前应完成深化设计，深化设计文件应经原设计单位认可。当墙面有门洞口时，应从门洞口处向两侧依次排板；无门洞口时，应从一端向另一端排板。按施工图纸和技术规程对操作者进行安全技术交底及作业技术交底。按项目施工进度计划合理安排材料、机具、人员进场施工。

（3）骨架隔墙施工流程图

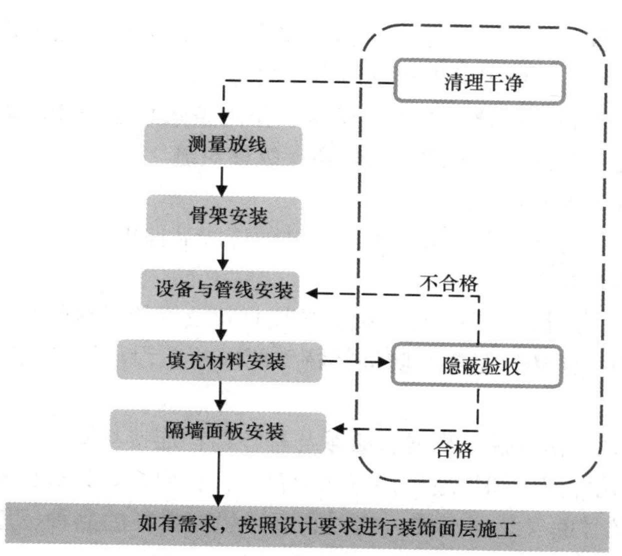

图 4-4　骨架隔墙施工流程图

（4）骨架隔墙施工节点图

（5）施工工艺

1）测量放线

弹水平线与竖向垂直线，以控制骨架的安装位置和固定点。以安装控制线为基础，复核预埋件位置，偏位的应采用后置埋件进行固定。

2）型钢骨架安装

将连接件安装在预埋件上，检查位置尺寸无误后，与型钢骨架进行连接固定。骨架安装前按编号核对分格尺寸、连接点位，将龙骨移动就位，校正安装位置并紧固连接。门框应有足够强度，不满足强度要求时应在门框处加装钢架以提高强度。

3）设备与管线安装

隔墙中设置电源开关、插座、配电箱等小型或轻型设备末端时，应预装水平骨架及加固固定构件。消防栓、挂墙卫生洁具、水柜等设备直接安装在骨架隔墙上，应单独设置固定支架。

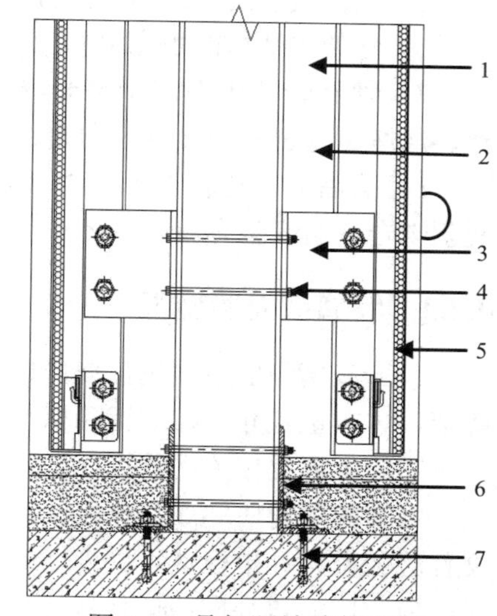

图 4-5　骨架隔墙连接节点

1—钢骨架；2—机电管线；3—连接件；4—螺栓；5—面板；6—连接件；7—膨胀螺丝

骨架隔墙埋设暗装管线和线盒时，应采用机械开孔。

4）填充材料安装

以岩棉为例，单侧板材安装完毕后安装岩棉。将岩棉裁成略小于竖向骨架间距的宽度备用，在一面板材上用建筑胶固定岩棉钉，保证每块岩棉板上等距固定 4 个岩棉钉。如遇骨架内部有管线通过，应用岩棉将管线裹实。

5）隔墙面板安装

应从门洞口处向两端依次安装，无门洞口的墙体由一端向另一端依次安装。按编号核对面板尺寸规格，面板的连接件应连接牢固，将面板紧贴骨架，通过连接件与骨架连接固定。面板应先临时固定，待位置调整准确后再紧固连接。

在墙面最下一排板材安装位置的上、下两端拉两条水平控制线，以中间或墙面阳角进行自下而上就位安装。板材安装要求四角平整，纵横对缝。

在面板上进行机电末端安装。

面板安装完成后，将表面污垢清理干净，并做好成品保护。

（6）施工质量控制要点

1）骨架隔墙所用龙骨、配件、墙面板、填充材料及嵌缝材料的品种、规格、性能应符合设计要求。有隔声、隔热、阻燃、防潮等特殊要求的工程，材料应有相应性能等级的检测报告。

2）骨架隔墙沿地、沿顶及边框龙骨必须与基体结构连接牢固。

3）骨架隔墙中龙骨间距和构造连接方法应符合设计要求。骨架内设备管线的安装、门窗洞口等部位加强龙骨的安装应牢固、位置正确。填充材料的品种、厚度及设置应符合设计要求。

4）骨架隔墙的墙面板应安装牢固，无脱层、翘曲、折裂及缺损。

5）墙面板所用接缝材料的接缝方法应符合设计要求。

6）骨架隔墙内的填充材料应干燥，填充应密实、均匀、无下坠。

7）骨架隔墙表面应平整光滑、色泽一致、洁净、无裂缝，接缝应均匀、顺直。

8）隔墙上的孔洞、槽、盒应位置正确、套割吻合、边缘整齐。

4.2.3　玻璃板隔墙施工

（1）玻璃隔墙主要包括玻璃砖和玻璃板隔墙，本节重点介绍玻璃板隔墙，其他类型可参照此工艺及相关规范执行。

（2）施工前应完成深化设计，深化设计文件应经原设计单位认可。当墙面有门洞口时，应从门洞口处向两侧依次排板；无洞口时，应从一端向另一端排板。按施工图纸和技术规程对操作者进行安全技术交底及作业技术交底。按项目施工进度计划合理安排材料、机具、人员进场施工。

（3）玻璃板隔墙施工流程图

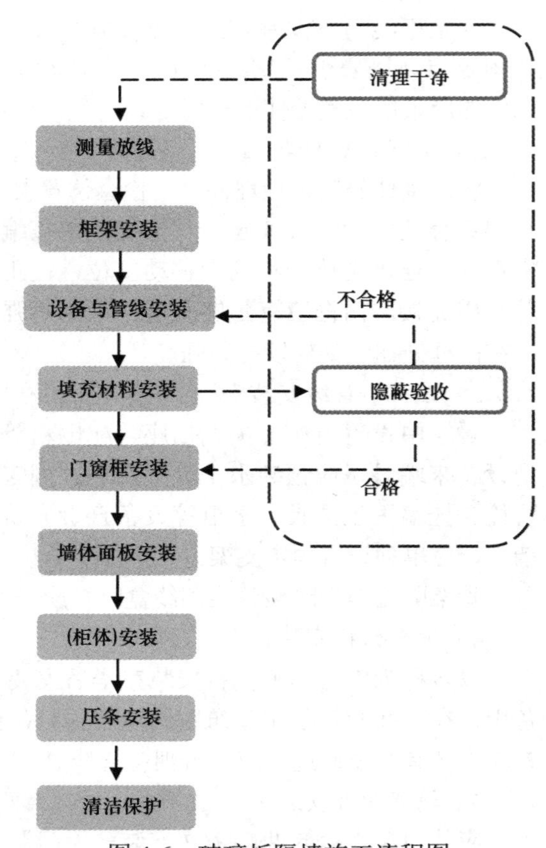

图 4-6　玻璃板隔墙施工流程图

（4）玻璃板隔墙施工节点图

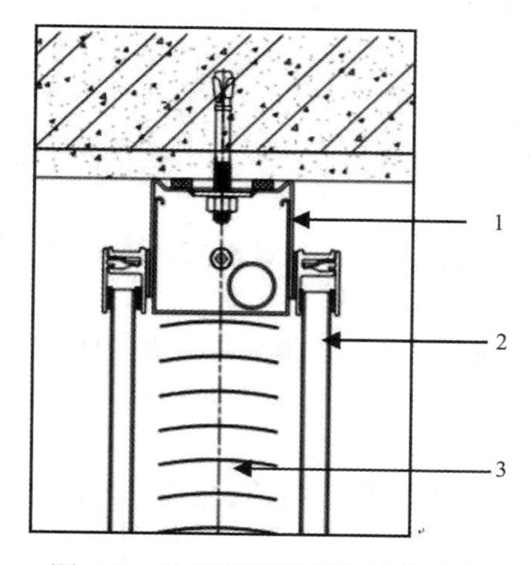

图 4-7　玻璃板隔墙顶部连接节点
1—天龙骨；2—玻璃面板；3—百叶

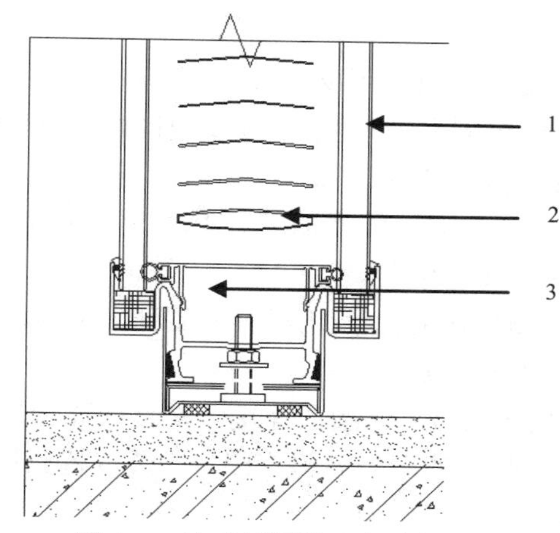

图 4-8　玻璃板隔墙底部连接节点
1—玻璃面板；2—百叶；3—地龙骨

（5）施工工艺

1）测量放线

检查结构洞口方正度、墙柱垂直度、地面平整度及标高。测量出基层面标高、隔墙中心轴线及上下位置线。

玻璃板隔墙施工工艺

2）龙骨安装

将连接件与楼地面连接，再将底槽固定于连接件上。安装顶部框架与基体结构固定牢靠。

3）门窗框安装

门窗框应与隔墙骨架及基体结构有效连接。

4）设备与管线安装

在框架内安装管线或在面板边框穿管线。

5）填充材料安装

框架与基体结构之间、框架与框架之间的连接处安装填充材料。

6）墙体面板安装

核对框架及面板尺寸，并在底槽内垫硬质垫块。将面板放入顶部框架内，移动面板下口对准底框槽口，再将面板放入底框内的垫块上，使其支撑在图纸标高位置。

将门窗扇按编号放置在门窗洞口部位，安装合页、铰链、门锁等五金。如需加装百叶窗，应先装一侧面板，再安装百叶，经调试后安装另一侧面板。

7）柜体安装

按构件编号将柜体组装成整体。将柜体移至洞口部位，经过校正、核对标高、尺寸、位置准确无误后固定。

8）压条安装

面板竖向接缝填塞胶条，外部用压条固定。

9）清洁保护

将玻璃隔断表面灰尘、污渍清理干净，表面贴膜保护。隔断两侧立面用硬质材料保护，防止损坏。

（6）施工质量控制要点

1）玻璃隔墙的沿地、沿顶及边框龙骨与基体结构连接牢固，隔墙中竖龙骨间距和构造连接应符合设计要求。

2）有框玻璃板隔墙的受力杆件应与基体结构连接牢固，玻璃板安装橡胶垫位置应正确。玻璃板安装应牢固，受力应均匀。

3）玻璃隔墙工程所用材料的品种、规格、图案、颜色和性能应符合设计要求。玻璃板隔墙应使用安全玻璃。

4）门扇与玻璃墙板的连接、安装位置应符合设计要求。

5）百叶与玻璃隔墙的连接、安装位置应符合设计要求，表面应色泽一致、平整光滑、遮光严密。

6）玻璃隔墙接缝应横平竖直，玻璃无裂痕、缺损和划痕。嵌缝应密实平整、均匀顺直、深浅一致。

7）玻璃隔墙表面应色泽一致、平整洁净、清晰美观。

4.2.4　活动隔墙施工

（1）活动隔墙根据分格的宽度和重量可选用手动和电动，墙板主要包括板材墙板、玻璃墙板、金属类墙板等，本节重点介绍板材活动隔墙，其他类型可参照此工艺及相关规范执行。

（2）施工前应完成深化设计，深化设计文件应经原设计单位认可。按施工图纸和技术规程对操作者进行安全技术交底及作业技术交底。按项目施工进度计划合理安排材料、机具、人员进场施工。

（3）施工流程图

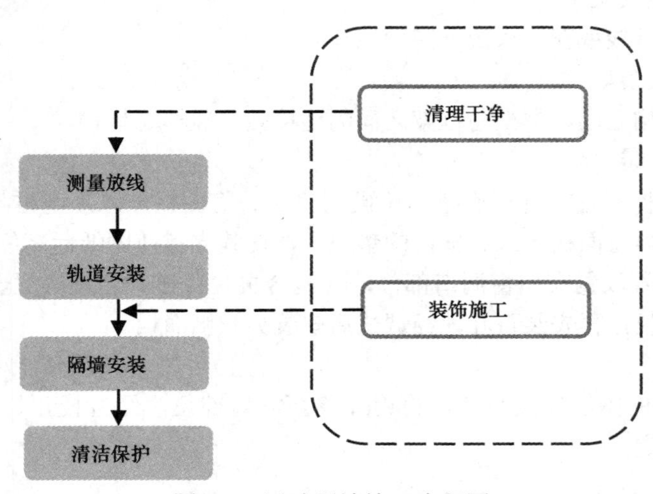

图 4-9　活动隔墙施工流程图

（4）施工节点图

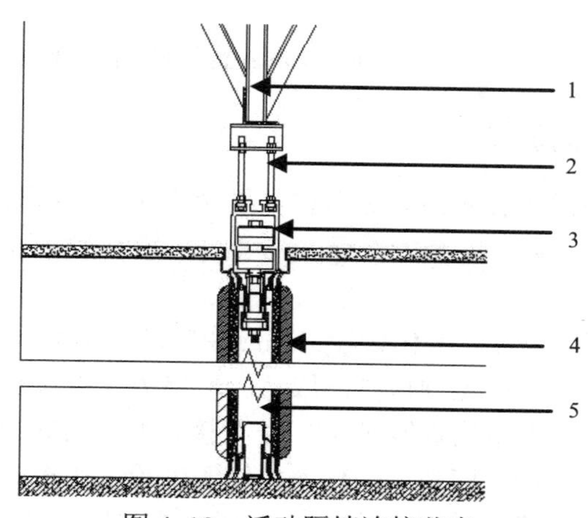

图 4–10 活动隔墙连接节点

1—钢架；2—吊轨螺栓；3—吊轨；4—面板；5—骨架

（5）施工工艺

1）测量放线

在地面弹出隔墙的位置控制线，并将隔墙位置线引至顶棚与侧墙。按隔墙定位线进行预埋件位置的复核及纠偏。

2）轨道安装

在结构梁底安装支撑骨架，并对复核吊轨螺栓孔位置。将轨道用螺栓固定在支撑骨架上。通过吊轨螺栓调整轨道的水平度，保证导轨水平、顺直。

3）隔墙安装

在每块隔墙上弹出滑轮安装位置线，再将滑轮的固定架用螺栓固定在隔墙上。分别将隔墙两端嵌入上下导轨槽内，调整各块隔墙，使其垂直于地面，且推拉转动灵活，最后进行隔墙之间的连接固定。隔墙下侧中心点安装导向杆，相邻隔墙之间用合页连接。

4）清洁保护

活动隔墙安装后应表面贴膜保护，防止碰坏或污染。严禁杂物进入活动隔墙的滑行轨道。

（6）施工质量控制要点

1）活动隔墙所用墙板、轨道、配件等材料的品种、规格、性能和人造木板甲醛释放量、燃烧性能应符合设计要求。

2）活动隔墙轨道应与基体结构连接牢固，并应位置准确。

3）活动隔墙用于组装、推拉和制动的构件应安装牢固、位置正确，推拉应安全、平稳、灵活、无噪声。

4）活动隔墙表面应色泽一致、平整光滑、洁净，线条应顺直、清晰。

5）活动隔墙上的孔洞、槽、盒应位置正确、套割吻合、边缘整齐。

6）活动隔墙推拉应无噪声。

4.3　装配式内墙面

装配式内墙面包括：石材、陶瓷类墙面、木制品类墙面、金属制品类墙面等。

4.3.1　石材、陶瓷类墙面施工

（1）石材、陶瓷类墙面主要包括天然石材、复合石材（天然石材或人造石的薄片背后加复合层）、复合陶瓷等，本节重点介绍石材类墙面，其他类型可参照此工艺及相关规范执行。

（2）施工前应完成深化设计，深化设计文件应经原设计单位认可。当墙面有门洞口时，应从门洞口处向两侧依次排板；无洞口时，应从一端向另一端排板，并遵循墙体对称排板原则，阴角处应压向正确，阳角线宜做成45°角对接、海棠角或阳角板，与地面或顶面对缝。深化图纸应正确表示凹槽、磨边、倒角、拼缝等位置、要求。按施工图纸和技术规程对操作者进行安全技术交底及作业技术交底。按项目施工进度计划合理安排材料、机具、人员进场施工。

（3）石材、陶瓷类墙面施工

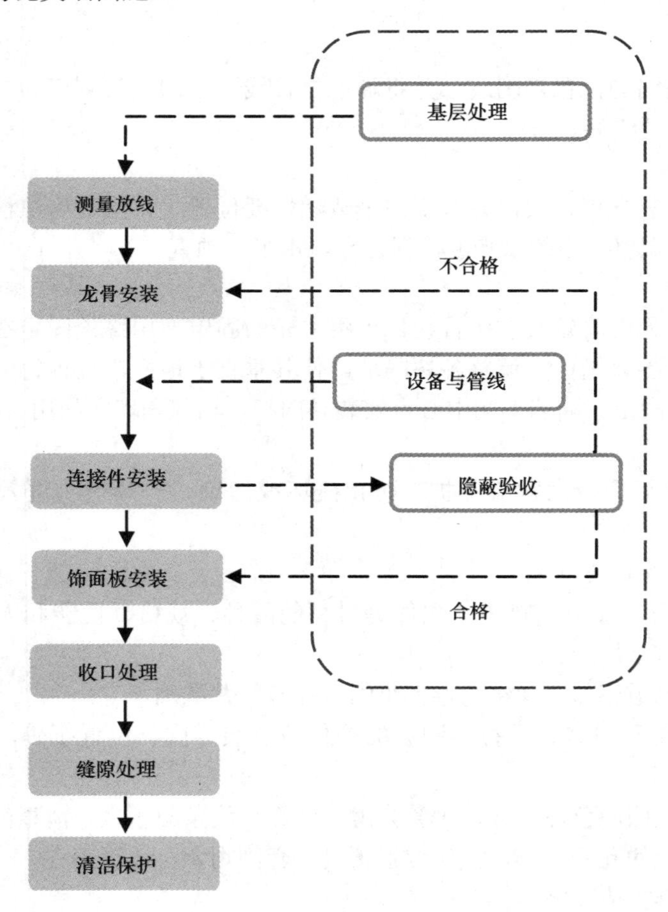

（4）石材、陶瓷类墙面施工

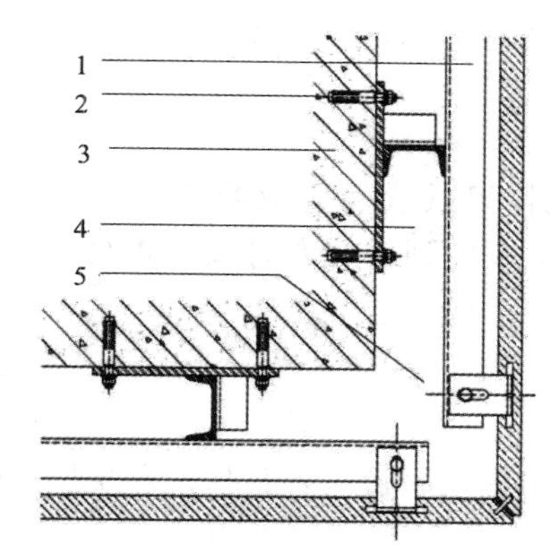

图 4-11 石材墙板阳角拼接大样图
1—石材；2—膨胀螺栓；3—镀锌钢板；
4—镀锌角钢；5—不锈钢干挂件

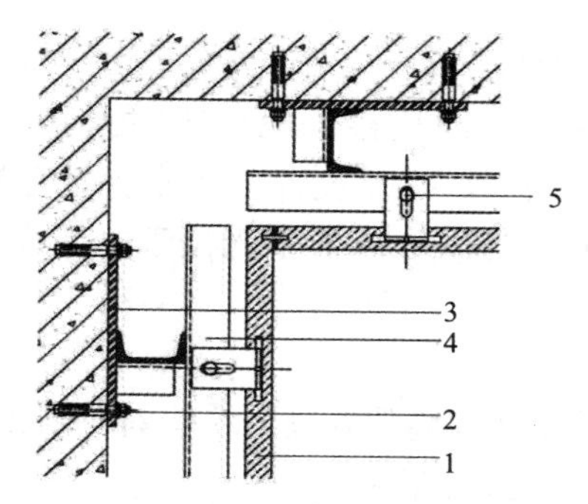

图 4-12 石材墙板阴角拼接大样图
1—石材；2—膨胀螺栓；3—镀锌钢板；
4—镀锌角钢；5—不锈钢干挂件

（5）施工工艺

1）测量放线

基层及构造层的强度、密实度应符合要求。基层表面应平整，对局部影响安装的凸出部分应剔凿干净。

将面板立面尺寸分割点标注在所对应的地面完成面上，用红外线放线仪将分割点位置弹至立面墙体上，弹出水平分割线及墙面造型线。根据墙面板控制线弹出龙骨定位线及连接件安装定位点。特殊设备或工程需求的其他需配合专业管线弹至对应部位。

根据标准化标注要求，在墙、地面造型线以及装饰水平垂直控制线上，用字体字样模具将相应线的名称喷在相应部位。

2）预排板

按面板及挂件的位置确定龙骨间距。面板挂件连接采用不锈钢背栓固定，将装有挂件的面板按照编号要求对应安装，安装时应注意板与板之间的留缝间距。

3）龙骨安装

根据板材高度确定龙骨水平间距，竖向间距通常为600mm。钢龙骨应垂直安装，每根钢龙骨与预埋钢板之间用角钢焊牢，于竖向骨架上焊水平角钢，其间距应与石材水平缝位置相对应，焊渣等应敲掉，并在焊缝处涂刷防锈漆。角钢准确对应板材尺寸、挂件预先打好孔，孔径宜大于固定挂件螺栓的1～2mm，左右方向宜打成椭圆形，以便挂件调整，每行角钢上的孔应在一条直线上，严禁角钢焊接完成后再打孔。

墙体暗装管线和线盒时，必须采用手电钻对骨架进行打孔，严禁随意施工破坏已施工完毕的骨架。应按装饰骨架安装要求，将管线和线盒固定牢固。

4）连接件安装

面板安装背栓：背栓与板材进行预埋安装后再与挂件连接。

龙骨安装挂件：根据施工排板图纸对龙骨进行放线定位，并在钢架上安装挂件，位置应准确。

5）饰面板安装

挂件与石材横向龙骨挂装，背栓与挂件的螺丝紧固安装必须垂直到位、紧贴、牢靠，并采用云石胶临时固定，AB胶永久固定。挂板平整度误差不应超过1mm，挂板时注意不占用其他材料的连接位置。

6）收口处理

饰面板之间的连接处应做密拼拼接、安装收口条或调整板间缝隙尺寸进行留缝处理。缝隙应整齐、平整度高，正常视线范围内不应看到板后龙骨及预埋件等。应对石材板面的断面及外露边缘做剖光处理。墙面的孔洞、槽、盒应位置正确、套割吻合、边缘整齐。

7）缝隙处理

饰面板之间的缝隙处采用粉状勾缝剂、胶状美缝剂、膏状云石胶、耐候胶等填缝。

8）清洁及成品保护

施工完成后应及时清理面层并做成品保护，阳角处应采取硬质防护措施。

（6）施工质量控制要点

1）饰面板安装工程的预埋件（或后置埋件）、连接件的材质、数量、规格、位置、连接方法和防腐处理应符合设计要求。饰面板安装应牢固。

2）饰面板的品种、规格、颜色和性能应符合设计要求及国家现行标准的有关规定。

3）饰面板表面应平整、洁净、色泽一致，无裂痕和缺损，石板表面应无泛碱等污染。

4）饰面板填缝应密实、平直，宽度和深度应符合设计要求，填缝材料色泽应一致。

5）饰面板上的孔、槽、盒应位置正确、套割吻合、边缘整齐。且必须在加工车间一次完成。

4.3.2 木制品类墙面施工

（1）木制品类墙面主要包括木质吸音板、仿木质类板材等，其他类型可参照此工艺及相关规范执行。

（2）施工前应完成深化设计，深化设计文件应经原设计单位认可。当墙面有门洞口时，应从门洞口处向两侧依次排板；当无洞口时，应从一端向另一端排板，并遵循墙体对称排板原则，阴角处应压向正确，阳角线宜做成45°角对接、海棠角或阳角板，并按设计要求与地面或顶面对缝。深化图纸应正确表示凹槽、磨边、倒角、拼缝等位置、要求。按施工图纸和技术规程对操作者进行安全技术交底及作业技术交底。按项目施工进度计划合理安排材料、机具、人员进场施工。

（3）木制品类墙面施工流程图

（4）木制品类墙面施工节点图

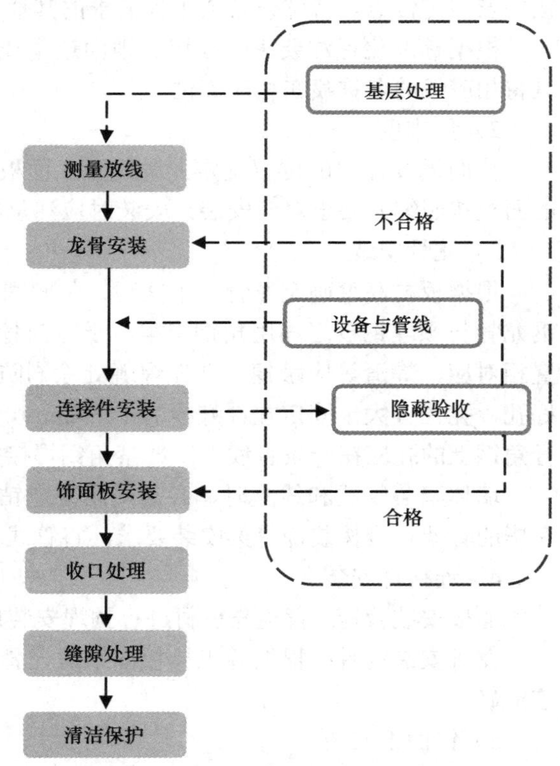

图4-13 木制品类墙面施工流程图

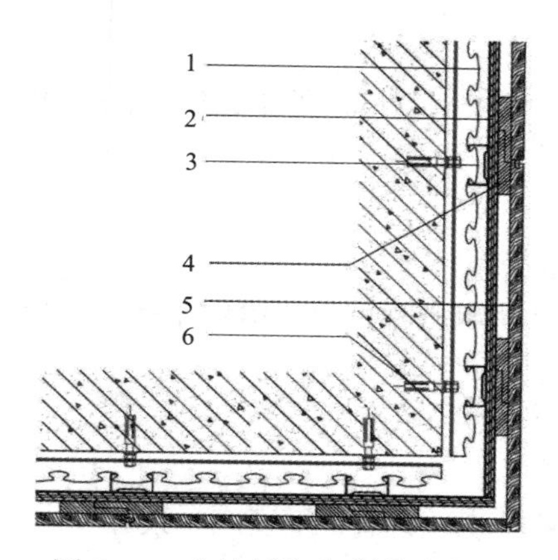

图 4-14　木墙板阳角拼接大样图

1—卡式龙骨竖档；2—多层板刷防火涂料三度；3—卡式龙骨横档；4—木挂条；5—成品木饰面；6—膨胀螺栓

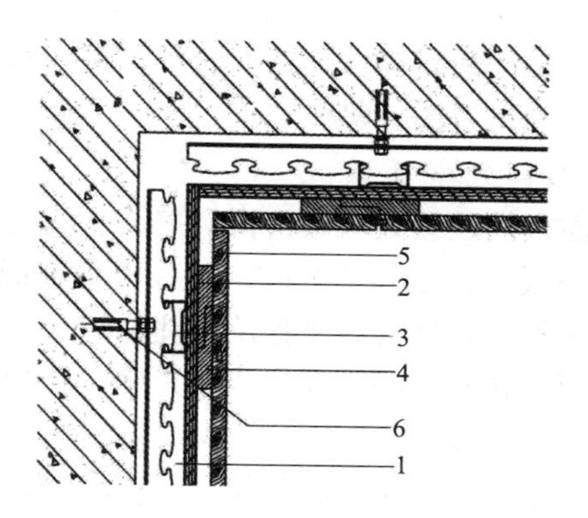

图 4-15　木墙板阴角拼接大样图

1—卡式龙骨竖档；2—多层板刷防火涂料三度；3—卡式龙骨横档；4—木挂条；5—成品木饰面；6—膨胀螺栓

（5）施工工艺

1）测量放线

基层及构造层的强度、密实度应符合要求。基层表面应平整，对局部影响安装的凸出部分应剔凿干净。

装配式内墙面施工工艺

将面板立面尺寸分割点标注在所对应的地面完成面上，用红外线放线仪将分割点位置弹至立面墙体上，弹出水平分割线及墙面造型线。根据墙面板控制线弹出龙骨定位线及连接件安装定位点。特殊设备或工程需求的其他需配合专业管线弹至对应部位。

根据标准化标注要求，在墙、地面造型线以及装饰水平垂直控制线上，用字体字样模具将相应线的名称喷在相应部位。

2）预排板

按面板及挂件的位置确定龙骨间距。木饰面板挂件连接采用不锈钢螺丝固定，将装有挂件的木饰面板按照编号的要求对应安装，安装时应注意板缝间距。

3）龙骨安装

有防潮要求的面板，应在安装龙骨时压铺防潮卷材或安装龙骨前涂刷防潮层。

钢骨架主要采用轻钢龙骨。水平间距根据木饰面板高度确定，竖向间距通常为600mm。安装竖向龙骨应上下垂直，龙骨用膨胀螺栓与墙体固定，于竖向骨架上安装横向龙骨，其间距应与木饰面板水平缝位置相对应，横向龙骨应准确对应木饰面板尺寸，应预先在横向龙骨上放线定位挂件位置。

墙体暗装管线和线盒时，必须采用手电钻对骨架打孔或固定于基体结构上，严禁随意施工破坏已经施工完毕的骨架。并按装饰骨架安装要求将管线和线盒固定牢固。

4）连接件安装

木饰面板背部挂件安装：将挂件用螺丝固定于木饰面板背部。

龙骨安装挂件：对龙骨进行放线定位并在钢架上安装挂件，要求挂件的位置必须准确。

5）饰面板安装

将木饰面板背部挂件与龙骨挂件进行挂装，要求平整度误差不超过 1mm，挂板时注意不占用其他材料的连接位置。

6）收口处理

饰面板间连接处应做密拼拼接或安装收口条处理。

调整板与板之间的缝隙尺寸，严格按照图纸要求进行留缝。缝隙整齐、平整，正常视线范围内不应看见板后龙骨及预埋件等。

墙面的孔洞、槽、盒应位置正确、套割吻合、边缘整齐。

7）缝隙处理

装饰嵌条的花纹、颜色应与面板相同，规格尺寸、宽窄、厚度应一致。

8）清洁及成品保护

施工过程中应保持工完场清，避免重复清理。

饰面材料不应有裂缝或缺损，安装完毕后应适当包封或围挡，以免损坏成品。

（6）施工质量控制要点

1）饰面板安装工程的预埋件（或后置埋件）、龙骨、连接件的材质、数量、规格、位置、连接方法和防腐处理必须符合设计要求。饰面板安装应牢固。

2）饰面板的品种、规格、颜色和性能应符合设计要求及国家现行标准的有关规定。木龙骨、木饰面板的燃烧性能等级应符合设计要求。

3）饰面板表面应平整、洁净、色泽一致，无裂痕和缺损。

4）饰面板接缝应平直，宽度和深度应符合设计要求，嵌填材料色泽应一致。

5）饰面板上的孔、槽、盒应位置正确、套割吻合、边缘整齐。且必须在加工车间一次完成。

4.3.3　金属制品类墙面施工

（1）金属制品类墙面主要包括铝板、不锈钢板、陶瓷钢板等，其他类型可参照此工艺及相关规范执行。

（2）施工前应完成深化设计，深化设计文件应经原设计单位认可。按施工图纸和技术规程对操作者进行安全技术交底及作业技术交底。按项目施工进度计划合理安排材料、机具、人员进场施工。

（3）金属制品类墙面施工流程图

（4）金属制品类墙面施工图

（5）施工工艺

1）测量放线

基层及构造层的强度、密实度应符合要

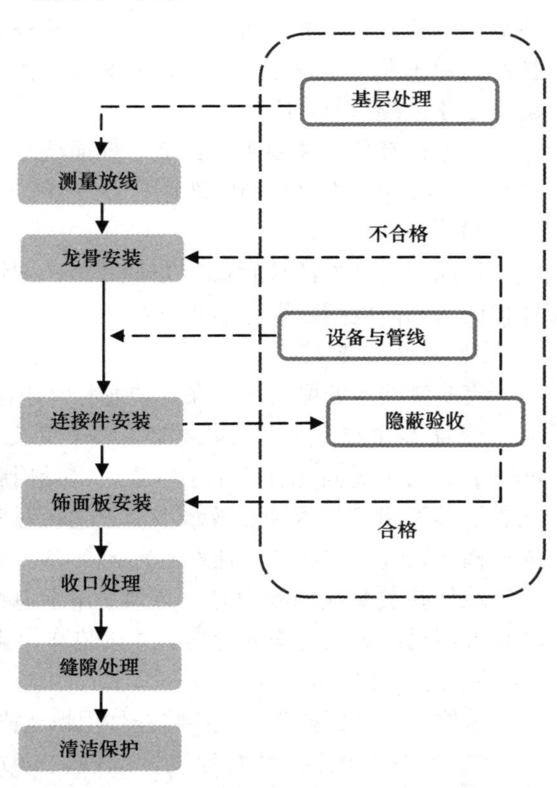

图 4-16　金属制品类墙面施工流程图

求。基层表面应平整，对局部影响安装的凸出部分应剔凿干净。

将面板立面尺寸分割点标注在所对应的地面完成面上，用红外线放线仪将分割点位置弹至立面墙体上，弹出水平分割线及墙面造型线。根据墙面板控制线弹出龙骨定位线及连接件安装定位点。特殊设备或工程需求的其他需配合专业管线弹至对应部位。

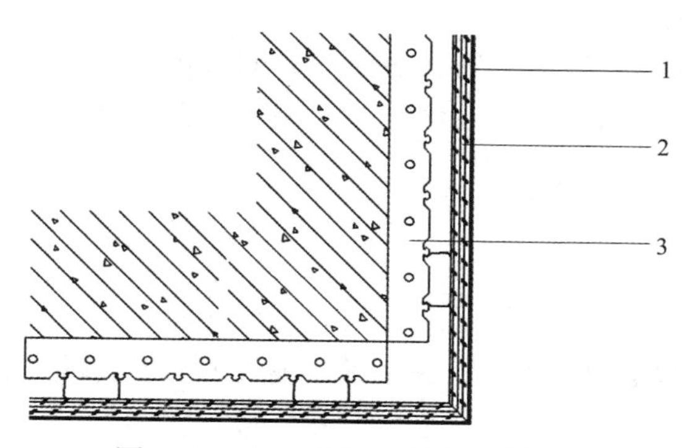

图 4-17 金属板阳角拼接大样图

1—拉丝不锈钢；2—阻燃板；3—卡式龙骨

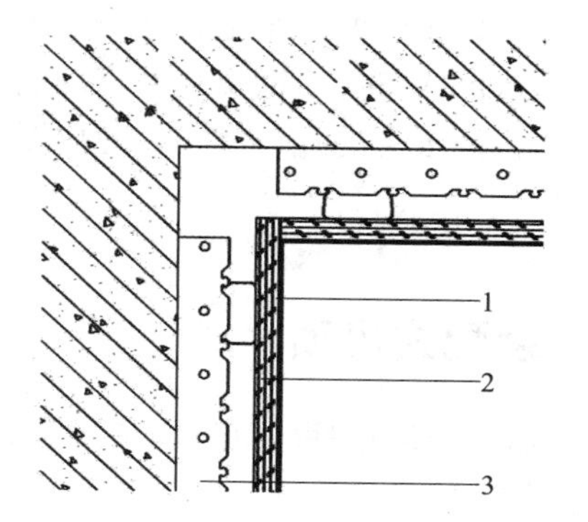

图 4-18 金属板阴角拼接大样图

1—拉丝不锈钢；2—阻燃板；3—卡式龙骨

2）龙骨安装

根据连接件弹线控制点位置，将龙骨连接件用膨胀螺栓固定在基体结构上，位置应准确、结合牢固，安装后应全面检查中心线、表面标高，为保证饰面板的安装精度，宜用经纬仪对横竖杆件进行贯通，变形缝处应做相应处理。

3）连接件安装

在龙骨预留孔洞处安装连接件，并对应面层角码位置。

4）饰面板安装

从每面墙的边部竖向第一排下部的第一块板开始，自下而上顺序安装，安装完该面墙的第一排再安装第二排。安装铺设墙板时应随时检查，并及时消除误差。为保证墙面外观质量，螺栓位置必须准确，应用单面施工的钩形螺栓固定，螺栓位置应横平竖直。固定金属板的方法为两种，一种是将板条或方板用螺丝拧到型钢上，另一种是将板条卡在特制的龙骨上。

管线预埋应在预制构件允许范围内安装管卡等受力件，或预留沟、槽、孔、洞的位置，不应在饰面板安装后凿剔沟、槽、孔、洞。

5）收口处理

水平部位的压顶、端部的收口、伸缩缝的处理、两种不同材料的交接处理等依据设计要求。

6）缝隙处理

饰面板之间的连接处应做密拼拼接、安装收口条或调整板间缝隙尺寸进行留缝处理。缝隙应整齐、平整度高，正常视线范围内不应看见板后龙骨及预埋件等。板缝一般用橡胶条或密封胶等弹性材料处理。

7）清洁及成品保护

施工完成后应及时清理面层并做成品保护，阳角处应采取硬质防护措施。

（6）施工质量控制要点

1）饰面板安装工程的预埋件（或后置埋件）、连接件的材质、数量、规格、位置、连接方法和防腐处理必须符合设计要求。饰面板安装应牢固。

2）饰面板的品种、规格、颜色和性能应符合设计要求及国家现行标准的有关规定。

3）饰面板表面应平整、洁净、色泽一致。

4）饰面板接缝应密实、平直，宽度和深度应符合设计要求，嵌填材料色泽应一致。

5）饰面板上的孔、槽、盒应位置正确、套割吻合、边缘整齐。且必须在加工车间一次完成。

4.4 装配式吊顶

装配式吊顶包括：整体面层吊顶、板块面层吊顶、格栅吊顶、集成吊顶、金属及金属复合材料吊顶等。

4.4.1 集成吊顶施工

（1）本节重点介绍集成吊顶，其他类型可参照此工艺及相关规范执行。

（2）施工前应完成深化设计，深化设计文件应经原设计单位认可。应根据房间吊顶大小、造型及设备末端定位点进行设计排布，单块板的设计尺寸应符合所选用金属卷材幅宽。排板时应确定室内 2 个方向平面中心线，对比尺寸差额，相差不明显宜由外向内铺设；相差较大时，宜进行对称对格由内向外铺设。异型曲面吊顶应依据建筑结构定位图和弧线定位图，精确绘制出分布组合造型详细布局及预留尺寸、弧形天花与下口边缘吊顶的控制边线。吊顶应遵循机电综合排布原则，灯具、设备、喷淋、风口等末端点位应集成排布于设备带内，且符合国家现行标准要求。末端点位排布经确认后，其板面灯具及设备等孔洞应在加工厂预制完成，且不影响后期检修与维护。按施工图纸和技术规程对操作者进行安全技术交底及作业技术交底。按项目施工进度计划合理安排材料、机具、人员进场施工。

（3）集成吊顶施工流程图

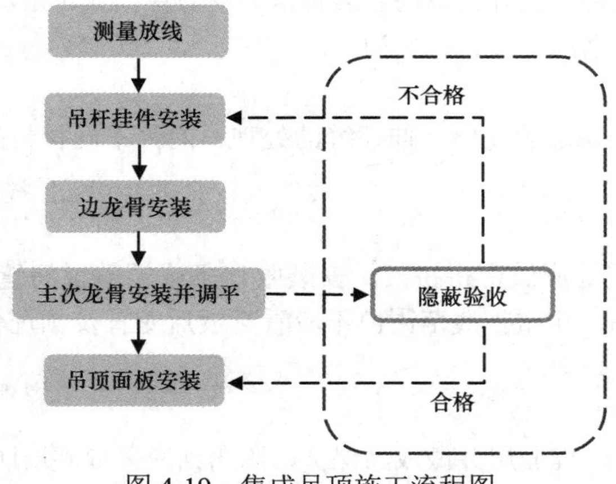

图 4-19 集成吊顶施工流程图

（4）集成吊顶构造图

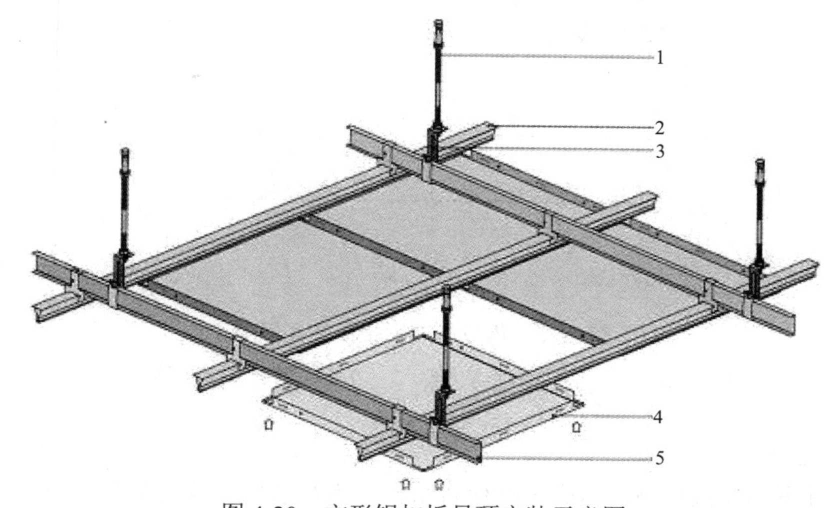

图 4-20 方形铝扣板吊顶安装示意图

1—吊顶丝杆；2—三角龙骨；3—主吊件；4—方形铝扣板；5—主龙骨

（5）集成吊顶施工节点图

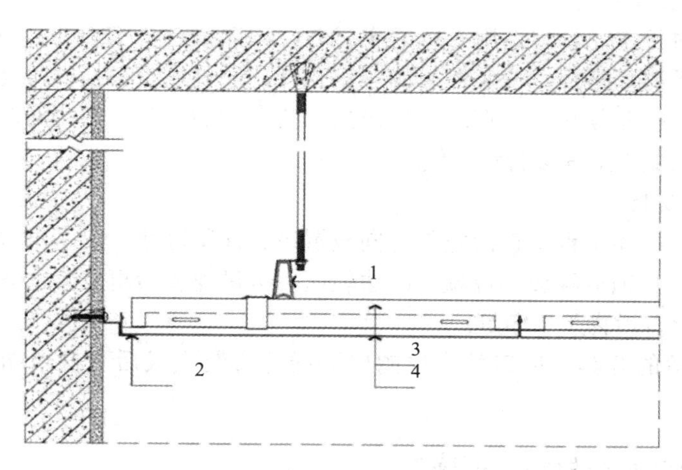

图 4-21 集成吊顶铝扣板节点图 A

1—上层暗架龙骨；2—W 形收边龙骨；3—下层暗架龙骨；4—方形铝扣板

（6）操作工艺

1）测量放线

根据楼层标高水平线，按设计标高沿墙四周弹顶棚标高水平线，找出房间中心点，沿顶棚的标高水平线，在墙上画好龙骨分档位置线。

装配式吊顶施工工艺

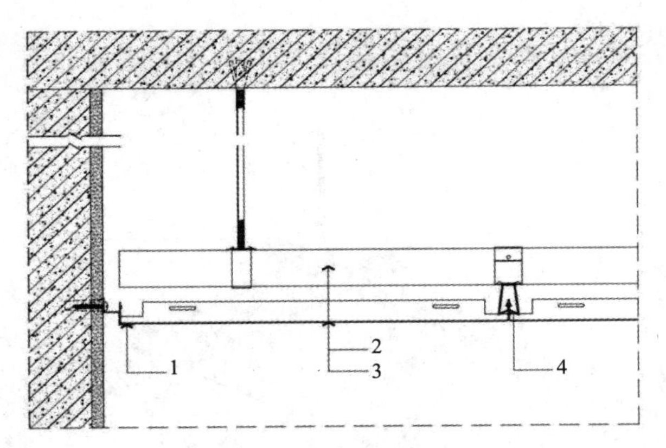

图 4-22　集成吊顶铝扣板节点图 B

1—W 形收边龙骨；2—上层暗架龙骨；3—方形铝扣板；4—下层暗架龙骨

2）吊杆挂件安装

确定吊杆下部端头标高，用膨胀螺栓将吊杆固定在顶棚。应选用全丝吊杆，间距控制在 1200mm 范围内。当吊杆长度大于 1500mm 时，应设置反支撑。不得与机电管线等共用吊杆，吊杆不得固定在管道或其他设备上。

3）边龙骨安装

按天花净高要求在墙四周用膨胀管固定 25mm×25mm 烤漆龙骨，间距不大于 300mm。

4）主次龙骨安装并调平

设计无要求时，主龙骨宜选用 C38 轻钢龙骨，间距控制在 1200mm 范围内，将吊件与吊杆连接。根据板材规格尺寸安装配套的三角龙骨，通过三角吊挂件吊挂在主龙骨上。如三角龙骨长度需多根延续接长，在连接件吊挂三角龙骨的同时，将相对端头相连接，并调直后固定。不得在龙骨上铺设管道、线路。

5）吊顶面板安装

在装配面积的中间位置垂直次龙骨方向设置纵、横基准线，沿基准线向两侧安装。安装时应轻拿轻放，必须沿翻边部位顺序两边轻压，卡进龙骨后再推紧。安装完毕后，将板面擦拭干净，不得有污物及手印等。

最后，将预留的灯具、风口等点位的电路线等安装完成后，将末端构件安装于龙骨架中。

4.4.2　金属及金属复合材料吊顶施工

（1）金属及金属复合材料吊顶主要包括铝板、钢板、不锈钢板及金属复合板等，其他类型可参照此工艺及相关规范执行。

（2）施工前应完成深化设计，深化设计文件应经原设计单位认可。设计排板应根据房间吊顶大小、造型及设备末端定位点设计排布，单块板的设计尺寸应符合所选用金属卷材幅宽。排版时应确定室内 2 个方向平面中心线，对比尺寸差额，相差不明显宜由外向内铺设；如相差较大时，宜进行对称对格由内向外铺设。异型曲面吊顶应根据设计要求，依据建筑结构定位图和弧线定位图，精确绘制出分布组合造型详细布局及预留尺寸、弧形天花与下口边缘吊顶的控制边线。灯具、设备、喷淋、风口等末端点位应在单块面板内居中或对称排布，整齐顺直，且符合国家现行标准要求。末端点位排布经确认后，其板面灯具及设备等孔洞应在加工厂预制完成，且不影响后期检修与维护。按施工图纸和技术规程对操作者进行安全技术交底及作业技术交底。按项目施工进度计划合理安排材料、机具、人员进场施工。

（3）金属及金属复合材料吊顶施工流程图

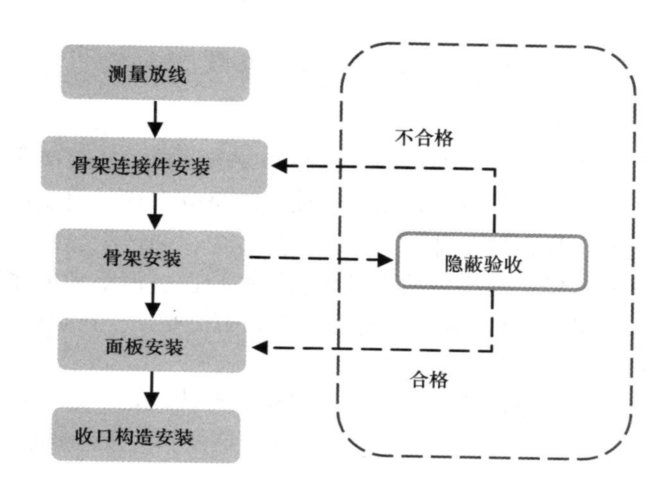

图 4-23　金属及金属复合材料吊顶施工流程图

（4）操作工艺

1）测量放线

依据设计文件及现场条件确定标高。如遇构造较复杂、异型或曲面吊顶有标高变化时，依据模型图在装饰面层留出安装距离。在四周墙柱面弹出标高控制线，在天棚上弹出竖向龙骨固定点位线。龙骨位置线应根据板材尺寸规格及吊顶面积尺寸安排吊顶骨架的结构尺寸，要求板块组合的图案完整，四周留边尺寸应均匀或对称，将排好的龙骨架位置线标在标高线上方。

2）骨架连接件安装

依据设计排板、放线弧度及竖向龙骨位置，用金属膨胀螺栓将钢埋件与结构顶连接，且平整度达到验收标准。

3）骨架安装

依据设计标高要求制作竖向钢龙骨，采用焊接方式将钢龙骨与结构顶连接件固定。用螺栓将横向龙骨与竖向龙骨十字交叉连接。其接长应采取对接，相邻龙骨的端部通过 2 组螺栓固定连接，安装过程中应随时检查标高、中心线位置，并将截面连接焊缝做防腐处理。骨架应安装位置准确，结构牢固。根据纵横标高控制线，从一端开始边安装边调平，最后统一精调一次。

图 4-24　钢骨架安装示意图

4）面板安装

面板应在加工厂预制成型，整板通过四周角码与龙骨连接。安装前应确定吊顶的安装轴线与纵横方向的吊顶通线。安装时从轴线一端依照编号分布逐一安装，后安装板块一侧的角码应搭接在相邻已装板块角码上部，另一侧固定。面板通过配套螺栓固定安装，位置通过全丝吊杆实现对面板三维空间坐标的细微调整。吊顶面板调整到位并符合要求后紧固螺母，使其紧固定位，保证板面安装牢固、位置准确、弧度平润、拼缝严密。

5）收口构造安装

面板安装完成后应统一调整，确保板块接缝平整、整体顺直。灯具和风口等明装设备整齐顺直，镶嵌吻合。吊顶收口及伸缩缝处理应符合设计及相关规范要求。

（5）施工质量控制要点

1）吊杆和龙骨的材质、规格、安装间距及连接方式应符合设计要求。金属吊杆和龙骨应经过表面防腐处理。

2）吊顶工程的吊杆、龙骨和面板的安装应牢固。如为明龙骨吊顶，饰面材料与龙骨的搭接宽度应大于龙骨受力面宽度的 2/3。

3）吊顶内填充吸声材料的品种和铺设厚度应符合设计要求，并应有防散落措施。

4）面层材料的材质、品种、规格、图案、颜色和性能应符合设计要求及国家现行标准的有关规定。

5）吊顶标高、尺寸、起拱和造型应符合设计要求。

6）饰面板上的灯具、烟感器、喷淋头、风口篦子和检修口等设备的位置应合理、美观，与饰面板的交接应吻合、严密。

4.5　装配式地面

本节适用于架空地面，其他类型可参照相关规范执行。

4.5.1　架空地板施工

（1）施工前应完成深化设计，深化设计文件应经原设计单位认可。当平面尺寸复核面板板块模数，而室内无控制设备时，宜由里向外铺设；当平面尺寸不符合面板板块模数时，宜由外向里铺设。当室内有控制柜设备且需预留洞口时，铺设方向和先后顺序应综合考虑选定。按施工图纸和技术规程对操作者进行安全技术交底及作业技术交底。按项目施工进度计划合理安排材料、机具、人员进场施工。

（2）架空地板施工流程图

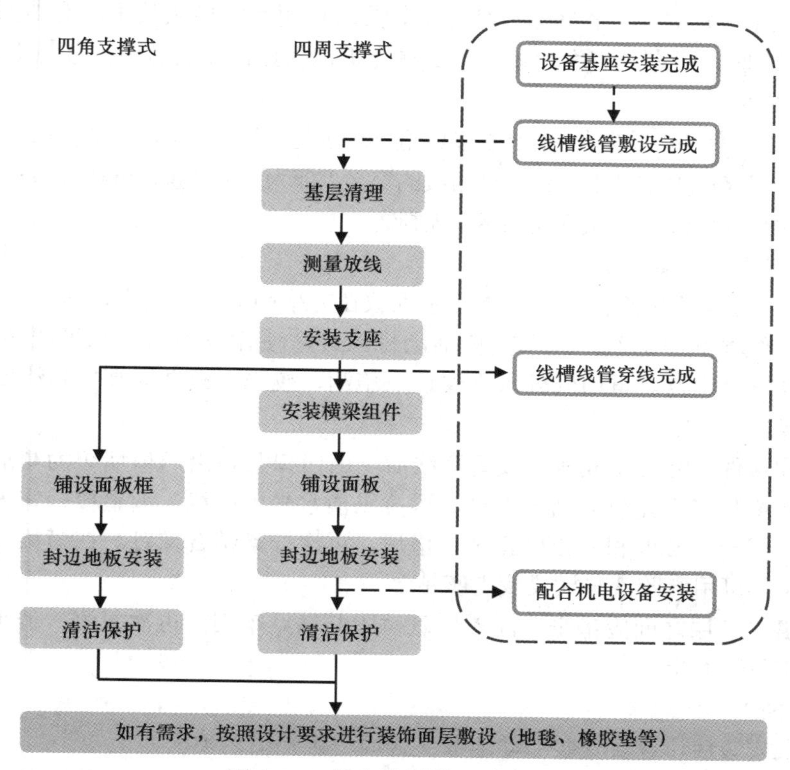

图 4-25 架空地板施工流程图

（3）四周支撑式与四角支撑式构造

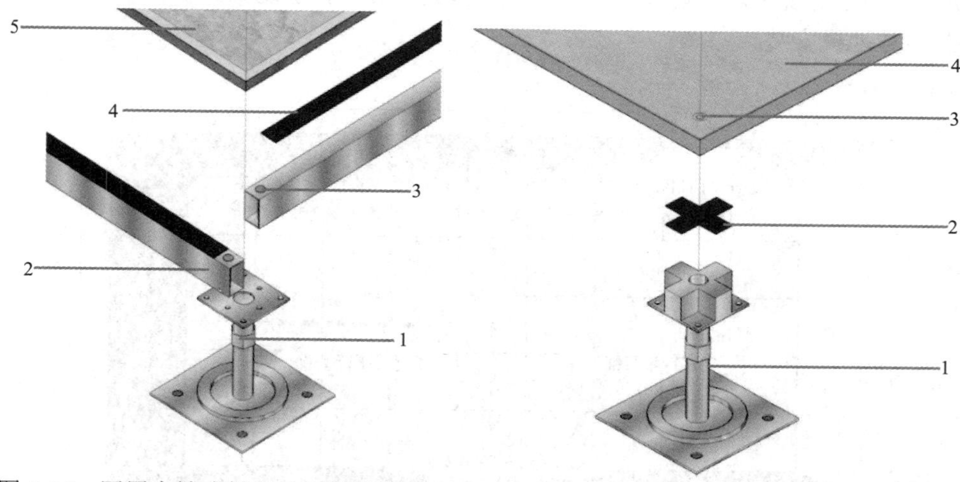

图 4-26 四周支撑式架空地面构造图

1—支座；2—横梁；3—结合螺钉；4—橡胶垫条；5—活动地板

图 4-27 四角支撑式架空地面构造图

1—支座；2—橡胶垫条；3—螺钉；4—活动地板

（4）操作工艺

1）基层清理

基座安装完成，地面线槽线管敷设完成。基层上的浮浆、落地灰等清理干净。基层表面应平整、光洁、不起灰，平整度不符合安装要求可用水泥砂浆找平，对地面进行防尘处理。设计无要求时，可在其表面涂刷 1 ～ 2 遍无机地板漆，涂刷后不得有脱皮现象。

2）测量放线

量测房间长、宽尺寸，对照设计排板图纸进行现场复核复测。按活动地板尺寸排出放置位置，并在地面弹出分格线，分格线的交叉点即为支座位置，分格线即横梁位置。在墙面上弹出活动地板面层的标高控制线。

装配式地面施工工艺

3）安装支座、横梁组件

安装支座：将支座底盘由门口向内分别摆放在方格网的十字线上，按支座顶面标高，拉纵横水平通线，调节支座活动螺丝杆，使托板顶面与水平线齐平，拧紧螺杆螺母固定。再用红外水平仪逐点施测、校平。根据标高控制线安装四周的墙面角钢支撑架。

安装横梁组件：配合完成线槽线管穿线后，由门口开始沿门口墙边为基准线逐步向内安装，扭紧横梁与支座托板的结合螺钉，再拉纵横水平中心线，调整校核室内全部横梁的同一水平度，同一中心度和方正度直至合格后，再次拧紧结合螺钉。在横梁上或者支座上铺设缓冲胶条，可用乳胶液与横梁或支座粘合。

支座底盘与基层之间应垫平，注入环氧树脂并粘结牢固，再次复测、调平。支座底盘与基层亦可用射钉固定。

4）铺设面板

全室横梁安装后，逐块安装活动地板（含周边镶补活动地板）。

以门口面板为基准点开始铺设，按基准线和垂直线方向铺设好两排面板，再认准一个方向逐排平行铺设直至周边镶补预留位置为止。每铺装一块地板，脚踩必须四角平实，不得有松动、翘边等现象。拉通线调整，使地板排列整齐、接缝均匀、缝格平直。

5）封边地板安装

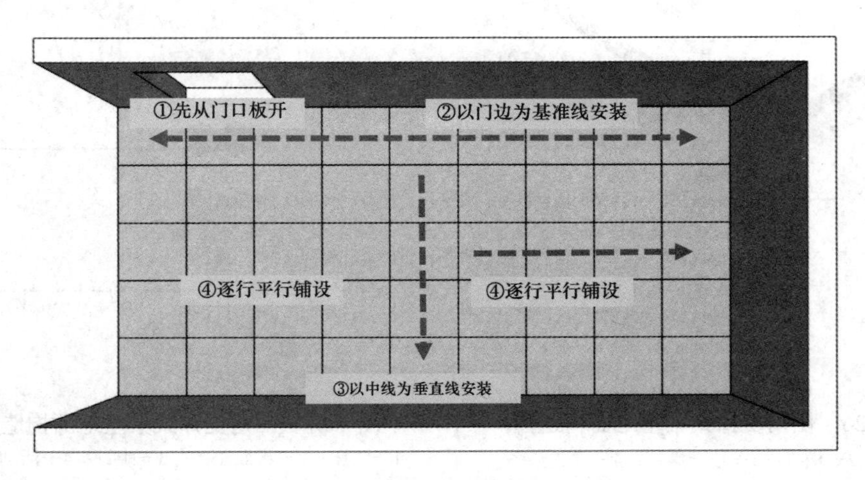

图 4-28　封边地板安装

活动地板在门、洞口处有侧边，应用耐磨硬质板材封闭或用镀锌钢板包裹，耐磨胶条封边。配合机电设备安装。

6）清洁保护

活动地板安装完毕应清除杂物，吸除灰尘，板面可用软布或毛巾擦拭干净。按需求进行装饰面层敷设（地毯、橡胶垫等）。

4.5.2 施工质量控制要点

（1）架空地板应符合设计要求和国家现行有关标准的规定，且应具有耐磨、防潮、阻燃、耐污染、耐老化和导静电等性能。

（2）架空地板面层应安装牢固，无裂纹、掉角和缺棱等缺陷。

（3）架空地板的支座必须位置正确，固定稳妥，横梁连接牢固，无松动。

（4）架空地板面层安装必须牢固，行走无声响，无摆动。

（5）架空地板面层应排列整齐、表面洁净、色泽一致、接缝均匀、周边顺直。

（6）面板表面平正、洁净、颜色一致，无污染，反锈等缺陷。

4.6 内门窗

内门窗主要包括木门窗、金属门窗、塑料门窗、特种门窗等，其他类型可参照相关规范执行。

4.6.1 内门窗施工

（1）本节重点介绍木门窗、金属门窗、塑料门窗，其他类型可参照此工艺及相关规范执行。

（2）施工前应完成深化设计，深化设计文件应经原设计单位认可。门窗洞口尺寸、位置及标高等应符合设计要求。按施工图纸和技术规程对操作者进行安全技术交底及作业技术交底。按项目施工进度计划合理安排材料、机具、人员进场施工。

（3）内窗施工流程图

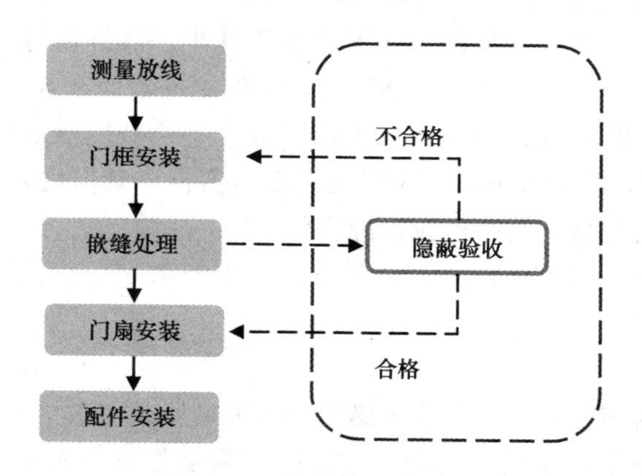

图 4-29　内窗施工流程图

（4）操作工艺

1）测量放线

用大线坠吊垂直，检查窗口位置的准确度，并在墙上弹出墨线，门窗口结构突出窗线时应及时处理。窗框安装高度应根据室内＋500mm线核对检查，使窗框安装在同一标高上。在窗框下拉小线找直，并用水平尺将线引入洞内作为立框时的标准，再用线坠校正调直。门框应根据图纸位置和标高安装。

2）门框安装

① 门窗洞口偏位、不垂直、不方正的要进行剔凿或抹灰处理。弹线安装门窗框应考虑抹灰层的厚度，并根据门窗尺寸、标高、位置及开启方向画出安装位置线。当门窗框与墙体固定时应按对称顺序，先固定上下框，后固定边框，固定方法应符合下列要求：

混凝土墙洞口应采用射钉或塑料膨胀螺钉固定。

砖墙洞口应采用塑料膨胀螺钉或水泥钉固定，不应固定在砖缝上。

加气混凝土洞口应采用木螺钉将固定片固定在预埋胶结圆木上。

设有防腐木砖的墙面应采用木螺钉将固定片固定在防腐木砖上。

设有预埋铁件的洞口应采用焊接方法固定，或在预埋件上按紧固件规格打基孔，再用紧固件固定。

② 膨胀螺钉直接固定法：用膨胀螺钉直接穿过门窗框，将框固定在墙体或地面的方法。此方法适用于阳台封闭窗框及墙体厚度小于120mm安装门框时使用。

③ 安装时先将门窗框在洞口放好、找正并临时固定，用钻头在门窗框各固定点的中心钻孔，穿过框材直钻到墙体上留下钻孔痕迹（钻孔位置及间距仍按固定片法），取下门窗框，用冲击钻按墙上留下的钻孔痕迹继续钻孔，深约50mm，清除孔内粉末后放入塑料套，将门窗框重新放入洞口中，对准划线，重新找正位置并用木楔临时固定，按对称方式拧入膨胀螺钉。

3）嵌缝处理

门窗框与洞口之间的伸缩缝内腔应采用闭孔泡沫塑料，发泡聚苯乙烯等弹性材料分层填塞；对于保温、隔声等级要求较高的工程应采用聚氨酯发泡密封胶等相应的隔热、隔声材料填充。

门窗洞口内、外侧与门窗框之间缝隙处理如下：

普通玻璃门、窗：洞口内、外侧用水泥砂浆等抹平，靠近铰链一侧，灰浆压住门窗框的厚度以不影响扇的开启为限，待抹灰硬化后，外侧用密封胶密封。

保温、隔声门窗：洞口内、外侧用水泥砂浆等抹平，外侧抹灰时应用片材将抹灰层与门窗框临时隔开，其厚度为5mm，抹灰层应超出门窗框，其厚度以不影响扇的开启为限，待外抹灰层硬化后撤去片材，用密封胶进行密闭。

门窗框上如粘有水泥砂浆，应在其硬化前，用湿布擦拭干净，不得用硬质材料刮铲门窗框表面。

4）门窗扇安装

门窗扇和门窗玻璃应在洞口墙体表面装饰完工验收后安装。

推拉门在门窗框安装固定后，将配好玻璃的门窗扇整体安入框内滑槽。调整好与扇的缝隙，确保推拉灵活、密实。

平开门窗在框与扇格架组装上墙，安装固定好后再安装玻璃，即先调整好框与扇的缝隙，再将玻璃安入扇并调整好位置，最后镶嵌密封条或密封胶。

5）配件安装

五金配件应按设计要求安装。五金配件应齐全、配套，安装牢固，使用灵活，位置正确，端正美观，达到各自的功能。

（5）施工质量控制要点

1）内门窗的品种、类型、规格、尺寸、开启方向、安装位置、连接方式及性能应符合设计要求及国家现行标准的有关规定。

2）门窗框和副框的安装应牢固。预埋件及锚固件的数量、位置、埋设方式、与框的连接方式必须符合设计要求。

3）门窗扇应安装牢固、开关灵活、关闭严密，无倒翘。推拉门窗扇应安装防止扇脱落的装置。

4）门窗配件的型号、规格、数量应符合设计要求，安装应牢固，位置应正确，功能应满足使用要求。

5）门窗框与墙体之间的缝隙应填嵌饱满，并应采用密封胶密封。密封胶表面应光滑、顺直，无裂纹。

6）门窗表面应洁净、平整、光滑、色泽一致，应无锈蚀、擦伤、划痕和碰伤。漆膜或保护层应连续。型材的表面处理应符合设计要求及国家现行标准的有关规定。

7）门窗扇的橡胶密封条或密封毛条应装配平整、完好，不得脱槽，交角处应平顺。

8）排水孔应畅通，位置和数量应符合设计要求。

4.7 集成式卫生间、厨房

集成式卫生间、厨房分为：地面部品、墙面部品、顶面部品、门窗部品、卫生洁具、收纳及配件、设备及管线等。

4.7.1 集成式卫生间、厨房施工

（1）集成式卫生间、厨房主要包括顶盖、防水底托盘、墙板、支撑框架等，其他类型可参照此工艺及相关规范执行。

（2）施工前应完成深化设计，深化设计文件应经原设计单位认可。集成卫生间、厨房连接的给排水管道、电气管线已敷设至安装要求位置，并完成测试合格工作，为后续接驳管线留有工作空间。按施工图纸和技术规程对操作者进行安全技术交底及作业技术交底。按项目施工进度计划合理安排材料、机具、人员进场施工。

（3）施工流程图

1）集成式卫生间施工流程图

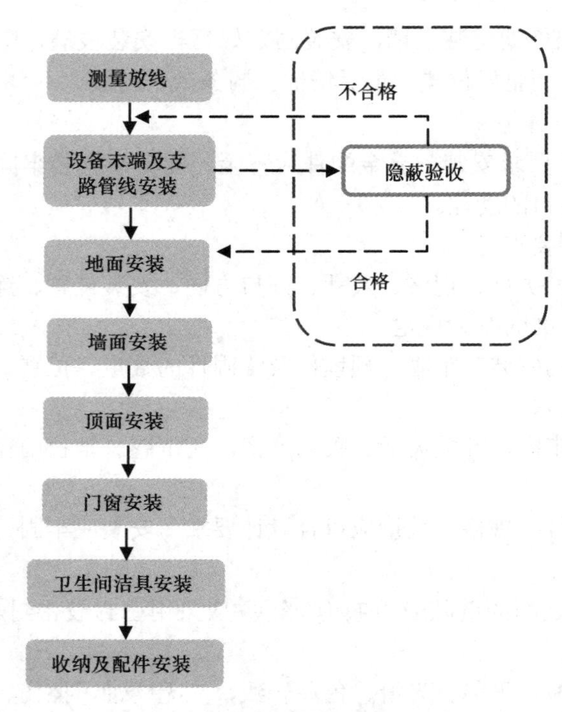

图 4-30　集成式卫生间施工流程图

2）集成式厨房施工流程图

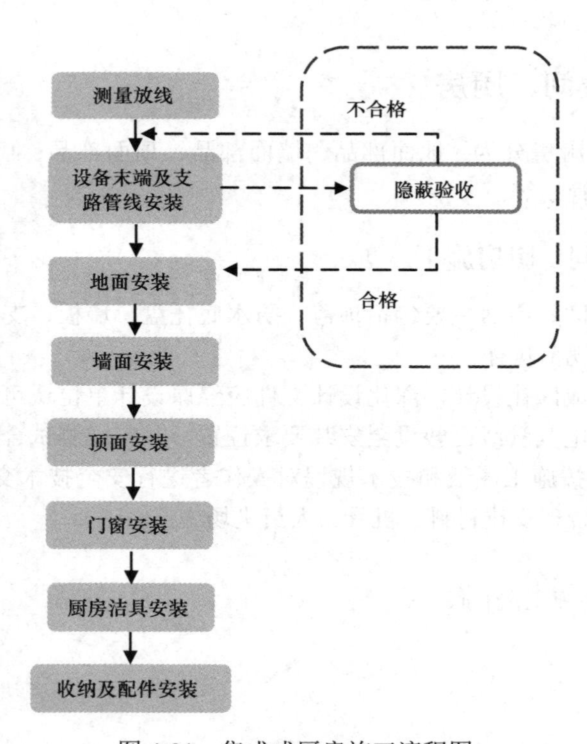

图 4-31　集成式厨房施工流程图

（4）集成式卫生间操作工艺

1）测量放线

首先量测卫生间的长、宽尺寸，对照安装图纸进行现场复核复测。

整体卫生间最小长度、宽度安装尺寸是在产品内长、宽净尺寸基础上加 100 ～ 150mm。

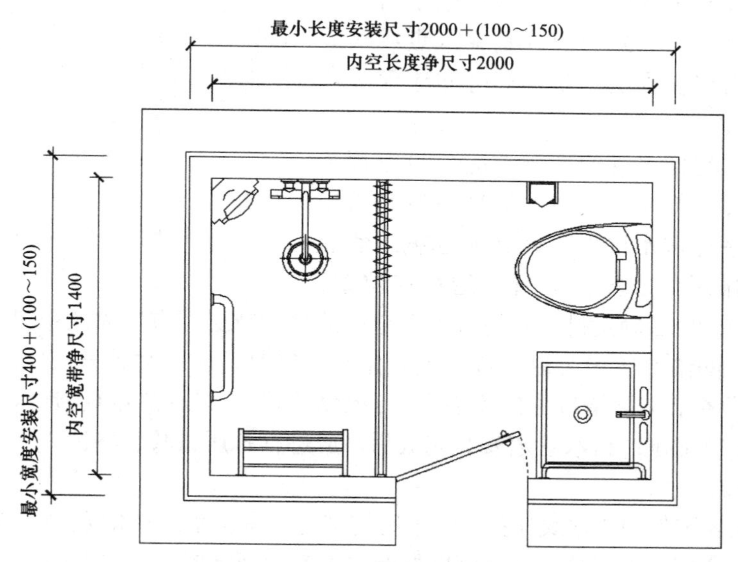

图 4-32　长、宽安装尺寸关系

整体卫生间高度安装尺寸 H 根据采用采水方式不同取值范围也不同。采用隔层排水方式时整体卫生间高度安装尺寸 H 大于壁板高度 h +（600 ～ 650mm），而采用同层排水方式时卫生间高度安装尺寸 H 大于墙板高度 h +（600 ～ 650mm）。

外轮廓安装线、门窗位置线，水平标高线在现场做好明显标识。

2）设备末端及支路管线安装

整体卫浴墙板与结构墙之间的空间铺设给水管道、电线套管等线路，全部采用与之相配套的卡子固定在整体卫浴的墙板上，实现明管、明线。见图 4-33。

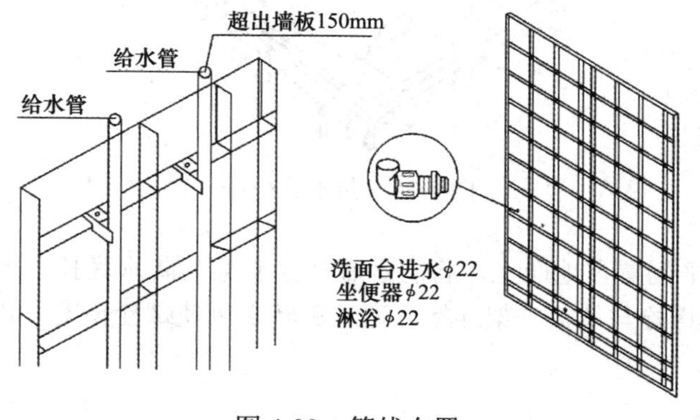

图 4-33　管线布置

将冷热水给水管的一端分别与主体结构预留的冷热水管连接，输水管道使用专用卡子紧贴固定在卫浴墙板的背面。

将穿线卡使用匹配的线卡紧贴固定在卫浴墙板的背面，对于接线线条做好绝缘处理。

电气设备安装时，应将卫生间预留的每组电源进线分别通过开关控制，接入接线端子对应位置；不同用电装置的电源线应分别穿入走线槽或电线管内，并固定在顶板上端，其分布应便于检修。见图 4-34。

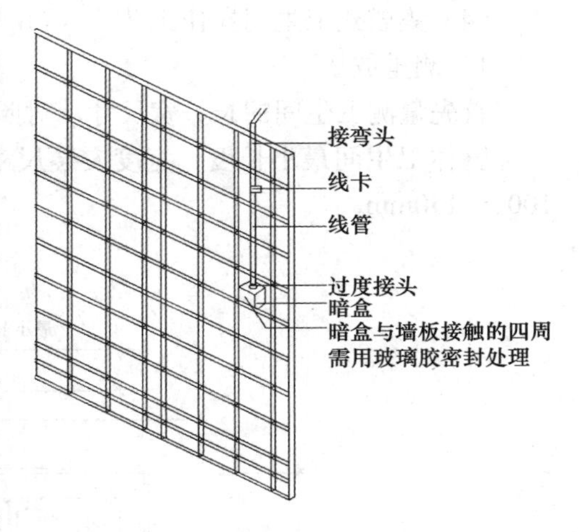

图 4-34　电线管固定方式

集成式卫生间排水管的安装首先应检查预留排水管的位置和标高是否准确；清理卫生间内排水管道杂物，进行试水确保排污排水通畅；然后根据地漏口、排污口及排污立管三通接口位置，确定排水管走向；最后确定排水管与预留管道的连接部位必须有可靠的密封处理措施。

集成式卫生间给水管安装沿壁板外侧固定给水管时，应安装管卡固定；按设计要求预先在壁板上开好各给水管道接头的安装孔；当给水管接头采用热熔连接时，应保证所熔接的两个管材或配管对准；给水管道安装完成后，应进行打压试验合格。

3）地面安装

卫生间地面安装使用防水底托盘，其采用高密度、高强度的 SMC 材料，地面及挡水翻遍一次性高温高压成型，无拼缝，因此可以杜绝卫生间地面泄露，提高卫浴的安全可靠性。见图 4-35。

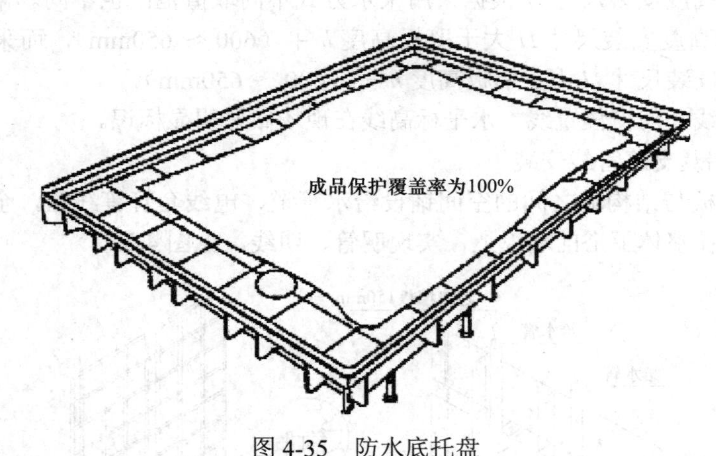

图 4-35　防水底托盘

将防水底盘水平倒置在地面上，将防水底托盘支架与防水底托盘专用自钻螺丝钉连接固定。将 M16 地脚螺栓与地板支架连接，通过旋转螺母使螺栓长度一致。见图 4-36。

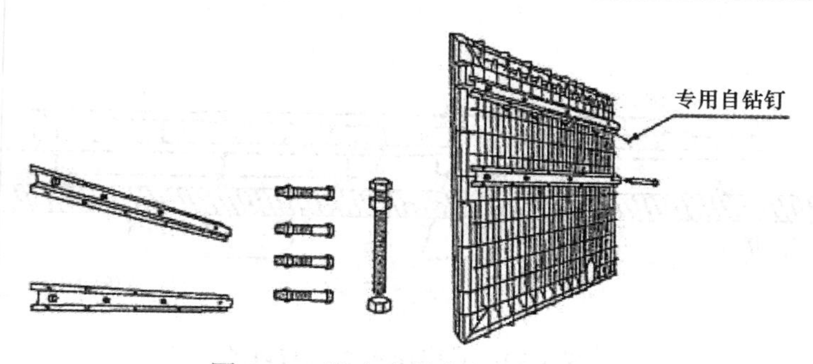

图 4-36 防水底托盘与支架连接

根据防水盘尺寸和管系配置图，准确测量主地漏与副地漏位置，用 PVC 胶水将排水管一端与地漏粘接，应确保粘接牢固、密封严密。见图 4-37。

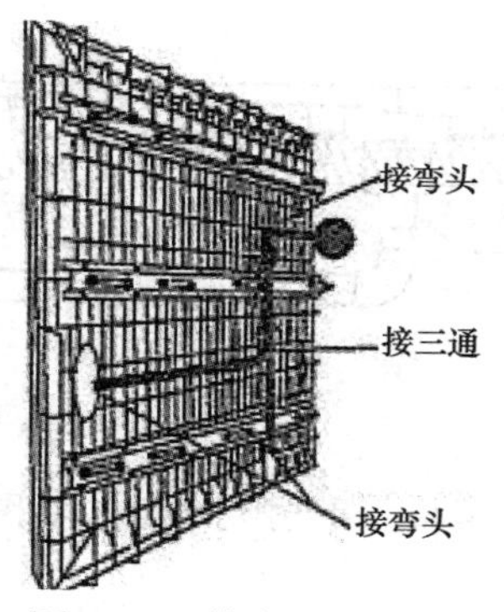

图 4-37 排水组件的安装

将防水底托盘翻转，置于指定位置，调节 M16 螺栓使防水底盘处于水平，安装主、副地漏盖板，使主、副地漏与防水盘紧密连接。见图 4-38。

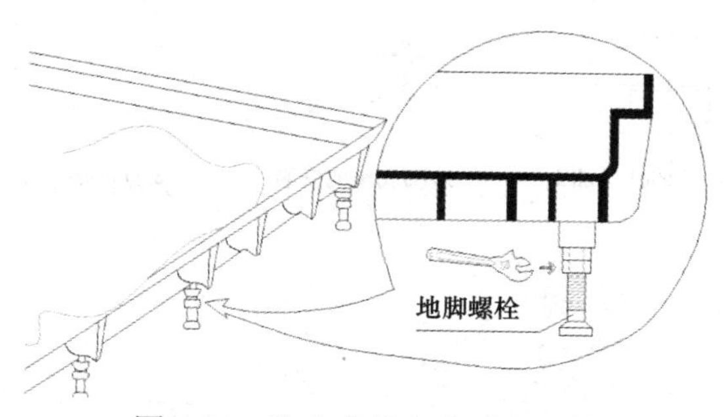

图 4-38 防水底托盘水平度调整

集成式卫生间防水底盘采用同层排水方式时，整体卫生间门洞应与其外围合墙体门洞平行对正，底盘边缘与对应卫生间墙体平行。见图 4-39。

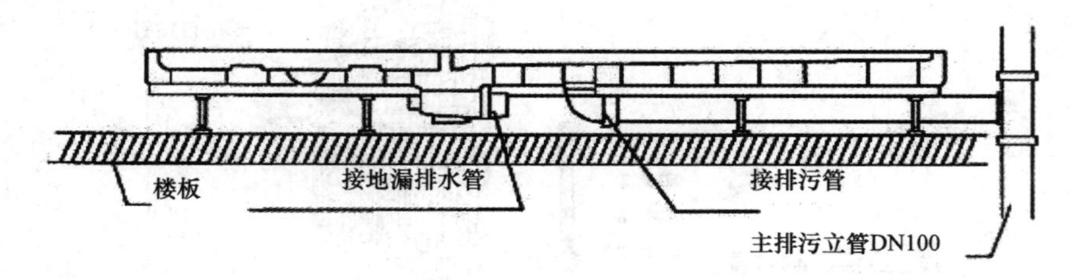

图 4-39　同层排水构造节点图

集成式卫生间防水底盘采用异层排水方式时，同时应保证地漏孔和排污孔、洗面台排污孔与楼面预留孔一一对正。见图 4-40。

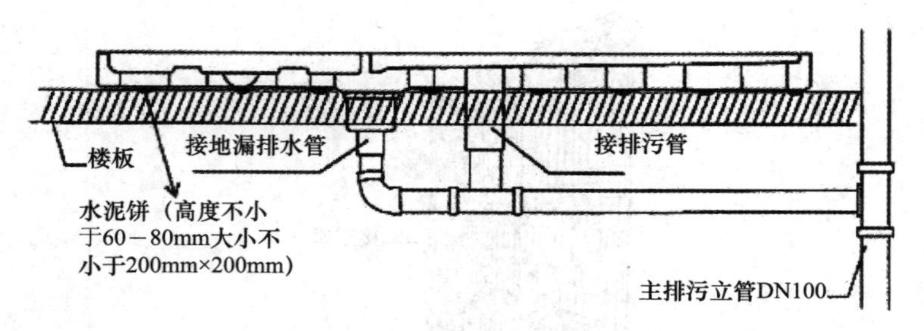

图 4-40　隔层排水构造节点图

用专用扳手调节地脚螺栓，调整底盘的高度及水平；保证底盘完全落实，无异响现象。见图 4-41。

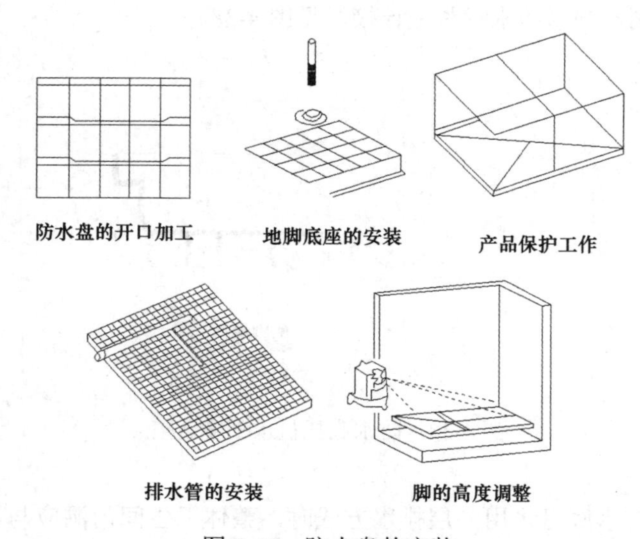

图 4-41　防水盘的安装

4）墙面安装

根据图纸，小心取出各墙板，按照墙板背后编号依次进行整理，期间注意保护墙板表面装饰面。

将同面墙板按照编号，依次用“U”型连接件和M6×20镀锌螺栓进行连接。注意保护墙板表面；

墙板拼装完毕后，根据卫浴内部墙面安装卫浴产品的要求，在墙板背面进行加强筋安装。

墙板先与防水盘四周的预制墙轨咬合后，再用手轻按墙板顶端使其卡入天棚横梁内。用橡胶锤将专用密封条敲入墙板与墙板接缝处。见图4-42、图4-43。

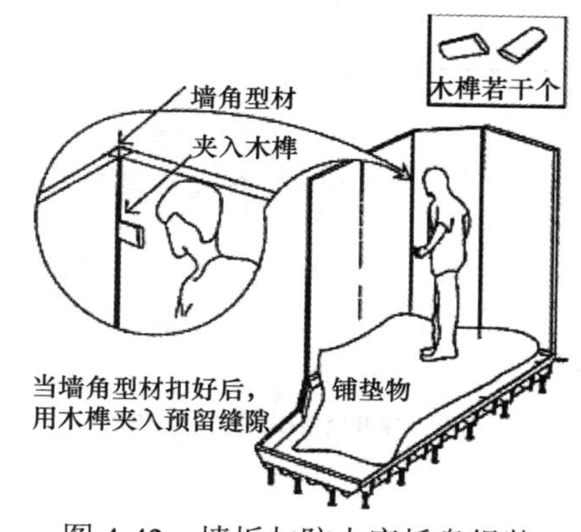

图4-42　墙板与防水底托盘组装

5）顶面安装

根据排气扇型号，在顶盖开孔并粘贴水洗棉，安装顶盖连接码。

安装排气扇。

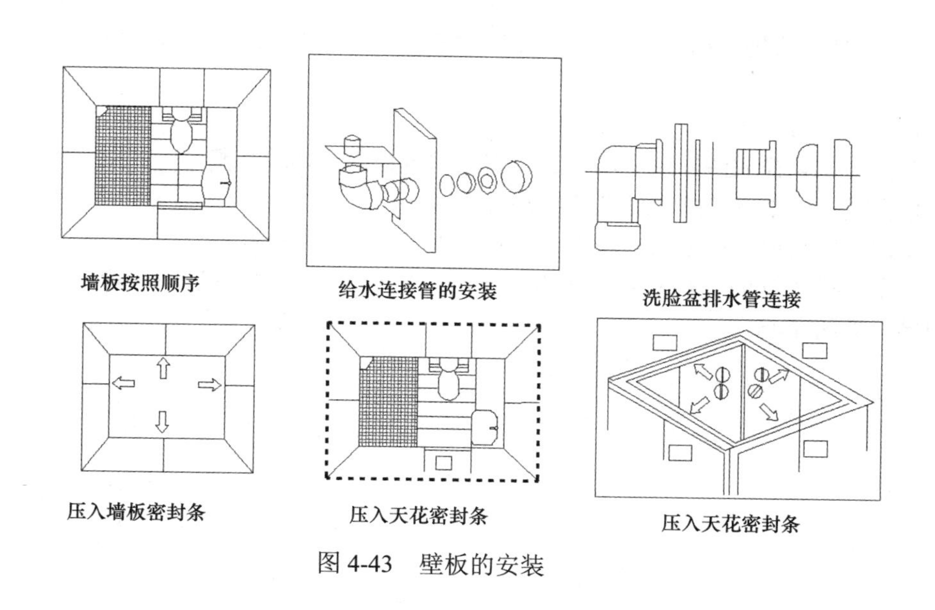

图4-43　壁板的安装

接通各浴室电源线，将顶盖架与墙框横梁用螺丝连接固定再讲顶盖与顶盖架安装固定。各顶盖连接处打玻璃胶。见图4-44。

6）门窗安装

门安装：当基层墙为轻钢龙骨石膏板隔墙时，首先在轻钢龙骨墙体和卫浴墙板安装多层板加固，将卫浴墙板和轻钢龙骨墙体连接，然后安装门套筒子板，调整门套的垂直及方正，采用枪钉将门套筒子板固定在多层板基层上，门套与基层板之间的缝隙，采用发泡胶填满密封，等待固化牢固后方可安装门扇。

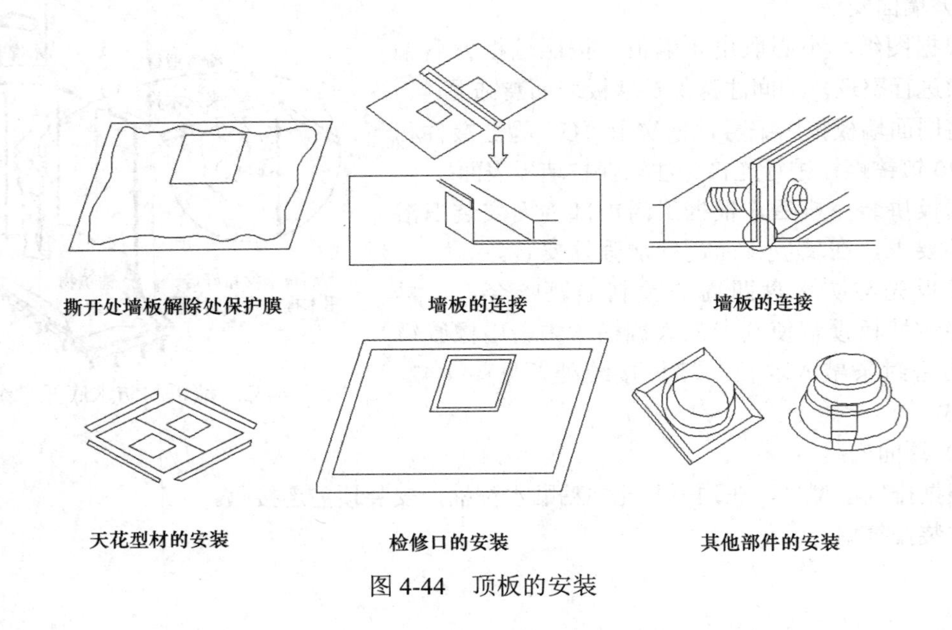

图 4-44 顶板的安装

窗套安装：测量窗洞口尺寸，根据尺寸在整体卫浴墙板上开洞，裁切窗套型材，进行安装。

7）卫生洁具安装

在指定位置摆放浴缸底座，浴缸底座应位置正确，摆放平整。

根据设计图纸在墙壁上钻孔安装浴缸扣。

将浴缸平稳放置在浴缸底座上，浴缸应水平，并与浴缸扣扣紧。

将塑料排水管的一端从浴缸排水孔穿出，与专用排水器连接，将排水管另一端与副地漏相接。见图 4-45。

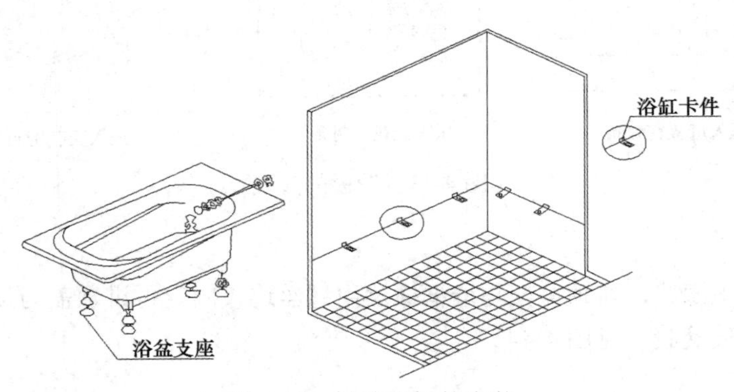

图 4-45 标准浴缸的安装

8）收纳及配件安装

将洗面台、镜子、小置物架、安装扶手、灯等组件按图纸位置一一对应安装。

（5）集成式厨房操作工艺

1）测量放线

首先量测厨房的长、宽尺寸，对照安装图纸进行现场复核复测。

外轮廓安装线、门窗位置线，水平标高线在现场做好明显标识。

外围护构造封闭，其门洞尺寸应能满足集成厨房部件的进入和安装。

2）设备末端及支路管线安装

整体厨房墙板与结构墙之间的空间铺设给水管道、电线套管等线路，全部采用与之相配套的卡子固定在整体卫浴的墙板上，实现明管、明线。

将穿线卡使用匹配的线卡紧贴固定在卫浴墙板的背面，对于接线线条做好绝缘处理。

厨房的电气线路宜沿吊顶敷设，在电器位置垂直向下暗埋。

厨房插座应设置独立回路。安装在1.80m及以下的插座均应采用安全型插座，三线插座应可靠接地。

厨房内布置排油烟机、电磁灶、排风机、消毒柜、微波炉、蒸箱、烤箱、热水器、洗碗机、冰箱等厨房位置，应独立预留专用单相三线插座各一个。

排水结构（落水滤器、溢水嘴、排水管、管路连接件等）各接头连接、水槽及排水接口的连接应严密，不得有渗漏，软管连接部位应用卡箍紧固。

集成厨房给排水管道、电气管线已敷设至安装要求位置并完成测试。给水管道、水嘴及接头不应渗水。

3）地面安装

厨房地面应选择防滑、吸水率低、耐污染、易清洁的瓷砖、石材或复合材料。

地面固定件的侧边与完成面线对齐偏差在 ±0.5mm 之间。

4）墙面安装

根据图纸，小心取出各墙板，按照墙板背后编号依次进行整理，期间注意保护墙板表面装饰面。

将同面墙板按照编号，依次用“U”型连接件和M6×20镀锌螺栓进行连接。注意保护墙板表面。

墙板拼装完毕后，根据橱柜的组合形式，在墙板背面进行加强筋安装。

再找橱柜安装基准点，进行橱柜的安装。

安装厨房设备的墙体，其强度应满足厨房设备和部品的安装要求，同时应兼顾厨房空间的可变性要求。

5）顶面安装

安装吊顶，连接吊顶上电气设备。

6）门窗安装

门安装：当基层墙为轻钢龙骨石膏板隔墙时，首先在轻钢龙骨墙体和厨房墙板安装多层板加固，将厨房墙板和轻钢龙骨墙体连接，然后安装门套筒子板，调整门套的垂直及方正，采用枪钉将门套筒子板固定在多层板基层上，门套与基层板之间的缝隙，采用发泡胶填满密封，等待固化牢固后方可安装门扇。

窗套安装：测量窗洞口尺寸，根据尺寸在整体厨房墙板上开洞，裁切窗套型材，进行安装。

7）厨房洁具安装

安装橱柜厨电及台盆、龙头等厨用设备。

8）收纳及配件安装

小置物架等组件按橱柜图纸位置对应安装。

（6）集成式卫生间、厨房施工质量控制要点

1）集成式卫生间施工质量控制要点

① 整体卫生间面层材料的材质、品种、规格、图案、颜色应符合设计要求。

② 整体卫生间内部尺寸、功能应符合设计要求。

③ 整体卫生间所用金属型材、支撑构件应经过表面防腐处理。

④ 整体卫生间的防水底盘、壁板和顶板的安装应牢固。

⑤ 整体卫生间壁板与外围墙体之间填充吸声材料的品种和铺设厚度应符合设计要求，并应有防散落措施。

⑥ 集成卫生间地面面层的坡度应符合设计要求，不倒泛水、无积水；与地漏、管道结合处应严密牢固、无渗漏。

⑦ 整体卫生间防水盘、壁板和顶板的面层材料表面应洁净、色泽一致，不得有翘曲、裂缝及缺损。压条应平直、宽窄一致。

⑧ 整体卫生间内的灯具、风口、检修口等设备设施的位置应合理，与面板的交接应吻合、严密。

2）集成式厨房施工质量控制要点

① 集成厨房的顶棚工程质量和检验方法，应符合现行行业标准《建筑用集成吊顶》JG/T 413 的规定。

② 集成厨房的墙面工程质量和检验方法，应符合现行国家标准《建筑装饰装修工程质量验收规范》GB 50210 的规定。

③ 集成厨房的地面工程质量和检验方法，应符合装配式地面工程验收、《建筑装饰装修工程质量验收规范》GB 50210 的规定。

④ 集成厨房顶棚板、墙板及地面板的排列应合理、平整、美观。

⑤ 集成厨房顶棚、墙面、地面的表面应平整、洁净、色泽一致，无裂痕和缺损。

⑥ 集成厨房顶棚、墙面、地面的嵌缝应密实、平直，宽度和深度应符合设计要求，嵌填材料色泽应一致。

⑦ 集成厨房墙面上的孔洞应套割吻合，边缘应整齐。

4.8 细部工程

细部工程包括：固定橱柜安装、窗帘盒、窗台板、散热器罩安装、门窗套安装、护栏和扶手安装、花饰安装等。

4.8.1 细部工程施工

（1）施工前应完成深化设计，深化设计文件应经原设计单位认可。按施工图纸和技术

规程对操作者进行安全技术交底及作业技术交底。按项目施工进度计划合理安排材料、机具、人员进场施工。

（2）施工流程图

1）橱柜安装施工流程图

2）窗帘盒安装施工流程图

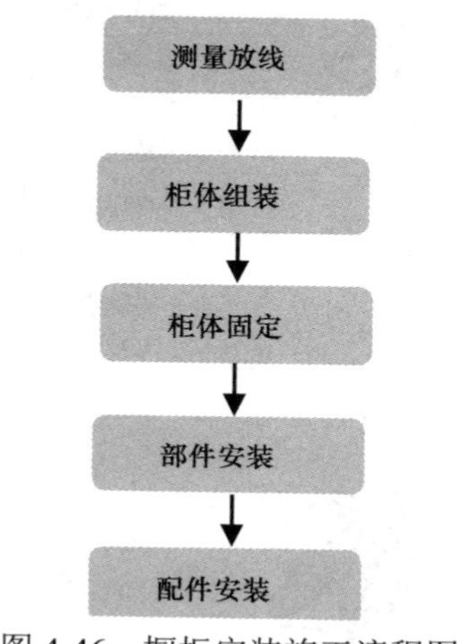

图 4-46 橱柜安装施工流程图

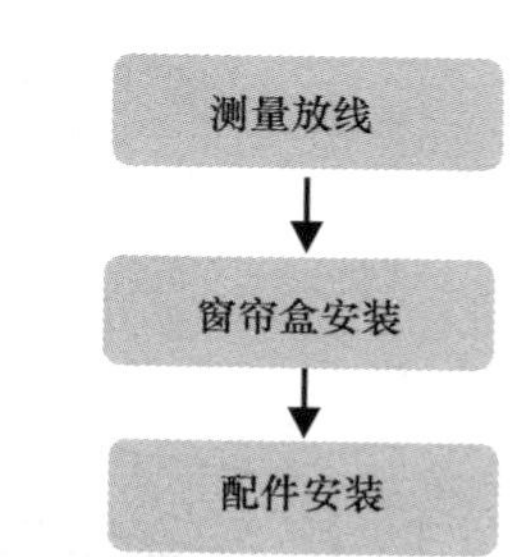

图 4-47 窗帘盒安装施工流程图

3）门窗套安装流程图

4）护栏和扶手安装流程图

5）花饰安装流程图

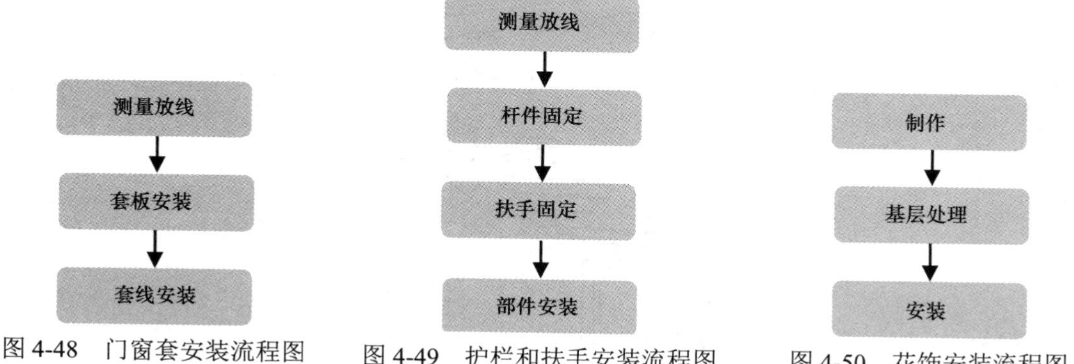

图 4-48 门窗套安装流程图　图 4-49 护栏和扶手安装流程图　图 4-50 花饰安装流程图

（3）构造图

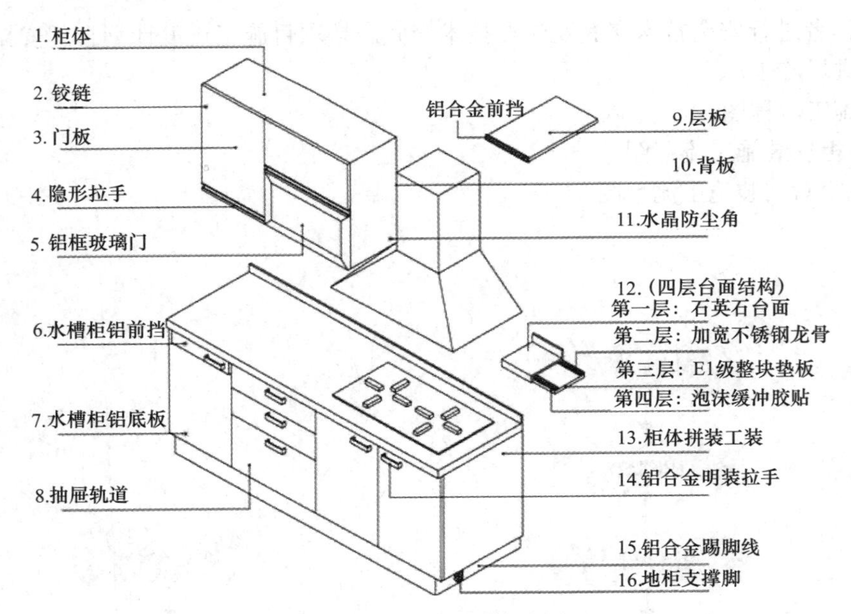

图 4-51　柜体按照构造图

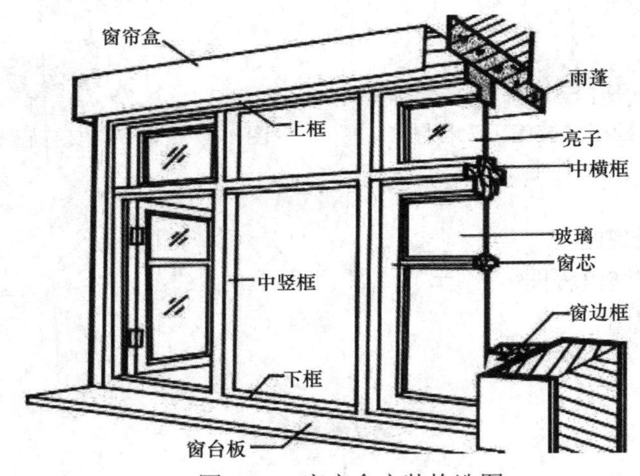

图 4-52　窗帘盒安装构造图

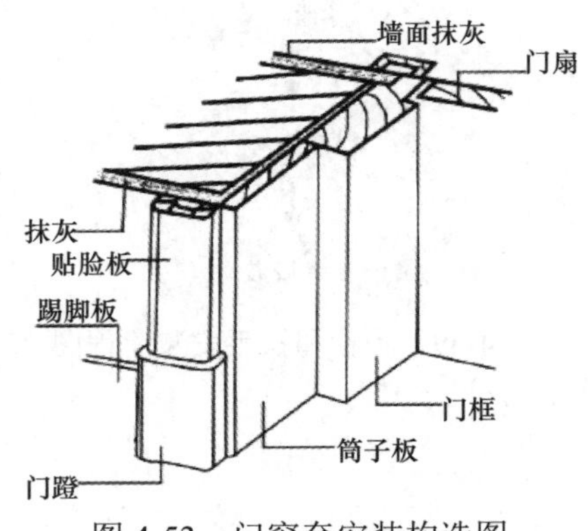

图 4-53　门窗套安装构造图

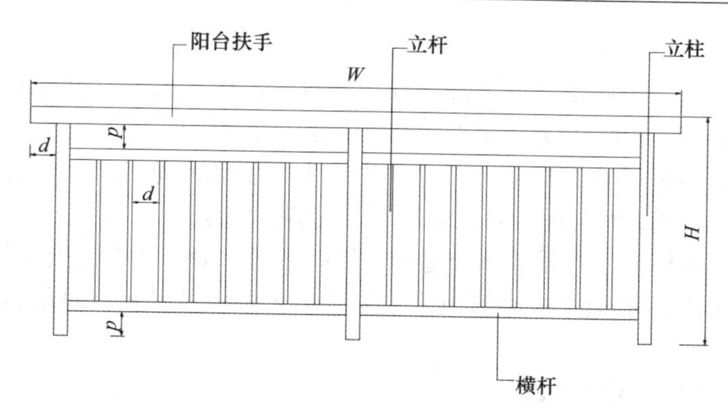

图 4-54 护栏和扶手构造图

（4）操作工艺

1）橱柜安装操作工艺

① 测量放线：对需要安装橱柜的部位进行测量，橱柜安装前先核实再放线定位；安装地柜前先找基准点，确定安装方法和顺序。L 形地柜应从直角处向两边延伸，U 形地柜应先将中间的一字形柜体放整齐，再从两个直角处向两边放置；安装吊柜应在墙面画一条水平线，以保证膨胀螺栓水平，水平线与台面的距离通常为 650mm。

② 柜体组装：橱柜组装应按出厂说明书的组装顺序、组装方法及注意事项进行；橱柜框架安装牢固定位后，再进行橱柜背面背板安装；将打好孔的背板根据橱柜位置，依次进行封装；下柜基本安装牢固后，封上柜面底板，便于台面安装；安装吊柜方式同下柜一致。

③ 柜体固定：下柜柜体框架组装完成后，应钻孔用膨胀螺栓固定在墙上，安装必须牢固、可靠；框架安装完成后，用铰链将门板和柜体连接起来，调整并固定牢固；吊柜按位置安装牢固；柜门安装时，应根据上下柜分别安装不同的铰链，如上柜可以安装气撑，抽屉式滑轨等；柜门安装时，需要反复调试门板，以保证门板间缝隙均匀，门板高低水平对齐。

④ 部件安装：上、下柜均安装完成后，将已经开好孔的台面放置于柜体上方，中间用木垫板支撑加固，台面与墙面的连接处打硅胶密封；所有台面安装完成后，在台面周边安装挡水条；将所有橱柜底部封边，并遮挡支角。

配件安装：安装橱柜拉篮、碗架前，应在柜门上测量好安装位置，然后打上螺帽，安装牢固、可靠；安装水槽、龙头；安装柜门把手。

2）窗帘盒安装操作工艺

① 测量放线：根据墙上 1m 线位置，测量出窗帘盒的底标高和顶面标高，进行中心定位并弹线。将窗帘盒的平面规格投影到顶棚上；落地窗帘盒还应根据断面造型尺寸把断面投影到两侧墙面上。根据投影弹出窗帘盒的中心线及固定窗帘盒的位置线。

② 窗帘盒安装：沿中心线检查墙面预埋件，固定窗帘盒的埋件中距，并按窗帘轨层数而定。落地窗帘盒应沿中心线在天棚上钻孔钉入木楔；钉木基层板；根据图纸定位线用膨胀螺栓组装固定窗帘盒，安装必须牢固、可靠。

③ 配件安装窗帘轨安装：采用电动窗帘轨时，应严格按产品说明书进行组装调试。

3）门窗套安装操作工艺

① 测量放线：自顶至底用线坠或经纬仪拉垂直线，检查门、窗位置的准确度，参考标准门套尺寸并在墙上弹出垂直线，如出现偏差应对其进行校正。

② 套板安装：根据门窗洞口实际尺寸，先用木方制成木龙骨架；安装上端龙骨，找出水平；安装两侧龙骨架，找出垂直并垫实钉牢；安装钉套板。

③ 套线安装：根据套线厚度选择合适的气钉；套线、墙、底板的交合处，先用胶粘贴，再用专用铁卡和气钉临时牢固。气钉间距一般为500mm，专用卡具间距300mm，24h后取下卡具。

4）护栏和扶手安装操作工艺

① 测量放线

安装扶手的固定件：位置、标高、坡度、找位校正后弹出扶手纵向中心线。

按设计扶手构造，根据折弯位置、角度，划出折弯或割角线。

楼梯栏板和栏杆顶面，划出扶手直线段与弯、折弯段的起点和终点的位置。

② 栏杆固定

按定位线钻孔，安装螺栓和底脚钢制作。

按弹好的立柱位置，先安装两端立柱，吊垂直后，拉通线安装中间立柱。

固定螺栓与玻璃、留孔之间采用胶垫圈或毡垫圈隔开。

立放玻璃，下部用氯丁橡胶垫块。玻璃与边框、玻璃与玻璃之间应留有空隙，以适应玻璃热胀冷缩产生的形变。

③ 扶手固定：金属扶手表面进行抛光处理；扶手用连接件在栏杆立柱上安装牢固、可靠。

④ 部件安装：对扶手转角拐弯处焊疤进行打磨，打磨时应做好噪声防护处理。护栏和扶手转角弧度应符合设计要求，接缝应严密，表面应光滑，色泽应一致，不得有裂缝、翘曲及损坏。

5）花饰安装操作工艺

① 制作：预制花饰分块在正式安装前，应对规格、色调进行检验和挑选，在平台上组拼，经检验合格后进行编号，作为正式安装的顺序号。

② 基层处理：预制花饰安装前应将基层或基体清理干净、处理平整，凹凸不平处应加以剔凿或用材料修补平整；预埋铁件、锚固联接件等，应进行除锈、防锈处理；焊接部位应将焊接药渣清除干净。

③ 安装：在预制花饰安装前，确定安装位置线。弹好花饰位置中心线及分块的控制线；花饰粘贴法安装，一般轻型预制花饰采用此法安装。粘贴材料根据花饰材料的品种选用；预制混凝土花格或浮面花饰制品，应用1：2水泥砂浆砌筑，拼块的相互间用钢销子系固，并与结构连接牢固、可靠；较重的大型花饰采用螺丝固定法安装。重量大、大体型花饰采用螺栓固定法安装。大、重型金属花饰采用焊接固定法安装。

（5）施工质量控制要点

1）橱柜安装质量控制要点

① 橱柜制作与安装所用材料的材质和规格、木材的燃烧性能等级和含水率、花岗石的放射及人造木板的甲醛含量应符合设计要求应及国家现行标准的有关规定。

② 橱柜安装预埋件或后置埋件的数量、规格、位置应符合设计要求。

③ 橱柜配件的品种、规格应符合设计要求。配件应齐全，安装应牢固。

④ 橱柜的造型、尺寸、安装位置、制作和固定方法应符合设计要求。橱柜安装必须牢固。

⑤ 橱柜的抽屉和柜门应开关灵活、回位正确。

⑥ 橱柜表面应平整、洁净、色泽一致，不得有裂缝、翘曲及损坏。

⑦ 橱柜裁口应顺直、拼缝应严密。

2）窗帘盒安装质量控制要点

① 窗帘盒的制作与安装所使用材料的材质和规格、木材的燃烧性能等级和含水率及人造木板的甲醛含量应符合设计要求及国家现行标准的有关规定。

② 窗帘盒的造型、规格、尺寸、安装位置和固定方法必须符合设计要求。窗帘盒的安装必须牢固。

③ 窗帘盒配件的品种、规格应符合设计要求，安装应牢固。

④ 窗帘盒表面应平整、洁净、线条顺直、接缝严密、色泽一致，不得有裂缝、翘曲及损坏。

⑤ 窗帘盒与墙面、窗框的衔接应严密，密封胶缝应顺直、光滑。

3）门窗套安装质量控制要点

① 门窗套制作与安装所使用材料的材质、规格、花纹和颜色、木材的燃烧性能等级和含水率、花岗石的放射性及人造木板的甲醛含量应符合设计要求及国家现行标准的有关规定。

② 门窗套的造型、尺寸和固定方法应符合设计要求，安装应牢固。

③ 门窗套表面应平整、洁净、线条顺直、接缝严密、色泽一致，不得有裂缝、翘曲及损坏。

4）护栏和扶手制作与安装质量控制要点

① 护栏和扶手制作与安装所使用材料的材质、规格、数量和木材、塑料的燃烧性能等级符合设计要求。

② 护栏和扶手的造型、尺寸及安装位置应符合设计要求。

③ 护栏和扶手安装预埋件的数量、规格、位置以及护栏与预埋件的连接节点应符合设计要求。

④ 栏杆高度、栏杆间距、安装位置必须符合设计要求。护栏安装必须牢固。

⑤ 护栏和扶手转角弧度应符合设计要求，接缝应严密，表面应光滑，色泽应一致，不得有裂缝、翘曲及损坏。

⑥ 护栏玻璃应使用公称厚度不小于 12mm 的钢化玻璃或钢化夹层玻璃。当护栏一侧距楼地面高度为 5m 及以上时，应使用钢化夹层玻璃。

5）花饰制作与安装质量控制要点

① 花饰的造型、尺寸应符合设计要求。

② 花饰制作与安装所使用材料的材质、规格应符合设计要求。

③ 花饰的安装位置和固定方法必须符合设计要求，安装必须牢固。

④ 花饰表面应洁净，接缝应严密吻合，不得有歪斜、裂缝、翘曲及损坏。

第五章　设备与管线工程施工

5.1　一般规定

5.1.1　装配式混凝土建筑应进行设备和管线系统的深化设计，满足机电各系统使用功能、运行安全、维修管理等要求。深化设计应与相关专业及装配式构件的生产方进行协调。

装配式混凝土建筑应进行设备和管线系统的深化设计，满足给水排水、消防、燃气、采暖、通风与空气调节设施、照明供电、智能化等机电系统使用功能、运行安全、维修管理方便等要求。住宅建筑设备管线的深化设计应特别注意套内管线的综合设计，每套的管线应户界分明。应按照审查批准的工程设计文件和施工技术标准施工，施工前必须进行深化设计，深化设计时应与建筑、结构、装饰等专业以及装配式构件的生产方进行协调，深化设计文件应经原设计单位确认，需修改原设计时应由原设计单位提供设计修改通知单或修改图纸。

机电管线、设备深化设计基本原则：

给水排水、燃气、采暖、通风和空气调节系统的管线和设备受条件限制必须暗埋或穿越预制构件时，横向布置的管道及设备应结合建筑垫层设计，也可在预制梁及墙板内预留孔、洞或套管；竖向布置的管道及设备需在预制构件中预留沟、槽、孔洞。

电气竖向的管线宜做集中敷设，满足维修更换的需要，当竖向管道穿越预制构件或设备暗敷于预制构件时，需在预制构件中预留沟、槽、孔洞或者套管；电气水平管线宜在架空层或吊顶内敷设，当受条件限制必须暗埋时，宜敷设在现浇层或建筑垫层内，如无现浇层且建筑垫层又不满足管线暗埋要求时，需在预制构件中预留相应的套管和接线盒。

5.1.2　设备与管线宜在架空层或吊顶内设置。

在现浇混凝土结构中，我国目前一般的做法是将设备管线预埋在楼板或墙板混凝土中。在装配式混凝土结构中也延续了这种做法，采用叠合板作为楼板时，叠合楼板现浇层本身很薄，而纵横交错的管线埋设对楼盖的受力非常不利，而且管线后期的维修、更换会对主体结构损坏、对结构安全性有一定影响。

CSI 内装是在房间内设置吊顶、装饰墙、架空地板等实现主体结构与管线、内装的分离，这种做法从根本上解决了管线的埋设问题，设备、管线吊顶内敷设及设备、管线架空层敷设分别参见图 5-1 和图 5-2。

5.1.3　设备与管线工程需要与预制构件连接时宜采用预留埋件或管件的连接方式。当采用其他连接方法时，不得影响预制构件的完整性与结构的安全性。

预制构件中电气接口及吊挂配件的孔洞、沟槽应根据装修和设备要求预留，参见

图 5-3。预制结构中宜预埋管线或预留沟、槽、孔、洞的位置，预留预埋应遵守结构设计模数网格，不应在维护结构安装后凿剔沟、槽、孔、洞。预制墙板中应预留空调室内机、热水器的接口及其吊挂配件的孔洞、沟槽，并与预制墙板可靠连接。墙板上预留配电箱、弱电箱等的洞口，或局部采用砌块墙体，并与预制墙板可靠拉结。

图 5-1 设备、管线吊顶内敷设

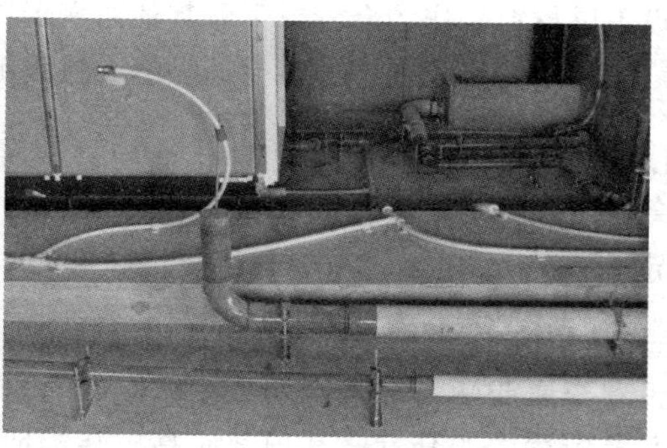

图 5-2 设备、管线架空层敷设

图 5-3 管线预留孔洞

5.1.4 公共管线、阀门、检修口、计量仪表、电表箱、配电箱、智能化配线箱等，应统一集中设置在公共区域。

下列设施不应设置在住宅套内，应设置在共用空间内：

（1）公共功能的管道，包括给水总立管、消防立管、雨水立管、采暖（空调）供回水总立管、配电和弱电干线（管）等，设置在开敞式阳台的雨水立管除外；（2）公共的管道阀门、电气设备和用于总体调节和检修的部件，户内排水立管检修口除外；（3）采暖管沟和电缆沟的检查孔。

住宅共用管道、设备、部件如设置在住宅套内，不仅占用套内面积、影响套内空间使用，住户在装修时往往将管道加以隐蔽，给维修和管理带来不便。在其他住户发生事故需要关闭检修时，因户内无人导致不能进行正常维修，无法满足日后维修和管理需求。

5.1.5 穿越结构变形缝时，应根据具体情况采取加装伸缩器、预留空间等保护措施；

（1）电线、电缆、可燃气体等管道不宜穿过建筑物变形缝，确需穿过时，应在穿过处加设不燃材料制作的套管或采取其他防变形措施，并采用防火封堵材料封堵。

（2）给排水管道穿过结构伸缩缝、抗震缝及沉降缝敷设时，处理方法同上。

5.1.6 装配式混凝土建筑的设备与管线穿越楼板和墙体时，应采取防水、隔声、密封等措施，防火封堵应符合现行国家标准《建筑设计防火规范》GB 50016 的有关规定。

《建筑给水排水及采暖工程施工质量验收规范》GB 50242 规定：管道穿过墙壁和楼板，应设置金属或塑料套管。安装在楼板内的套管，其顶部应高出装饰地面 20mm，安装在卫生间及厨房内的套管，其顶部应高出装饰地面 50mm，底部应与楼板底面相平；安装在墙壁内的套管其两端与饰面相平。穿过楼板的套管与管道之间缝隙应用阻燃密实材料和防水油膏填实，端面光滑。穿墙套管与管道之间缝隙宜用阻燃密实材料填实，且端面应光滑。管道接口不得在套管内。

《建筑电气工程施工质量验收规范》GB 50303 规定：导管穿越密闭或防护密闭隔墙时，应设置预埋套管，预埋套管的制作和安装应符合设计要求，套管两端伸出墙面的长度宜为 30 ～ 50mm，导管穿越密闭穿墙套管的两侧应设置过线盒，并应做好封堵。

《住宅建筑规范》GB 50368 规定：水、暖、电、气管线穿过楼板和墙体时，孔洞周边应采取密闭隔声措施。管道井、水泵房、风机房应采取有效的隔声措施，水泵风机应采用减震措施。

《建筑设计防火规范》GB 50016 规定：可燃气体和甲、乙、丙类液体的管道严禁穿过防火墙。确需穿过时，应采用防火封堵材料将墙与管道之间的缝隙紧密填实，穿过防火墙处的管道保温材料，应采用不燃材料；当管道为难燃或可燃时，应在防火墙两侧的管道上采取防火措施。建筑内的电缆井、管道井与房间、走道等相连通的孔隙应采用防火封堵材料封堵。防烟、排烟、供暖、通风和空气调节系统中的管道及建筑内的其他管道，在穿越防火隔墙、楼板和防火墙处的孔隙应采用防火封堵材料封堵。风管穿过防火隔墙、楼板和防火墙时，穿越处风管上的防火阀、排烟防火阀两侧各 2.0m 范围内的风管应采用耐火风管或风管外壁应采取防火措施，且耐火极限不应低于该防火分隔体的耐火极限。所有预留的套管与管道之间的缝隙需采用阻燃密实材料和防水油膏填实。除防火隔声外，还应注意穿过楼板的套管与管道之间需采取防水措施。

5.2 给水排水及供暖

5.2.1 施工准备

（1）准备工作

所有安装项目的设计图纸已具备，并且已经过图纸会审和设计交底；施工方案已编制完成并获得批准，方案中应包括对环境因素和危险源的识别评价及控制措施；施工技术人员向班组做了设计和施工技术、安全及环境交底。

（2）人员配置

项目人员应根据工程规模大小选择性配备，具体包括项目管理人员、技术负责人、施工员、安全员、质量员、资料员、材料员等。

（3）材料准备

项目需采用的各种管道及相配套管件；阀门、水表；各类保温材料；各种清洁用工具。

（4）施工机械及设施

1）机械：套丝机、台钻、手电钻、砂轮切割机、电焊机、等离子切割机、电锯、金钢砂轮、电焊机、电动试压泵、滚槽机、喷枪、空气压缩机、除锈机、墙体切槽机、不锈钢管卡压钳及管材生产厂家配套机械等。

2）工具：套丝板、圆丝盘、卡压钳、管钳、链钳、台虎钳、割刀、手锤、螺丝板、活动扳手、手压泵、断管器、螺丝刀、气焊工具、刮刀、锉刀、钢丝锯、砂布、砂纸、刷子、棉纱、钢剪、布剪及管材生产厂家配套机具等。

3）计量器具：钢卷尺、钢板尺、角尺、水平尺、磁力线坠、卡尺、焊接检验尺、压力表、坡度测量仪、塞尺、水准仪、激光测距仪、红外线激光水平仪等。

5.2.2 技术准备

（1）施工工艺流程

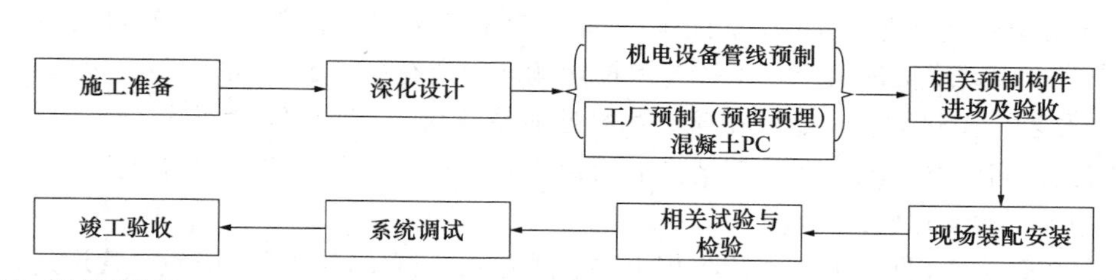

（2）操作要点

1）深化设计：装配式混凝土给排水系统设计和施工，最重要的工作是将施工阶段的问题提前至设计阶段解决。将设计模式由“设计→现场施工→提出更改→设计变更→现场施工”这种往复的模式，转变为“设计→工厂加工→现场施工”的新型模式。施工前的深化设计工作就必不可缺。设计图纸进行三维深化设计后，可以实现管线的优化布置，避免管线交叉碰撞，还可实现在工厂内准确预制加工。

2）工厂预制：结合预制构件的特点，钢筋及金属件较多，预留孔洞、预埋套管、预埋管件、预埋支吊架金属件等均需在工厂加工完毕。结合三维深化设计模型，也可实现管道和支吊架的工厂化预制加工。工厂预制前由施工人员对现场情况进行核对，对预制管段尺寸进行实际测量并进行校核计算，保证管段预制尺寸与现场情况相符。管道预制加工，主要包含管道除锈、管道切割下料、坡口处理（或管道车槽）、管道焊接（或管道沟槽连接）、防腐刷漆、分段冲洗打压、分段标识等。支吊架预制加工，主要包含型钢除锈、型钢切割下料、钢板钻孔、支吊架焊接、防腐刷漆、支吊架标识等。

3）进场检验：相关预制构件及其他材料进场时应对品种、规格、外观等验收。包装应完好，表面无划痕及外力冲击破损，无腐蚀，并经监理工程师核查确认。主要器具和设备必须有完整的安装使用说明书。在运输、保管和施工过程中，应采取有效措施防止损坏或腐蚀。

4）现场安装：

① 管道安装一般按照预制加工→干管安装→立管安装→支管安装的顺序进行。采用工厂预制和现场预制相结合的方式，以最大化利用工厂预制的优势，同时又解决现场安装时的误差问题。不同管材、不同使用功能的管道、阀门、水表等具体安装按照相关施工及验收规范进行。

② 预留孔洞及预埋件：在混凝土楼板、梁、墙上预留孔、洞、槽和预埋件时应有专人按设计图纸将管道及设备的位置、标高尺寸测定，标好孔洞的部位，将预制好的模盒、预埋铁件在绑扎钢筋前按标记固定牢，盒内塞入纸团等物，在浇注混凝土过程中应有专人配合校对，看管模盒、埋件，以免移位。

③ 套管安装：钢套管：根据所穿建筑物的厚度及管径尺寸确定套管规格、长度，下料后套管内刷防锈漆一道，用于穿楼板套管应在适当部位焊好架铁。管道安装时，把预制好的套管穿好。防水套管：根据建筑物及不同介质的管道，按照设计或施工安装图册中的要求进行预制加工。将预制加工好的套管在浇注混凝土前按设计要求部位固定好，校对坐标、标高，平正合格后一次浇注，待管道安装完毕后把填料塞紧捣实。穿过楼板的套管与管道之间缝隙应用阻燃密实材料和防水油膏填实，端面光滑。穿墙套管与管道之间缝隙宜用阻燃密实材料填实，且端面应光滑。管道的接口不得设在套管内。

④ 支吊架安装：支吊架位置应正确，埋设应平整牢固。固定支架与管道接触应紧密，固定应牢靠。滑动支架应灵活，滑托与滑槽两侧间应留有 3 ～ 5mm 的间隙，纵向移动量应符合设计要求。无热伸长管道的吊架、吊杆应垂直安装。有热伸长管道的吊架、吊杆应向热膨胀的反方向偏移。固定在建筑结构上的管道支、吊架不得影响结构的安全。

5）相关试验与检验：

① 给水管道：根据相关施工验收规范要求进行水压试验，试压完毕后对管道进行冲洗，生活给水管道还需进行消毒，水质符合标准后方可使用。

② 消防管道：根据相关施工验收规范要求进行强度试验、冲洗和严密性试验。

③ 排水管道：隐蔽或埋地的排水管道在隐蔽前必须做灌水试验。排水主立管及水平干管管道均应做通球试验，通球球径不小于排水管道管径的 2/3，通球率必须达到 100%。

6）系统调试：给水系统进行试验与检验后通水，相关控制点压力达到要求，系统不堵不漏，要求时间内设备正常运行，系统调试成功。排水系统不堵不漏为合格。

7）竣工验收：按分部、分项工程、检验批质量验收记录表中内容要求进行竣工验收。

5.2.3 细部构造：预留预埋定位、配件连接要求（增补大样）

（1）预留管槽

沿墙接至用水器具的给水支管一般均为 *DN*15 或 *DN*20 的小管径管，当遇到预制构件墙体时，需在墙体近用水器具侧留竖向管槽，管槽定位及槽宽应考虑结构设计模数并避让钢筋。一般管槽宽 30 ～ 40mm，深 15 ～ 20mm，开槽方式见示例图 5-4 ～图 5-6。管道外面的砂浆保护层不得小于 10mm ；当给水支管无法完全嵌入管槽，管槽尺寸又不能扩大时，需增加墙体装饰面厚度。

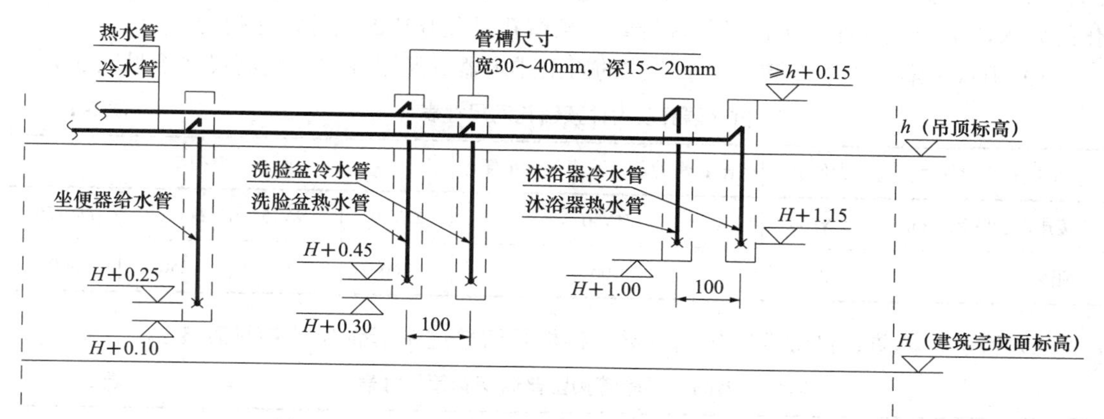

图 5-4 卫生间管槽示例一（给水干管设于吊顶内）

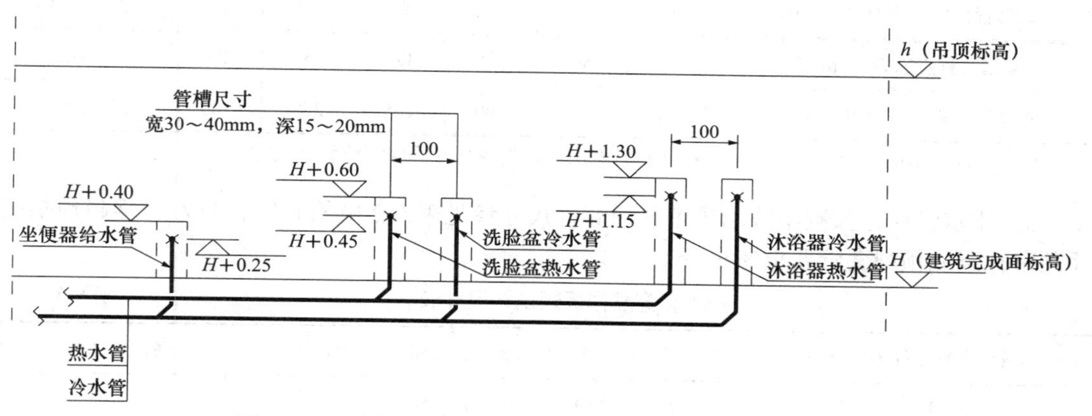

图 5-5 卫生间管槽示例二（给水干管设于建筑垫层内）

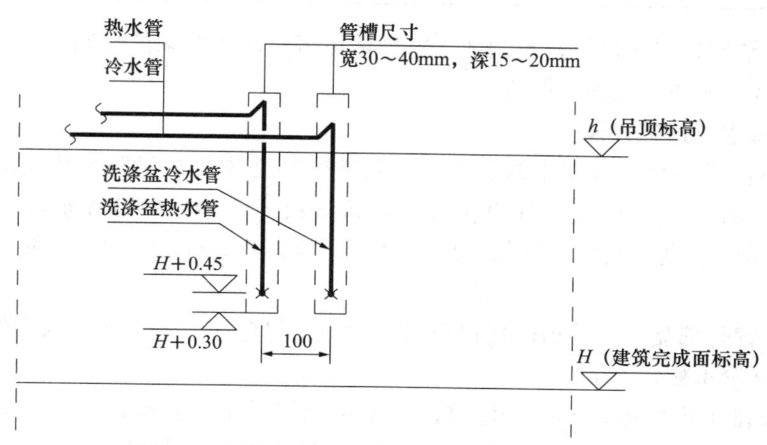

图 5-6 厨房管槽示例（给水干管设于吊顶内）

(2）套管及预留孔洞

装配式混凝土建筑的墙、楼板、梁等预制构配件是由工厂预制的，不应该现场剔凿孔洞、沟槽。因此设计和施工时，所有需穿越预制构配件的管线应结合构配件规格化、模数化的要求，给结构专业准确提供预埋套管、预留孔洞及开槽的尺寸、定位等。

1）阳台地漏、采用非同层排水方式的厨卫排水器具及附件预留孔洞尺寸参见表5-1。

排水器具及附件预留孔洞尺寸表　　**表5-1**

排水器具及附件种类	大便器	浴缸、洗脸盆、洗涤盆、小便斗	地漏、清扫口			
所接排水管管径（mm）	*DN*100	*DN*50	*DN*50	*DN*75	*DN*100	*DN*150
预留孔洞 ϕ（mm）	200	100	200	200	250	300

2）给水、消防、供暖管穿越墙、梁、楼板预留普通钢套管尺寸参见表5-2。

给水、消防、供暖管预留普通钢套管尺寸表　　**表5-2**

管道公称直径 *DN*（mm）	15	20	25	32	40	50	备注
钢套管公称直径 *DN*1（mm）	32	40	50	50	80	80	适用无保温
管道公称直径 *DN*（mm）	65	80	100	125	150	200	备注
钢套管公称直径 *DN*1（mm）	100	125	200	225	250	300	适用无保温

注：保温管道的预留套管尺寸，应根据管道保温后的外径尺寸确定预留套管尺寸。

3）排水管穿越预制梁或墙预留普通套管尺寸参见表5-2中的*DN*1，排水管穿越预制楼板预留孔洞或预埋套管要求参见表5-3。

排水管穿越楼板预留洞尺寸表　　**表5-3**

管道公称直径 *DN*（mm）	50	75	100	150	200	备注
圆洞 ϕ（mm）	125	150	200	250	300	
普通塑料套管 *dn*（mm）	100	125	150	200	250	带止水环或橡胶密封圈

4）管道穿越预制屋面楼板、预制地下室外墙板等有防水要求的预制结构板体时，应预埋防水套管，具体做法参见国标图集。

（3）给水排水管道敷设及安装

1）设备和管线不得敷设在结构层内。受条件限制必须暗敷设时，墙面上可在暗槽内敷设，楼面上可在垫层内敷设。埋设在楼板建筑垫层内或沿预制墙体敷设在管槽内的管道，因受垫层厚度或预制墙板钢筋保护层厚度（通常为15mm）限制，一般外径不宜大于25mm。

2）给水立管与部品水平管道的接口可采用内螺纹等连接方式活接，以方便日后管道维修拆卸，避免断管维修。

3）卫生间排水点较多，预制较困难，宜采用同层排水方式解决这个问题。采用同层排水的卫生间可能在架空层或回填层内产生积水，最终造成卫生间渗漏。可通过设置类似TTC产品的积水排除装置解决这一问题。

4）集成式卫生间的给水总管预留接口宜在卫生间顶部贴土建顶板下敷设，当卫浴墙板高度为2000mm时，需将给水管道安装在卫生间内部任一墙体上。在距安装地面约

2500mm 高度预留冷热水管阀门各一个。当排水管道为同层排水时，立管三通接口下端距离集成式卫生间安装楼面 20mm。施工时应预留和明示给排水管道的接口位置，并预留足够的操作空间，便于后期外部设备安装到位。将支架设置在同一底座上确保支架在使用过程中高度上不产生形变。

5）实现构配件规格标准化和模数化，尽量减少构配件规格型号，方便预制加工，最大化体现装配式优势。

6）在实际工程中，太阳能集热系统或储水罐都是在建筑结构主体完成后再由太阳能设备厂家安装到位，剔槽预制构件难以避免，尤其是对于安装在预制阳台墙板上的集热器与储水罐，因此规定需做好预埋件。这就要求在太阳能系统施工中一定要考虑与建筑一体化建设。为保证在建筑使用寿命期内安装牢固可靠，集热器和储水器在后期安装时不允许使用膨胀螺丝。

（4）供暖管道敷设及安装

《辐射供暖供冷技术规程》JGJ 142—2012 中地面采暖的敷设方式有 3 种方式：混凝土填充式（传统湿式）、预制沟槽保温板式（如图 5-7）、预制轻薄供暖板式（如图 5-8）。混凝土填充式不属于装配式技术，预制沟槽保温板式或预制轻薄供暖板式为工厂化预制，施工简便易行，节省人工成本，工作效率高，热反应快，重量轻，但没有给水管线敷设空间，预制沟槽保温板式需在同一构造层内埋设水管，存在破坏保温板的问题。预制轻薄供暖板式为埋设给水管线，还需要另外增设构造层，没有很好地解决管线与主体分离问题。

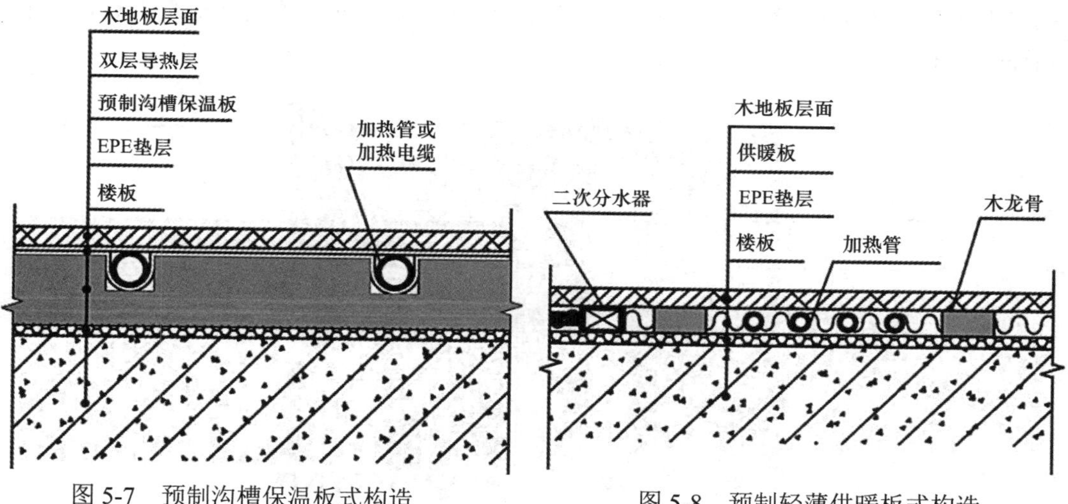

图 5-7　预制沟槽保温板式构造

图 5-8　预制轻薄供暖板式构造

模块式快装地板辐射供暖系统集合上述两种方式的优点，在工厂制作可拼装可盘管的地暖模块，设计成架空形式，留给给水、电气管线敷设空间，避免了给水管暗埋在建筑垫层内、电气管线埋在叠合楼板现浇层内的弊端。

模块式快装地面供暖系统是在结构板上，采用可调节地脚组件架空找平，在地脚组件上铺设地暖模块，然后在模块上加附地面散热面材及饰面层，整体形成一体的新型架空地面系统，整个系统高度可在 110 ～ 140mm 之间调节。此方式既规避了传统的混凝土填充式湿作业工艺的问题，又满足了部品工厂化生产的需求，构建了装配式装修的供暖地面体系。其具体构造见图 5-9。

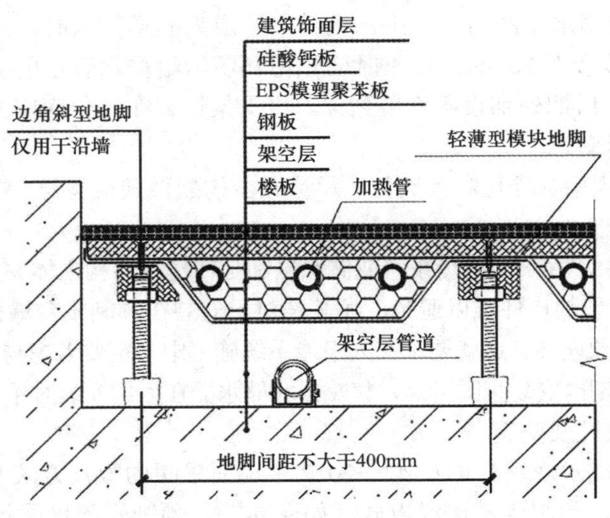

图 5-9　模块式快装地面供暖系统构造

地暖模块规格为400mm×2400mm，总厚度39mm，由30mm厚EPS模塑聚苯板作为保温层，1mm厚的钢板为架空承接层，8mm厚的硅酸钙板为散热平衡层铺贴在聚苯板上，用于导热均温。饰面层为8mm硅酸钙板UV涂装板。地暖热水管材质为*De*16×2.0的PE-RT管材，整根热水管埋设于地暖模块条形暖管槽和弧形暖管槽内，地暖供热管间距为150mm。具体案例参见图5-10所示。

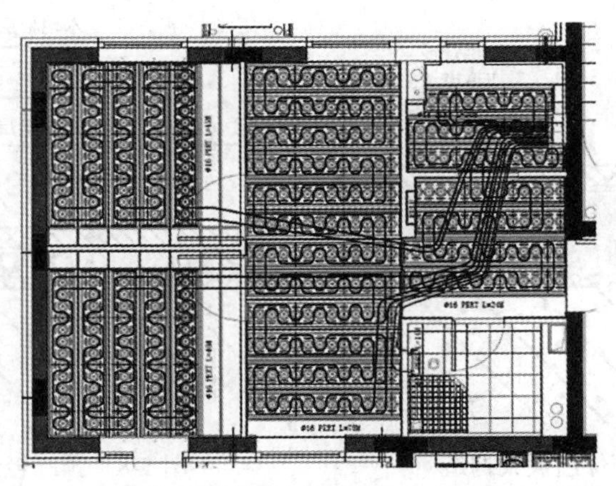

图 5-10　模块式快装地板辐射供暖系统户内布置图

这种成套技术集成解决方案同时满足建筑地面系统、供暖系统和给水管线、电气管线的敷设要求，实现了机电管线与主体分离，符合CSI体系装配式住宅施工需要，充分体现出设备设施集约化生产的优势，以及工厂预制现场装配的优越性。

5.2.4　施工质量控制措施

（1）建筑给水、排水及采暖工程与相关各专业之间，应进行交接质量检验，并形成记录。

（2）隐蔽工程应在隐蔽前经验收各方检验，合格后方能隐蔽，并形成记录。

（3）管道穿过结构伸缩缝、抗震缝及沉降缝敷设时，应根据情况采取下列保护措施：

1）管道穿越结构变形缝处应设置金属柔性短管（图 5-11、图 5-12），金属柔性短管距变形缝墙体内侧距离不应小于 300mm，长度宜为 150 ～ 300mm，并应满足结构变形的要求，其保温性能应符合管道系统功能要求；

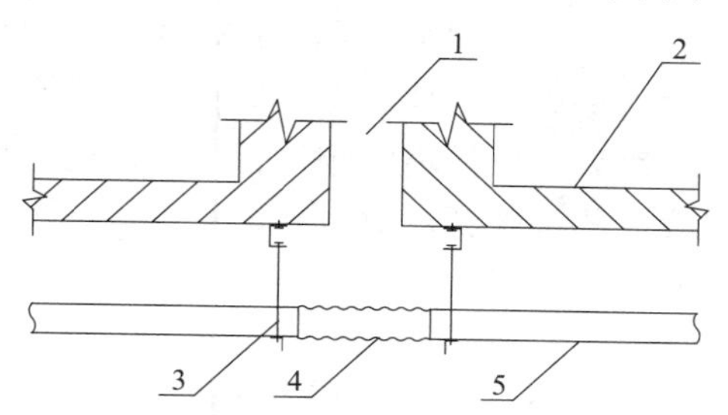

图 5-11 水管过结构变形缝空间安装示意图
1—结构变形缝；2—楼板；3—吊架；
4—柔性短管；5—水管

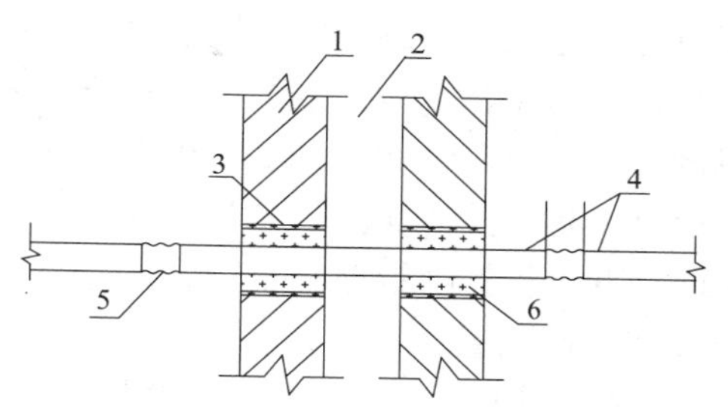

图 5-12 水管过结构变形缝墙体安装示意图
1—墙体；2—变形缝；3—套管；4—水管；
5—柔性短管；6—填充柔性材料

2）在管道或保温层外皮上、下部留有不小于 150mm 的净空；

3）在穿墙处做成方形补偿器，水平安装。

（4）在同一房间内，同类型的设备、卫生器具、仪器和阀部件，除有特殊要求外，应分别安装在同一高度。

（5）明装管道成排安装时，直线部分应互相平行。曲线部分：当管道水平或垂直并行时，应与直线部分保持等距；管道水平上下并行时，弯管部分的曲率半径应一致。

（6）管道支、吊、托架的安装，应符合下列规定：

1）位置正确，埋设应平整牢固。

2）固定支架与管道接触应紧密，固定应牢靠。

3）滑动支架应灵活，滑托与滑槽两侧间应留有 3 ～ 5mm 的间隙，纵向移动量应符合设计要求。

4）无热伸长管道的吊架、吊杆应垂直安装。

5）有热伸长管道的吊架、吊杆应向热膨胀的反方向偏移。

6）固定在建筑结构上的管道支、吊架不得影响结构的安全。

（7）管道支吊架间距需满足相关规范要求。有抗震要求的室内给水、热水以及消防管道管径大于或等于 *DN*65 的水平管道，当采用支、吊、托架固定时，必须满足《建筑机电工程抗震设计规范》GB 50981 的规定。

（8）管道和设备安装前，必须清除内部污垢和杂物；安装中断或完毕的敞口处应临时封闭。各种承压管道系统和设备应做水压试验，非承压管道系统和设备应做灌水试验。

5.3 通风、空调及燃气

5.3.1 施工准备

（1）准备工作

在准备阶段，收集项目施工所需的全部资料，包括设计施工验收规范、原始设计图纸、设备选型样本、管路附件样本等。设计管理人员对设计图纸进行会审，了解与暖通与燃气工程存在交叉作业的其他专业情况。设计管理人员向BIM深化设计人员进行技术交底，对管道尺寸及标高、设备及材料类型、连接方法、保温厚度、管线交叉时的避让原则等具体内容进行明确。BIM深化人员进行模型深化设计及管线优化布置。根据最终BIM深化设计图纸进行管道分段并编制预制加工方案，并作好相应准备。同时应根据BIM深化图进行现场复核，并给土建单位提供二次结构留洞图，以免后期破坏墙体。识别原材料、仓库、加工场地、施工过程及其辅助活动中可能存在的环境因素，对环境影响进行评价，确定重要环境因素并进行控制策划。辨识上述活动中可能存在的危险源，对风险进行评价，确定重大危险源并进行控制策划。

（2）人员配置

人员配置应包含管理人员、技术人员、预制操作工、吊装工、装配工、特种作业人员、普工等。其中特种作业人员（如焊工、燃气管道安装人员等）应具备相应类别的资格证书并持证上岗，技术人员除应负责自身专业技术质量把控外，应做好与相关专业的对接协调工作。

（3）主要材料

装配式混凝土建筑机电工程中材料主要在工厂预制加工阶段、现场组队装配阶段中使用。

主要材料有板材、型材、型钢、螺栓、螺母、垫圈、膨胀螺栓、铆钉、绝热材料、防火垫板、橡胶板、密封胶、电焊焊条、成品构件等。

（4）施工机械及设施

装配式混凝土建筑机电工程中主要工机具可分为两部分，分别用于工厂预制加工阶段和现场组队装配阶段。

1）工厂预制阶段使用的主要工机具有数控管道切断、坡口机、全自动管道预制焊机、全自动管道组对机、全自动管道切槽机、电动起重机、全自动钻床、液压车、移动式电动龙门吊架、电焊机、打压机、焊条等。

2）现场组装阶段使用的主要工机具有螺栓、扳手、叉车、手动、电动葫芦、钢垫片、管路附件、膨胀螺栓、游标卡尺、钢直尺、钢卷尺、游标万能角度尺、内卡钳、漏风量测试装置等。

使用过程中机械设备应选择低噪、低耗、高效的设备，并应定期对设备进行保养维护，确保设备完好。

5.3.2 技术准备

（1）施工工艺流程

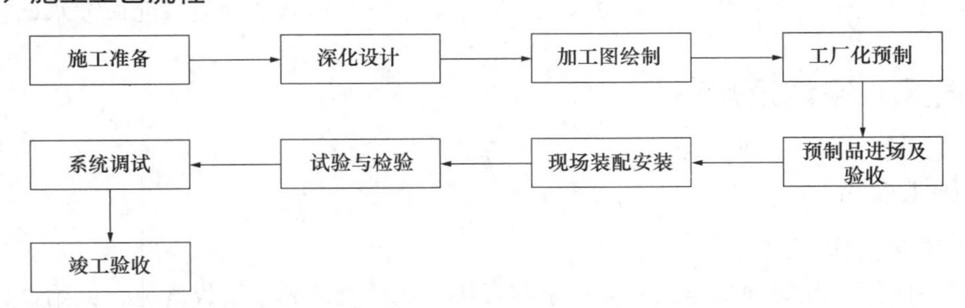

（2）操作要点

1）深化设计

BIM深化设计人员应根据设计院提供图纸、业主及设计院确认后的优化建议、设备选型样本、现场实际情况、施工验收规范等，进行BIM模型深化设计及管线优化布置。在BIM模型深化设计的过程中，综合考虑检修空间、常规操作空间、管线综合布置、支吊架综合布置、设备布置、基础布置、排水沟布置、整体观感等，如有不合理之处，及时反馈设计人员进行图纸变更，最终定版的BIM图纸应通过甲方、设计单位、总包单位等相关技术负责人签字确认后方可实施。

装配式混凝土建筑通风、空调及燃气工程设备和管线深化设计应符合下列要求：

① 管线平面综合布置应避免交叉，合理使用空间，主要原则有：

小管径管线避让大管径管线。先布置管径大的管线，后布置管径小的管线。

压力管线避让重力管线。由于重力管线是依靠重力进行流体输送的，因此当压力管线与重力管线布置发生交叉时，应优先考虑重力管线的设计标高要求。

冷水管线避让热水管线，由于热水管道的安装施工需要进行保温层的施工，因此比冷水管道造价高，因此需优先布置热水管道。

分开布置电缆桥架和流体管道，当条件不允许分开布置时，应将电缆桥架优先布置在流体管道的上方，以免流体管道破损时发生渗漏损坏电线电缆，同时电缆应采取设套管等保护措施进行敷设。

管路附件少的管道应避让管路附件多的管道，这样有利于施工安装的操作和管道附件的维护、维修。

曲线型管道应避让直线型管道。

当需要在同一水平位置的垂直方向布置各种管道时，一般的布线标准是：线槽或电缆桥架在上、水管在下；热水管在上、冷水管在下；风管在上、水管在下。尽可能将各类管道设计为直线型走向，做到管线间相互平行不交叉，便于前期的施工安装和后期的检修维护，合理降低工程造价。

② 设备管线及相关点位接口的布置位置应方便维修更换，且在维修更换时不应影响主体结构安全。

③ 应绘制预埋套管、预留孔洞、预埋件布置图，向建筑结构专业准确提供预留预埋参数，协助建筑结构专业完成建筑结构预制件加工图的绘制。

④ 当在结构梁上预留穿越风管、水管、冷媒管的孔洞时，应与结构专业密切配合，向结构专业提供准确的孔洞尺寸或预埋管件位置，由结构专业核算后，在构件加工时进行预制。

⑤ 应进行管道、设备支架设计，正确选用支架形式，优先选用综合支吊架，确定间距、布置及固定方式，支吊架所需的固定点宜在建筑预制构件中预留支吊架预埋件。

2）工厂化预制加工

装配式混凝土建筑中空调及燃气管线穿墙、穿梁的预留套管，以及设置于墙上的通风百叶等附件的形式及规格应符合本专业相关现行标准的要求，应按BIM深化设计图纸中的定位、标高同时结合装饰、结构专业，绘制预留图，在预制构件厂内完成整体加工，并统一进行质量验收。

3）装配式混凝土住宅项目通风、空调与燃气工程施工方法

不同于大型公建类装配式项目，装配式混凝土住宅项目管线较少，但层高较低，对机电管线的要求更为苛刻，预制结构体上预埋管线的方案反而会带来很多麻烦，宜采用管线分离的CSI体系。

所谓CSI体系，是支撑体S（Skeleton）和填充体I（Infill）相分离的建筑体系。支撑体是指建筑的骨架，强调耐久性；填充体是指填充进支撑体的部分，包括内装和内部设备管线等，强调灵活性与适应性。SI体系的支撑体、设备管线、内装部品三者完全分离，在提高主体结构和内装部品性能、设备管线维护更新、套内空间灵活可变三个方面具有显著特征，可保证住宅在70～100年的使用寿命当中能够较为便捷地进行内装改造与部品更换，从而达到提高住宅品质，延长住宅使用寿命，减少建筑垃圾，构建资源节约型社会的目的。

根据CSI体系可采用的技术主要有：通风管在吊顶内安装，采暖干管敷设在架空地板内；贴面墙技术，隔墙内部空间敷设空调冷媒管等机电管线，外墙与室内装饰面层间作为机电管线敷设的空间；采用预制模块化供暖板直接铺设于架空地板上，供暖干管敷设于架空地板下方的干式地暖技术。

5.3.3　细部构造

（1）装配式混凝土建筑通风、空调与燃气管线细部构造

1）装配式混凝土建筑预留预埋定位要求

装配式建筑的通风、空调与燃气系统一般有卫生间排气扇、厨房排油烟机、燃气热水器排烟道、分体空调、新风系统设备和风管以及加压送风设备及风管。暖通专业设计时应与建筑专业配合，尤其涉及预留预埋件应注意以下几点：

① 装配式居住建筑的卧室、起居室的外墙应预埋空调器冷媒管和凝结水管的穿墙套管，并根据分体空调室外机安装的具体位置，确定冷媒管、凝结水管穿墙位置、标高、尺寸；穿墙套管可设置一定坡度，以保证室外雨水不进入室内（通过穿墙套管），避免倒坡；

② 根据具体情况确定厨房排油烟管道、燃气热水器排烟道的安装位置、标高、尺寸；

③ 卫生间排气扇需要在外墙排出时，确定位置，需特别注意卫生间外窗与梁之间是否有足够的孔洞预留空间；

④ 装配式居住建筑中设置机械通风或户内中央空调系统时，宜在结构梁上预留穿越风管水管（或冷媒管）的孔洞。

现场预制剪力墙留洞如图5-13所示。

图5-13　预制剪力墙预留孔洞、套管图

部分预留孔洞尺寸可参见表 5-4。

装配式居住建筑通风、空调与燃气设备预留孔洞尺寸　　表 5-4

类型		留洞或预埋套管尺寸	高度（m）（层高 2.8m）	备注
分体空调	壁挂式	ϕ70 U-PVC 管	H + 2.16（结合装修图）	内高外低坡度不宜小于 1%
	柜式	ϕ70 U-PVC 管	H + 0.15	
卫生间排气扇		ϕ100	H + 2.4（有成品风道）	直排需与结构审核位置
厨房排油烟机		ϕ100（有成品风道）	H + 2.40（有成品风道）	直排需与结构审核位置
		ϕ160（外墙直排）	H + 2.35（外墙直排）	
燃气热水器排烟孔		ϕ70	H + 2.16	
新风系统进排风口		ϕ150	H + 2.4	需与结构审核位置
厨房燃气立管		ϕ80		叠合楼板预留套管

注：H 为本层地面基准标高。

2）装配式混凝土住宅加压送风道安装要求

加压送风道适宜采用成品复合防火板，内层采用岩棉夹芯板（从内到外依次为 1mm 厚镀锌钢板、50mm 厚岩棉、1mm 厚镀锌钢板）、外保护层采用 10mm 厚纤维水泥板。该方式只需要在预制楼板上预留相应孔洞，风道现场拼装施工。

（2）装配式混凝土公建项目管线与结构、配件连接要求及施工

装配式支吊架连接要求：不同于传统项目施工中先安装支吊架再将管道插入支吊架固定的方法，装配式混凝土建筑中的预制管道体系具有结构复杂、三向形状不固定的特点，无法像传统方法一样进行施工。针对预制管组的安装特点，宜采用装配式支吊架系统。

装配式支吊架也称组合式支吊架。装配式支吊架的作用是将管道自重及所受的荷载传递到建筑承载结构上，并控制管道的位移，抑制管道振动，确保管道安全运行。支吊架一般分为与管道连接的管夹构件，与建筑结构连接的预埋构件，将这两种结构件连接起来的承载构件和减振构件、绝热构件以及辅助钢构件，构成了装配式支吊架系统。装配式支吊架系统典型零部件如图 5-14 所示。

装配式支吊架系统与建筑结构连接的预埋构件应按 BIM 深化设计图纸中的定位、标高同时结合装饰、结构专业，绘制预留图，在土建预制构件预制构件厂内完成整体加工，且统一进行质量验收。

预制管组安装前，应先根据现场情况复核支吊架预留生根构件位置、标高是否满足将要进行的管道吊装要求，然后进行预制管组的吊装就位，最后将吊架主体与预留预埋构件组合固定管道。施工案例如图 5-15 所示。

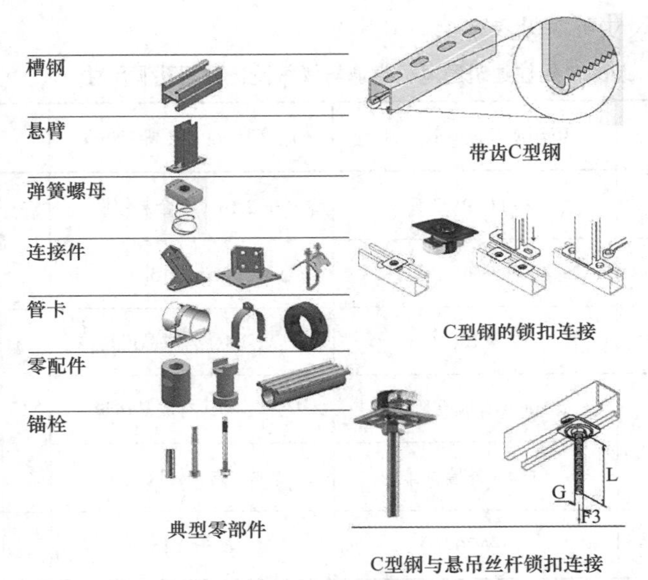

图 5-14　装配式支吊架系统典型零部件示意图

图 5-15　某项目中空调水管道组合式支吊架

预制管组支吊架的设置及选型要求：

预制综合支吊架的设置主要考虑支吊架相关规范图集、土建结构的布局、机电管线的布置、预制管组的分段情况等，结合机电全专业管线布置，尽量采用综合支吊架。

支吊架的设置间距宜布置在 3 ～ 4m，吊架固定点尽量设置在柱侧边、梁侧壁上，且固定受力点在梁侧壁 1/3 ～ 2/3 处，如无法固定在柱侧壁、梁侧壁上，则应选择固定在楼板底。装配式支吊架设置应结合预制管组的分段情况，在人为分段的界面，法兰连接两侧应加设支吊架，避免分段管组连接法兰受力，对后期带来漏水等隐患。

预制管组支吊架选型，严格按照规范图集执行，并出具相应支吊架计算书。支吊架的选型计算主要包含：管道重量计算、垂直荷载计算、水平荷载计算、吊杆抗拉计算、支柱抗压计算、横梁抗弯强度计算、横梁抗剪强度计算、连接点受力计算等。

预制管段装配施工关键点：

现场预制装配的主要内容包括：预制管组安装顺序的确定、吊装方式的选择、制定作业计划、预制支吊架的安装、预制管组的安装等。预制装配的关键点包括以下几个方面：

1）安装前应预先模拟装配顺序，且分段预制管组的编号名称宜与装配顺序相对应。

2）预制管组吊装前，应对吊装方式进行合理的计算选择，宜使用手动葫芦与电动葫芦相结合的方式进行吊装。

3）第一组预制管道装配时，应严格按照图纸设计安装位置进行就位安装，避免影响与之相连接的后续预制管组。且每段预制管组安装完毕后，都应进行数据复核，若出现偏移误差，应及时分析原因并调整。

4）后续预制管组与已安装完毕的预制管组法兰对接时，应完全找平方可进行螺栓紧固，避免法兰四周间隙不一致导致漏水。

5）在预制管组完全固定在支吊架上时，方可拆卸吊装用手动葫芦、电动葫芦等，避免因装配未固定导致安全事故。

6）预制管组与设备接口处，预留现场预制段，通过工厂预制管组的安装位置与现场设备摆放位置数据测量，进行现场预制，调节装配环节的累计误差。

7）每进行完一段预制装配的施工，及时更新预制管组信息，避免因信息错误造成施工紊乱。

现场预制管段装配施工案例如图 5-16 所示。

图 5-16 现场预制管道装配施工

5.3.4 施工质量控制措施

（1）支吊架施工质量控制措施

装配式混凝土项目中的空调通风及燃气工程应根据 BIM 管线综合排布图，预先对各专业管道、附件规格和重量进行受力分析，校核计算确定支吊架、膨胀螺栓型号及支吊架设置间距，满足设计文件要求，再出具支吊架预制加工图纸。

（2）预制管道施工质量控制措施

根据管道工厂化预制加工图进行管道分段加工，编制分段预制加工技术交底，并交底到每一个作业人员，加工过程中，加强日常巡视，严把质量关。

（3）阀门及附件施工质量控制措施

按照设计文件及 BIM 综合管线图纸，检查阀门与附件的规格、阀门的安装位置、过滤器及附件的安装、电动阀门的安装。

5.4　电气和智能化

5.4.1　施工准备

（1）准备工作

1）所有安装项目的设计图纸已具备，并且已经过图纸会审和设计交底。

2）施工方案已编制完成并获得批准；方案中应包括对环境因素和危险源的识别评价及控制措施。

3）施工技术人员向班组做了设计和施工技术、安全及环境交底。

（2）人员配置

项目人员应根据工程规模大小选择性配备，具体包括项目管理人员、技术负责人、施工员、安全员、质量员、资料员、材料员等。

（3）材料准备

电缆、导线、网线、管材、灯具、开关、插座、接线盒等及其配件。

（4）施工机械

煨管器、开孔器、套丝机、砂轮锯、无齿锯、钢锯、锉刀、电焊机、手锤、电锤、台钻、螺丝刀、剥线钳、压接钳、电笔、手电钻、摇表、线锤、扣压器、剪管器、光纤熔接机等。

（5）检测工具

万用表、兆欧表、卷尺、信号发生器、示波器等。

5.4.2　技术准备

（1）施工工艺流程

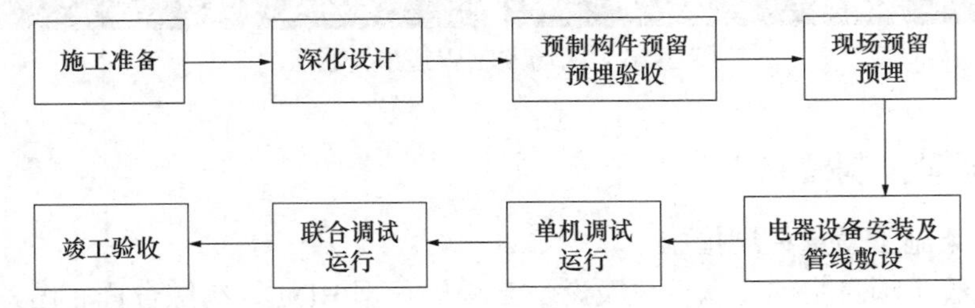

（2）操作要点

1）深化设计

电气专业各个系统都有单独的一套图纸，为确保预制件内的设备点位正确，避免在施工现场对预制件进行二次加工，应将各系统的预留孔洞等综合在一张图纸，以检查各系统间的设备点位、管线路由是否存在冲突。可采用包含BIM技术在内的多种手段开展三维管线综合设计，减少管线交叉，减少现场返工。

预制构件上预留孔洞和管线应与建筑模数、结构部品及构件等相协调，做到规格化、模数化。同类电气设备和管线的尺寸及安装位置应规范统一。

2）预制构件预留预埋

预制构件制作过程中，应将预留孔洞、预埋件等一并完成，避免在现场对预制构件进行切割等操作。预制构件的外观质量不应有严重缺陷，且不宜有一般缺陷。对已出现的一般缺陷，应按技术方案进行处理，并应重新检验。

3）现场预留预埋

现浇层内的配管，应在上层钢筋尚未绑扎前进行，且配管完成后应经检查确认后，再绑扎上层钢筋和浇捣混凝土。暗敷导管管口应封堵，以免灰浆渗入造成管路堵塞。暗敷的非镀锌钢管内壁应做防腐处理，一般可采用灌防锈漆的方法。接线盒和导管在隐蔽前，经检查应合格。

4）电器设备安装及管线敷设

配电箱和配线箱因进出线较多，宜分开布置，从而避免大量管线在叠合楼板内集中交叉，并安装于便于维修维护处。配电箱和配线箱安装高度符合设计要求，固定牢固。箱体开孔与导管管径适配。暗装箱体应紧贴墙面，箱体涂层完整。暗装接线盒应与饰面平齐，盒内干净整洁，无锈蚀；面板应紧贴饰面，四周无缝隙，安装牢固。

5.4.3 细部构造

(1) 线缆敷设

电气竖向管线宜集中敷设，满足维修更换的需要；水平管线宜在架空层或吊顶内敷设。如受条件限制暗敷时，宜敷设在现浇层及建筑垫层。当管线在叠合楼板现浇层中暗敷设时，应避免管线交叉部位与桁架钢筋重叠，同一地点不得三根及以上电气管路交叉敷设。电气布线可采用金属导管或塑料导管，但需直接连接的导管应采用相同管材。

(2) 设备与结构连接构造要求

1）设备固定

安装在预制板上的配电箱体，应使用预留螺栓进行固定；安装在轻钢龙骨隔墙内的箱体，应设置独立支架，不应使用龙骨固定。预制墙板内的接线盒、强弱电箱体、套管等直接固定在钢筋上时，盒口或管口应与墙体平面平齐。

2）接线盒

采用叠合楼板时，接线盒预埋在预制层，管线敷设于现浇层。此时，接线盒需采用深型接线盒，参见图 5-17。

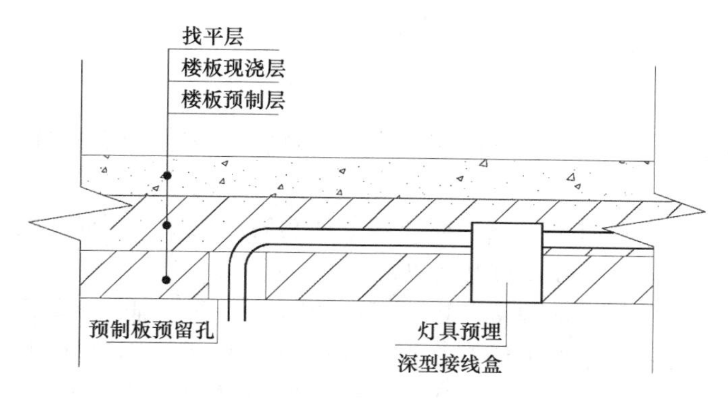

图 5-17 预制叠合板预留灯具深型接线盒做法

叠合楼板内预留接线盒做法一【有地暖】

叠合楼板内预留接线盒做法二【无地暖】

3）配电箱及配线箱

配电箱、配线箱不宜安装在预制构件内。当无法避免时，应根据建筑结构形式合理选择电气设备的安装形式及进出管线的敷设方式；当设计要求箱体和管线均暗装在预制构件时，插座、配电箱的管线是由设备向下敷设至本层楼板的现浇层，为保证与现浇层的管线进行连接，宜在预制墙板下方的连接处预留有操作槽/洞，参见图5-18。

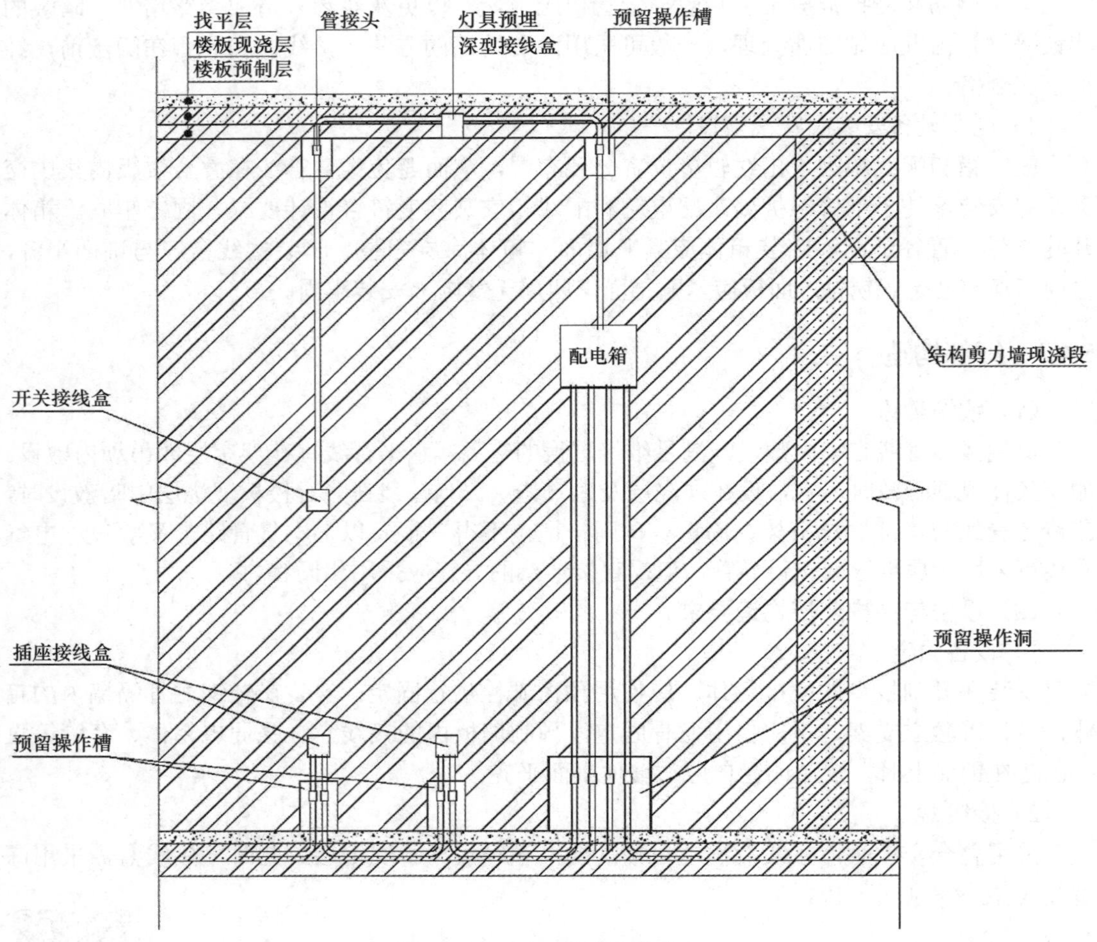

图5-18　电气管路连接节点

4）防雷与接地

装配式混凝土结构建筑宜利用建筑物的钢筋作为防雷引下装置，构件之间需连接成可靠电气通路。

如采用预制柱，上下柱对接时，下柱钢筋插入上柱套筒后注浆，钢筋和套筒间隔着混凝土砂浆，钢筋不连续，无法形成可靠的电气通路。

预制构件在工厂制作加工时提前焊接防雷引下线的跨接圆钢或扁钢，预留长度满足双面焊接和搭接长度不小于防雷引下线的钢筋直径的6倍的要求。该跨接圆钢与叠合楼现浇层内下层预制柱防雷引下线跨接圆钢或扁钢焊接，该部位现浇厚度必须满足现行规范要求，参见图5-19。

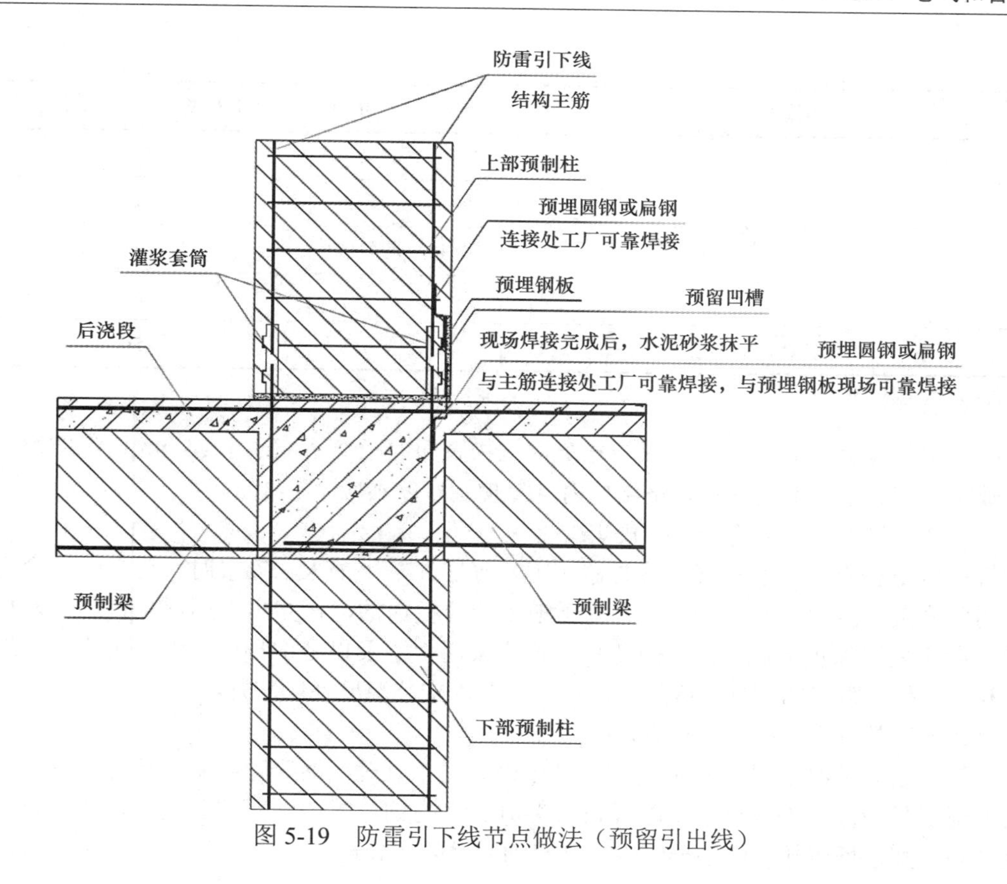

图 5-19 防雷引下线节点做法（预留引出线）

5.4.4 施工质量控制措施

（1）导管弯曲半径应符合下列要求：

明敷导管的弯曲半径不宜小于外径的 6 倍，当两个接线盒间只有一个弯曲时，其弯曲半径不宜小于外径的 4 倍；埋设于混凝土内的导管的弯曲半径不宜小于外径的 6 倍，当直埋于地下时，其弯曲半径不宜小于外径的 10 倍；电缆导管的弯曲半径不宜小于电缆最小允许弯曲外径，电缆最小弯曲半径应符合表 5-5 的规定。

电缆最小弯曲半径 **表 5-5**

<table>
<tr><th colspan="2">电缆形式</th><th>电缆外径（mm）</th><th>多芯电缆</th><th>单芯电缆</th></tr>
<tr><td rowspan="2">塑料绝缘电缆</td><td>无铠装</td><td rowspan="6">—</td><td>15D</td><td>20D</td></tr>
<tr><td>有铠装</td><td>12D</td><td>15D</td></tr>
<tr><td colspan="2">橡皮绝缘电缆</td><td colspan="2">10D</td></tr>
<tr><td rowspan="3">控制电缆</td><td>非铠装型、屏蔽型软电缆</td><td>6D</td><td rowspan="3">—</td></tr>
<tr><td>铠装型、铜屏蔽型</td><td>12D</td></tr>
<tr><td>其他</td><td>10D</td></tr>
<tr><td colspan="2">铝合金导体电力电缆</td><td>—</td><td colspan="2">7D</td></tr>
</table>

续表

电缆形式	电缆外径（mm）	多芯电缆	单芯电缆
氧化镁绝缘刚性矿物绝缘电缆	＜7	2D	
	≥7，且＜12	3D	
	≥12，且＜15	4D	
	≥15	6D	
其他矿物绝缘电缆	—	15D	

注：D 为电缆外径。

（2）暗敷导管，导管表面埋深与建筑构筑物表面的距离不应小于15mm；消防配电线路暗敷时，应穿管并敷设在不燃烧结构内且保护层厚度不应小于30mm。

（3）塑料导管敷设应符合下列规定：

管口应平整光滑，管与管、管与盒（箱）等器件采用插入法连接时，连接处结合面应涂专用胶合剂，接口应牢固密封；直埋于地下或楼板内的，在穿出地面或楼板易受机械损伤的一段应采取保护措施；暗敷的塑料导管应采用中型及以上的导管；沿建筑物、构筑物表面和在去架上敷设的刚性绝缘导管，按设计要求安装温度补偿装置。

（4）导管敷设尚应符合下列规定：

导管穿越外墙时应设置防水套管，且应做好防水处理；钢导管或刚性绝缘导管跨越建筑物变形缝处应设置补偿装置；除埋设于混凝土内的钢导管内壁应防腐处理，外壁可不防腐处理外，其余场所敷设的钢导管内、外壁均应做防腐处理。

5.5　机房设备及管线装配一体化

机电设备机房管线多且复杂，排布不合理不仅会影响机房的整体观感效果，同时对施工也造成很大的不便，不利于后期的维修维护。为解决制设备机房传统施工方法中存在的不足，设备及管线装配一体化能充分考虑各机电系统安装过程中的问题，达到外观整齐有序，管线成排成列，间距均匀。设备及管线装配一体化将传统的施工现场加工转变为工厂预制，采用统一的全自动预制加工流水线进行加工，在施工现场只需进行预制构件的组装装配，有效降低施工现场动火、动电作业带来的安全隐患，同时大量减少施工现场的声、光、气污染。本技术适用于大、中型工业与民用建筑工程的机房（制冷机房、换热站、水泵房等）机电设备及管道安装，施工现场需满足预制模块吊装、运输通道顺畅及模块组装操作空间足够等要求。

5.5.1　施工准备

（1）装配方案

1）设备及管线预制模块在生产、运输和装配过程中，应制定专项生产、运输和装配方案。现场装配阶段，编制《构件工厂预制化机电施工专项方案》，精细策划所有预制构件的装配顺序、装配方法等，并且在三维模型中进行虚拟建造，确保装配方案的可行性。同时依托BIM模型，编制装配实施方案，向装配工人进行装配方案的三维技术交底。

项目部管理人员与BIM工程师在装配前组织召开施工方案会议，明确每段预制成品的装配顺序，并在BIM模型及二维码信息（预制管段编号即为管段装配顺序）中体现。现场装配时，预先给装配工人进行装配顺序交底，同时实际安装时，装配工人也可根据扫描的二维码信息查看装配顺序，确保整个装配环节的顺利进行。

对于施工范围内的其他专业系统的管线，如桥架、风管等，也应根据实际情况确定装配顺序，在现场装配环节一并进行组装。

2）现场装配式施工主要包括：装配单元的就位安装、预制管组的安装、预制组合式支吊架的安装等。预制构件装配式施工的关键点包括以下几个方面：安装前应预先模拟装配顺序，且分段预制管组的编号名称宜与装配顺序相对应；预制管组吊装前，应对吊装方式进行合理的计算选择，宜使用手动葫芦与电动葫芦相结合的方式进行吊装；第一组预制管道装配时，应严格按照图纸设计安装位置进行就位安装，避免影响与之相连接的后续预制管组。且每段预制管组安装完毕后，都应进行数据复核，若出现偏移误差，应及时分析原因并调整；后续预制管组与已安装完毕预制管组法兰对接时，应完全找平方可进行螺栓紧固，避免法兰四周间隙不一致导致漏水；在预制管组完全固定在支吊架上时，方可拆卸吊装用手动葫芦、电动葫芦等，避免因装配未固定导致安全事故；预制管组与设备接口处，预留现场预制段，通过工厂预制管组的安装位置与现场设备摆放位置数据测量，进行现场预制，调节装配环节的累计误差；每进行完一段预制装配的施工，及时扫码更新预制管组上的二维码信息，避免因信息错误造成施工紊乱。

（2）人员

首先应确定负责制定设备及管线装配一体化总体流程的负责人，确定负责各专业装配一体化应用流程负责人，管理人员进行统筹协调及安排，技术人员进行技术指导及支持，工厂预制工人进行工厂预制构件加工，吊装工人将管段吊装就位，现场装配工人进行管组装配。

（3）施工机械及设施

1）牵引运输设施

针对装配单元的运输，利用卷扬机牵引、地坦克滑动的运输方式将装配单元运输就位。如图5-20所示。

图5-20　可拆卸周转式栈桥轨道

2）预制管排整体提升设施

对于采用组合式吊架固定的成排或密集预制管组，联合预制支吊架进行地面整体拼装，宜采用预制管排整体提升技术，通过组合式支吊架进行螺栓栓接固定。如图 5-21 所示。

图 5-21　预制管排整体提升

3）装配精度控制设施

建立装配机房的绝对坐标系，在设计阶段宜通过 3D 激光扫描技术复核土建施工偏差，根据现场实际情况调整 BIM 模型。在装配过程中，宜利用 360 放样机器人精确放样定位，确保每段预制构件都精确就位安装。结合 3D 激光扫描技术，实时对比实体装配与 BIM 模型的尺寸偏差，及时调整修正。如图 5-22 所示。

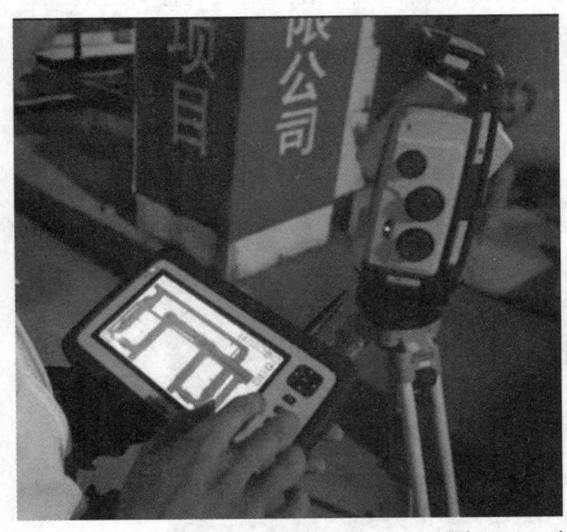

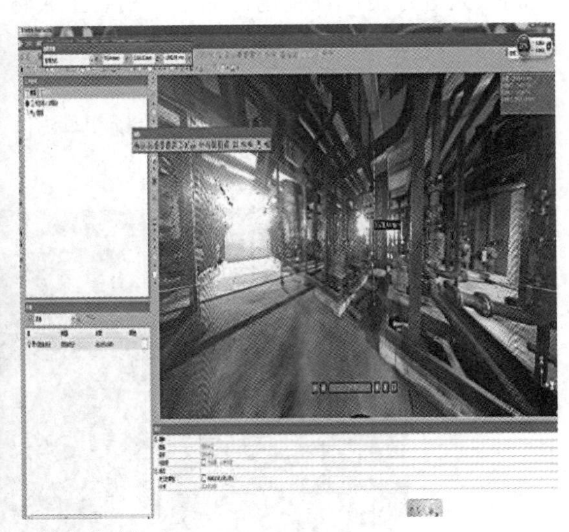

图 5-22　装配精度控制

（4）材料与设备

1）主要材料与设备（工厂预制）见表 5-6。

主要材料与设备表（工厂预制阶段） 表 5-6

序号	材料及设备名称	用途
1	数控管道切断、坡口机	管道切割、坡口
2	全自动管道预制焊机	管道焊接
3	全自动管道组对机	管道组对
4	全自动管道切槽机	管道切槽
5	电动起重机（航吊）	材料运输、吊装
6	全自动钻床	管道、钢板钻孔
7	液压车	地面运输
8	移动式电动龙门吊架	地面运输
9	电焊机	管道焊接
10	打压机	管道打压
11	无缝焊接钢管	加工管材
12	螺旋焊接钢管	加工管材
13	镀锌钢管	加工管材
14	焊条	焊接材料

2）主要材料与设备（现场装配）见表 5-7。

主要材料与设备表（装配式施工阶段） 表 5-7

序号	材料及设备名称	用途
1	螺栓	预制管道法兰连接
2	扳手	紧固螺栓
3	叉车	预制管道运输
4	手动、电动葫芦	预制管道吊装
5	钢垫片	法兰间防水垫片
6	管路附件	管路系统
7	膨胀螺栓	支吊架固定

5.5.2 技术准备

（1）施工流程

资料收集→深化设计→出具图纸→预制加工→配送运输与堆放→整体装配→竣工验收

（2）操作要点

1）资料收集

在准备阶段，收集设备及管线装配一体化施工所需的全部资料，包括关于设计、施工和验收规范、原始设计图纸、设备选型样本、管路附件样本等。

对原始设计图纸进行复核确认，如对原始设计有优化建议时，需向业主、监理及设计院提出合理优化方案，并取得变更图纸或明确回复，方可根据最新的文件进行设备及管线装配一体化的深化设计。

在收集设备样本时，编制《设备样本技术要求》，对施工范围内的所有机电设备、管路附件、管路配件等进行资料收集。在BIM模型深化时，严格按照设备厂家提供的样本进行BIM模型搭建。具体设备样本技术要求内容见表5-8。

设备样本技术要求　　**表5-8**

序号	设备样本技术要求
1	所提供的设备样本必须为CAD格式，且严格按照设备实际尺寸及1 ∶ 100的制图比例绘制。其余纸质样本及PDF样本可以作为辅助材料，但不作为主要依据
2	提供的样本应涵盖的主要内容，包括但不限于设备外形及尺寸、设备所有管道接口外形及尺寸、设备基础底座及尺寸、法兰盘尺寸及螺栓孔详图（螺栓个数、螺栓规格、孔洞规格、孔洞布置等）
3	所有设备样本的尺寸数据均应精确至毫米（mm）
4	所有设备样本需要做土建基础的均需提供基础图（包含基础做法、基础尺寸）
5	所有设备样本严格按照制冷机房招标清单项提供，且只需提供本机房内相应型号的设备样本
6	所有设备样本，每种型号规格均需配备一张或多张实物图或效果图

2）深化设计

深化设计前应确定加工生产所需的设备及材料的规格、型号、技术参数，并应编制专项设备及材料样本要求细则，由生产厂家提供详实产品的样本。严格按照设备及材料厂家提供的样本进行深化设计，宜采用BIM技术进行模型搭建。

① 建立BIM族群

根据厂家提供的产品样本对施工范围内所有的机械设备、阀部件等构件进行1 ∶ 1毫米级真实产品族群的建立，如图5-23所示。

当真实产品验收进场后，对照真实产品进行BIM族群的复核。如若两者存在误差，需对BIM族群进行修改，严格按照真实产品的外型尺寸、设备信息进行修正。

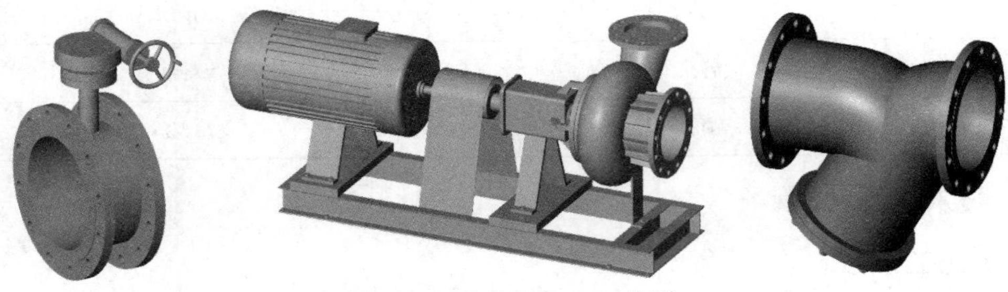

图5-23　真实产品BIM族群

② 机电管线综合布置

根据设计院提供图纸、业主及设计院确认后的优化建议、设备选型样本、现场实际情况、施工验收规范等，进行管线优化布置。在BIM模型深化设计的过程中，综合考虑检修空间、常规操作空间、管线综合布置、支吊架综合布置、设备布置、基础布置、排水沟布置、整体观感等。如图5-24所示。

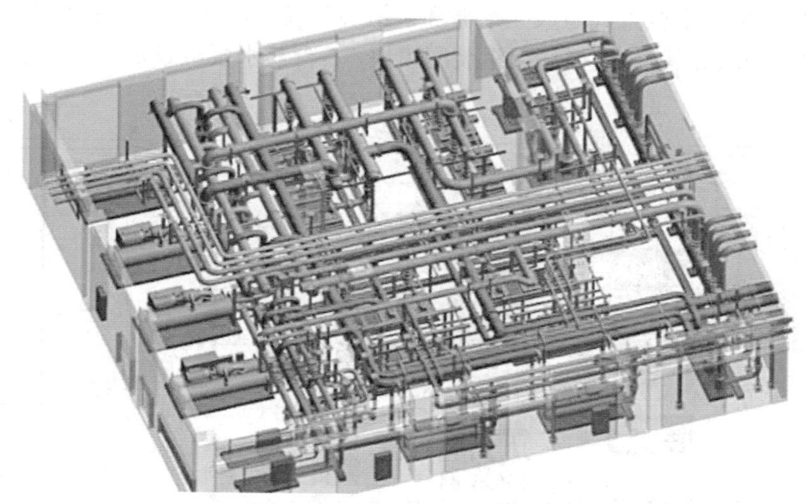

图5-24　机电管线综合布置

③ 预制构件设计

a．循环泵组装配单元设计与拆分原则

确定装配单元形式：根据循环水泵的选型、数量、系统分类以及设备布置情况，将循环水泵及管路、配件、阀部件、减震块等组合形成循环泵组装配单元。如图5-25所示。

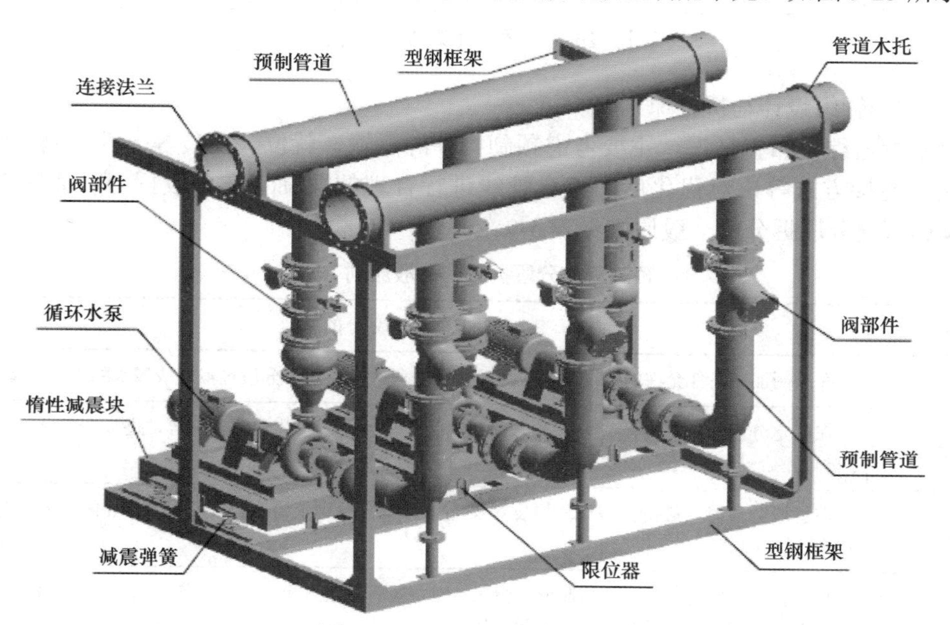

图5-25　循环泵组装配单元

装配单元拆分原则：根据循环水泵的选型、数量、系统分类以及设备布置情况，将循环水泵及管路、配件、阀部件、减震块等组合形成循环泵组装配单元，并进行不同装配单元的拆分，1 个泵组模块水泵一般按照 2 台或者 3 台水泵的方式进行组合，不应超过 3 台水泵。如某项目制冷机房包含 20 台循环水泵，其中 10 台冷冻水循环泵，7 台冷却水循环泵，3 台热水循环泵。将 20 台循环水泵分为 8 个循环泵组装配模块，其中冷冻水循环泵采取两台或三台水泵一组的组合方式组成 4 个循环泵组装配模块，冷却水循环泵采取两台或三台水泵一组的组合方式组成 3 个循环泵组装配模块，3 台热水泵组成 1 个循环泵组装配模块。如图 5-26 所示。

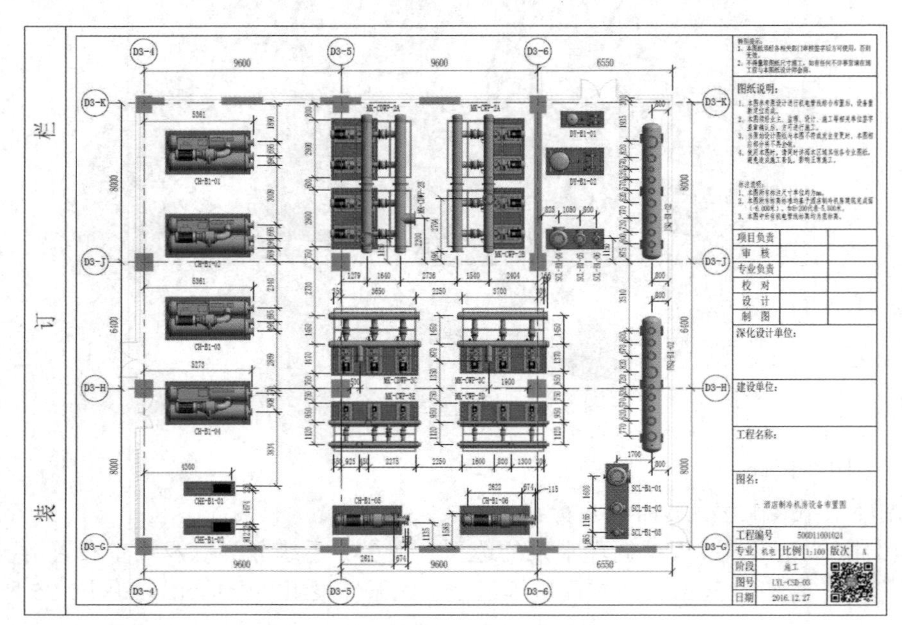

图 5-26 循环泵组装配单元拆分

b．预制管组设计与拆分原则

根据管道综合布置情况，主要考虑预制构件的运输、就位、安装等条件限制，结合管道材质、连接方式等，对优化后的综合管线进行合理的预制管道分段拆分，如图 5-27 所示。预制管道分段拆分的一般原则见表 5-9。

预制管道分段拆分的一般原则 **表 5-9**

序号	预制管道分段划分的原则
1	在预制加工条件允许的情况下，应尽量减少分段，避免由于分段过多造成漏水隐患点的增加
2	在确定分段方案之前，应充分考虑预制成品运输条件、安装空间条件等，进行合理分段，避免由于分段不合理造成运输及现场装配困难，降低机房装配效率
3	在管段分段时，应提前考虑管道支吊架布置方案，原则上每个分段点前后 1m 内应加设支吊架进行固定
4	每段管道分段完成后，应按照分段情况，对每段管道进行标示（推荐使用二维码进行标示），且标示在 BIM 模型、工厂预制、现场装配时保持统一

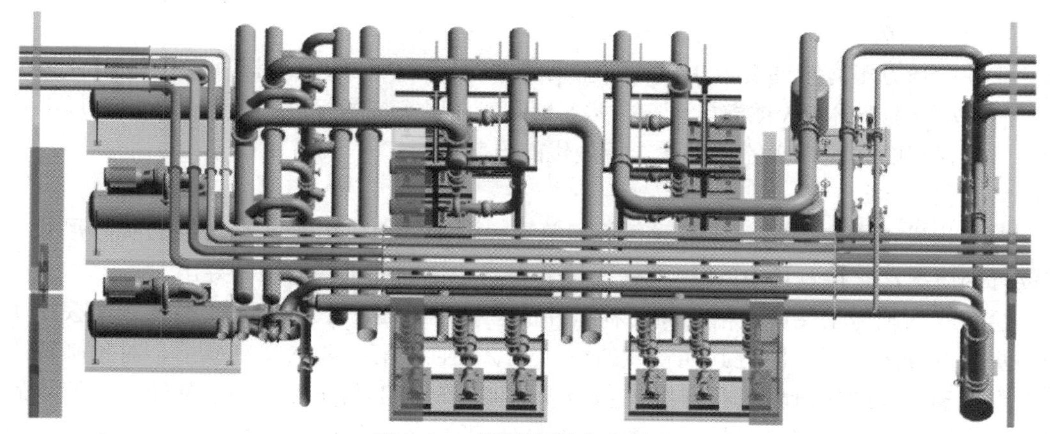

图 5-27　预制管道分段拆分

c．预制支吊架设计

预制管组与支吊架的关系：不同于传统现场施工中先安装支吊架再将管道插入支吊架固定的方法，预制管道具有结构复杂、三向形状不固定的特点，无法像传统方法一样进行顺利的施工。针对预制管组的安装特点，采用"组合式管道吊架"，将传统吊架中根部固定钢板与吊架主体分为两部分。预制管组安装前，先进行吊架固定钢板的安装，然后进行预制管组的吊装就位，最后将吊架主体与固定钢板组合固定管道。组合式管道吊架如图 5-28 所示。

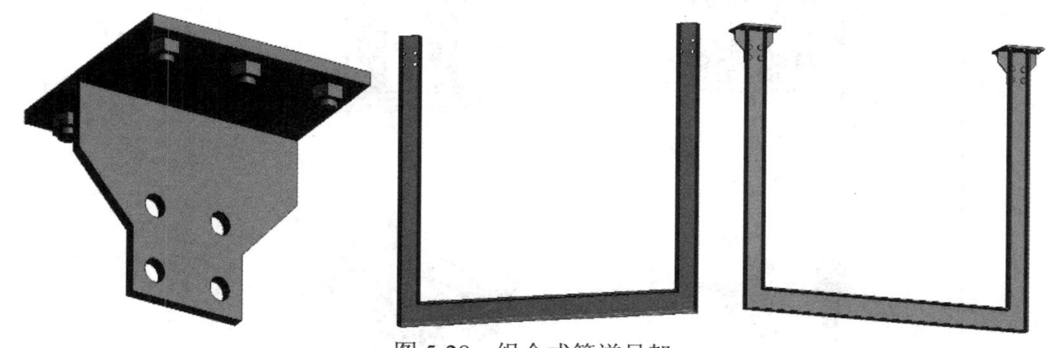

图 5-28　组合式管道吊架

预制管组支吊架的设置：主要考虑支吊架相关规范图集、土建结构的布局、机电管线的布置、预制管组的分段情况等。支吊架的设置间距宜布置在 3 ～ 4m，吊架固定点尽量设置在柱侧边、梁侧壁上，且固定受力点在梁侧壁 1/3 ～ 2/3 处，如无法固定在柱侧壁、梁侧壁上，选择固定在楼板底。结合机电全专业管线布置，尽量采用综合支吊架。支吊架设置应结合预制管组的分段情况，在人为分段的界面，法兰连接两侧应加设支吊架，避免分段管组连接法兰受力，对后期带来漏水隐患等隐患。

预制管组支吊架的选型：预制管组支吊架选型，严格按照规范图集执行，并出具相应支吊架计算书。支吊架的选型计算主要包含：管道重量计算、垂直荷载计算、水平荷载计算、吊杆抗拉计算、支柱抗压计算、横梁抗弯强度计算、横梁抗剪强度计算、连接点受力计算等。

④ 方案优选

在各参与方多方沟通交流中，针对不同方案的展示、比较及选择，宜利用 BIM 模型结合短焦互动投影技术、VR 虚拟现实技术、MR 增强现实技术等进行模拟分析，在虚拟的场景里形象直观的体验真实的效果，选择最优的方案。

3）出具图纸

在深化设计方案确定后，根据各装配单元、预制管组、组合式支吊架的实际尺寸、安装位置等情况，直接利用 BIM 模型进行综合布置和预制加工图的绘制导出。

绘制的预制加工图应通俗易懂，各组件信息标注详细，并通过局部 BIM 三维模型明确预制管段的安装位置及附近其他管线的空间信息，且编写必要的文字概括，对预制管段从加工到运输到安装等阶段进行详细说明，以保证预制加工图在各个环节都能高效简洁的指导施工。同时，在每张图纸的制作中，采用自主研发的二维码云计算系统进行图纸二维码的制作追溯，提高了现场管理人员的图纸交底和装配工人查询的效率。

① 装配单元加工图

装配单元预制加工图的信息包含装配单元的各组成部分的制作材料选型、精确尺寸及预制过程的注意事项等。如图 5-29 所示。

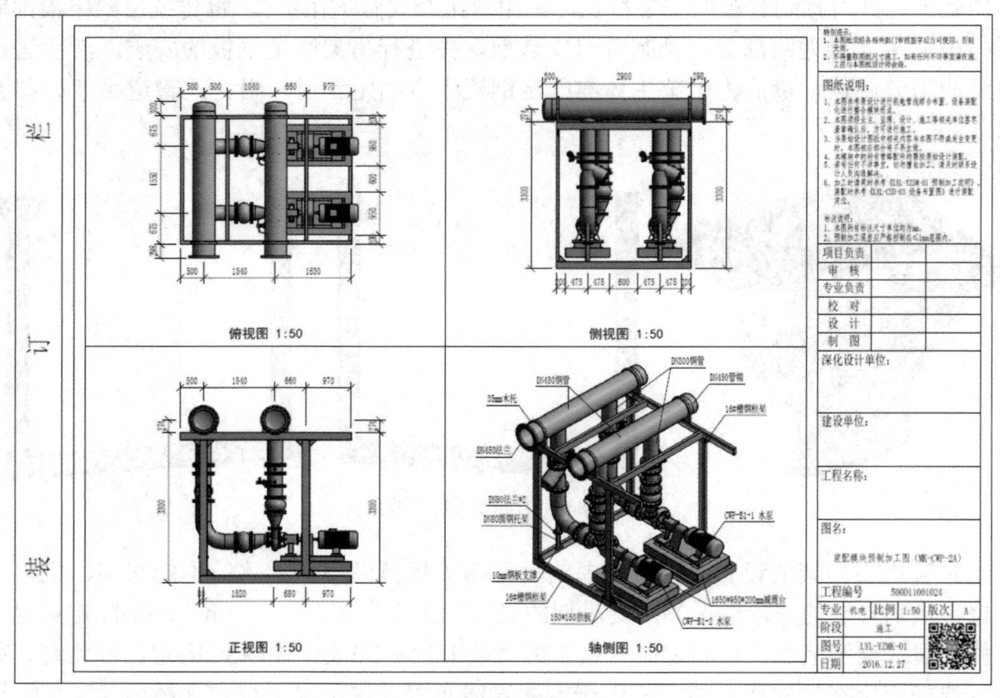

图 5-29　装配单元预制加工图

② 分段管组预制加工图

分段管组预制加工图是对施工范围内分段预制管道在工程中的安装位置、空间情况、预制尺寸、装配要点的综合体现。如图 5-30 所示。

③ 组合式支吊架加工图

组合式支吊架预制加工图反映了施工范围内综合支吊架的布置情况、样式选择、加工尺寸等。同时支吊架的布置应考虑其他专业的管线，尽量采用综合支吊架。如图 5-31 所示。

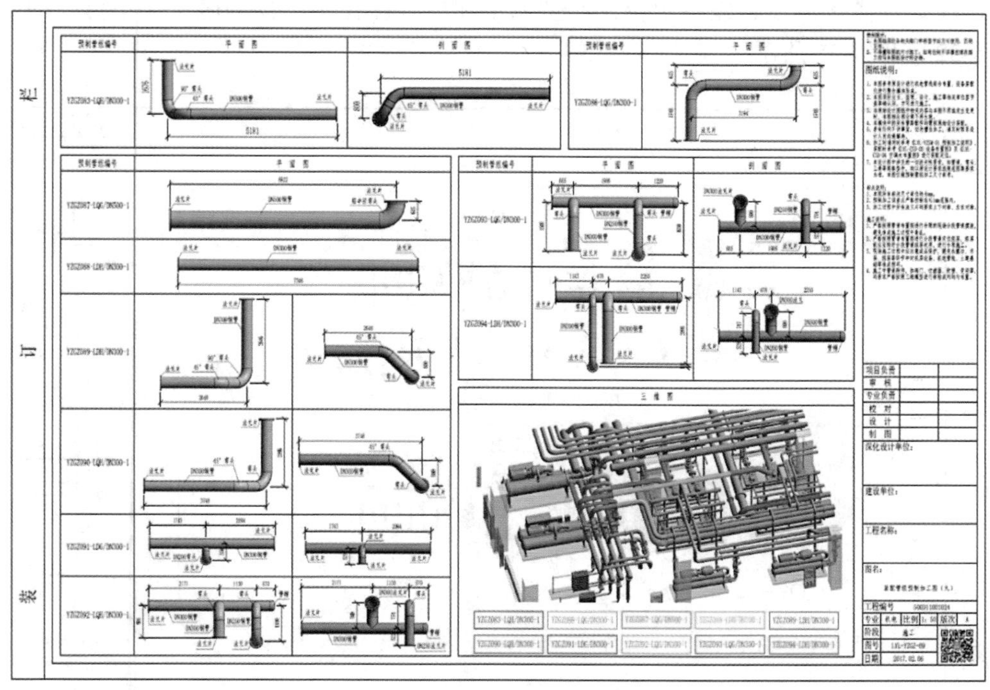

图 5-30 分段管组预制加工图

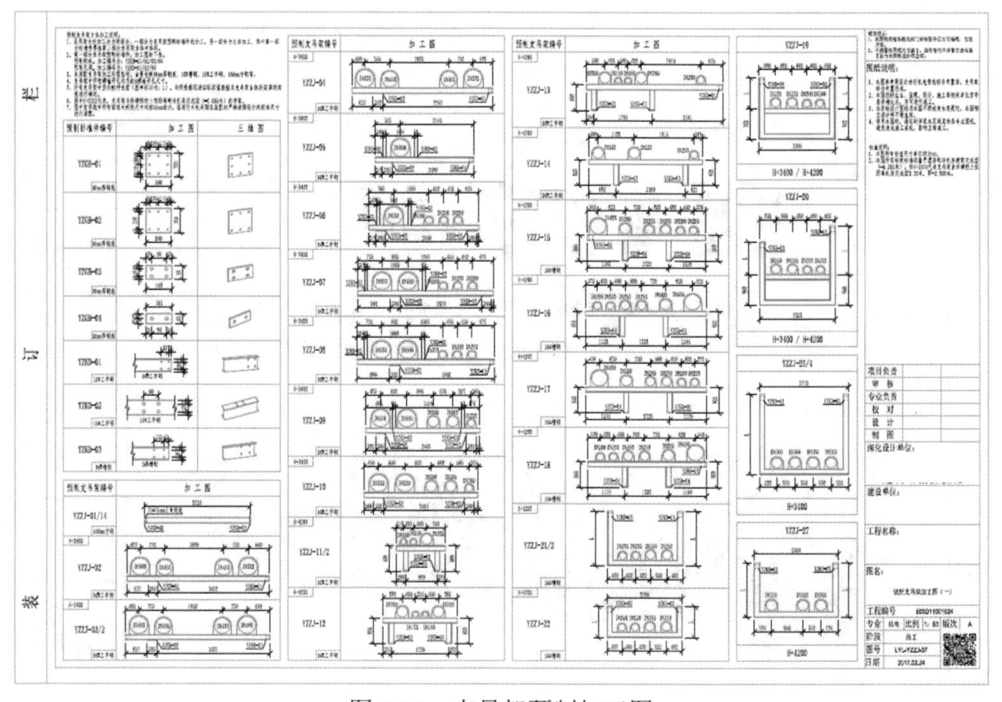

图 5-31 支吊架预制加工图

④ 综合布置图

预制管组及预制支吊架的顺利安装，必须依托于其他各专业的详细深化设计、合理布局等。基础及排水沟图、设备定位图、空调水和电气深化图是预制施工必不可少的部分。如图 5-32 ～图 5-35 所示。

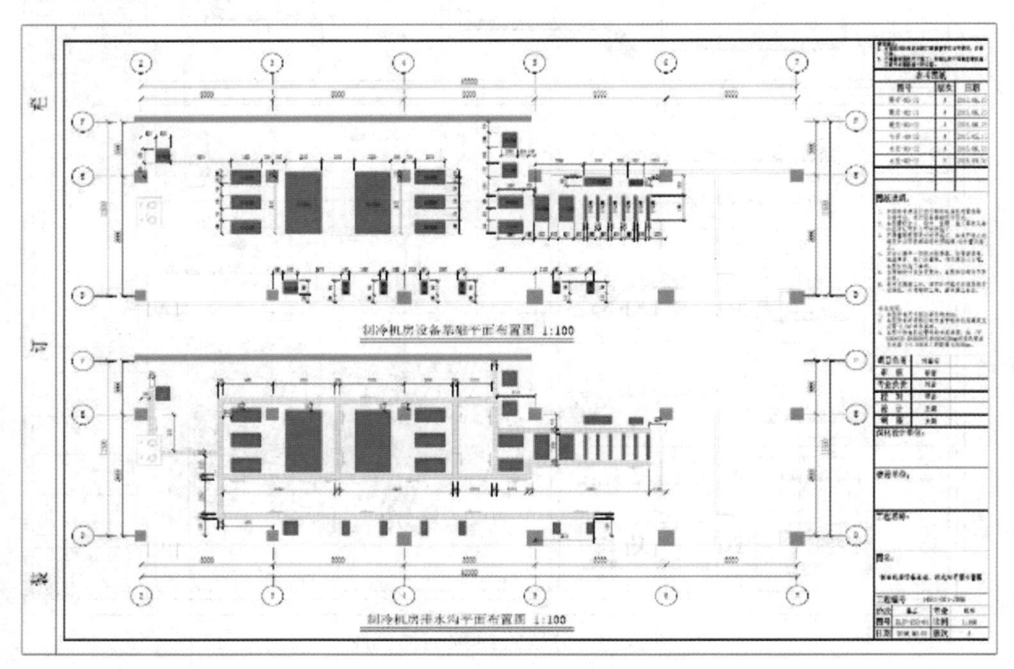

图 5-32　基础、排水沟平面图

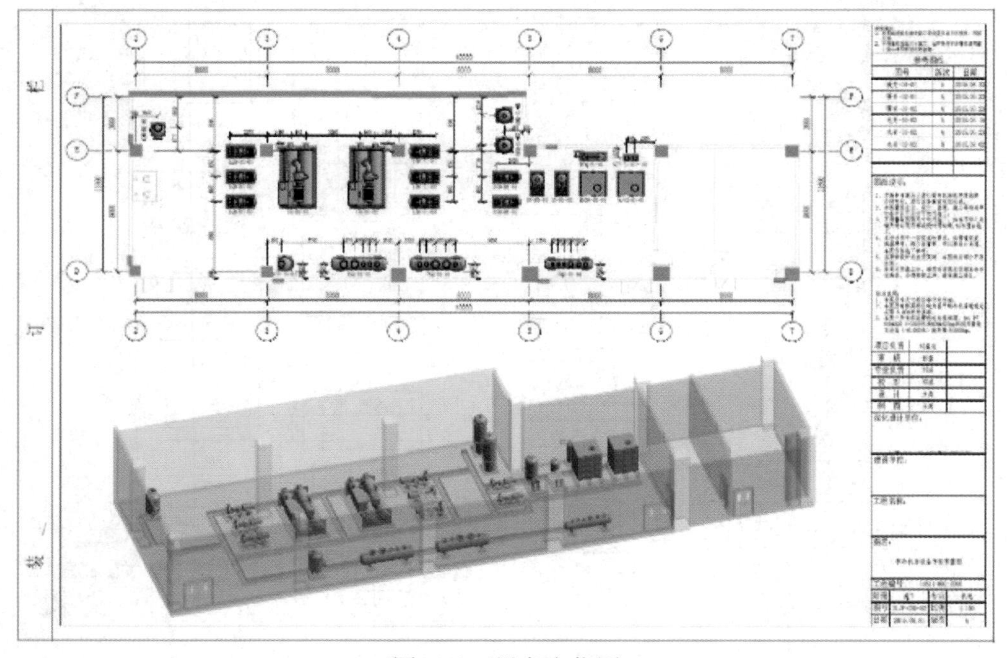

图 5-33　设备定位图

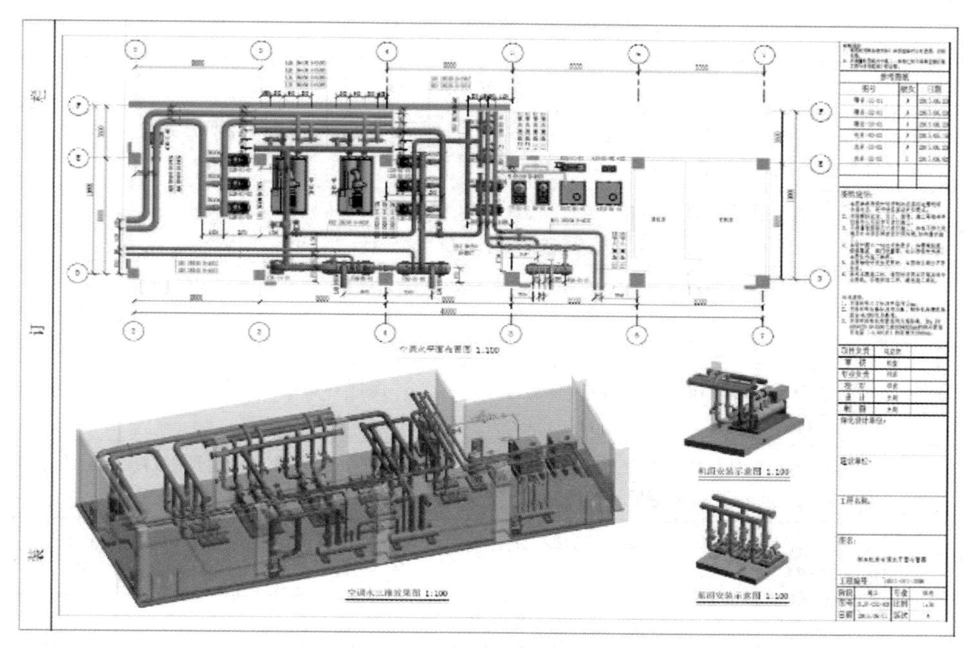

图 5-34　空调水深化图

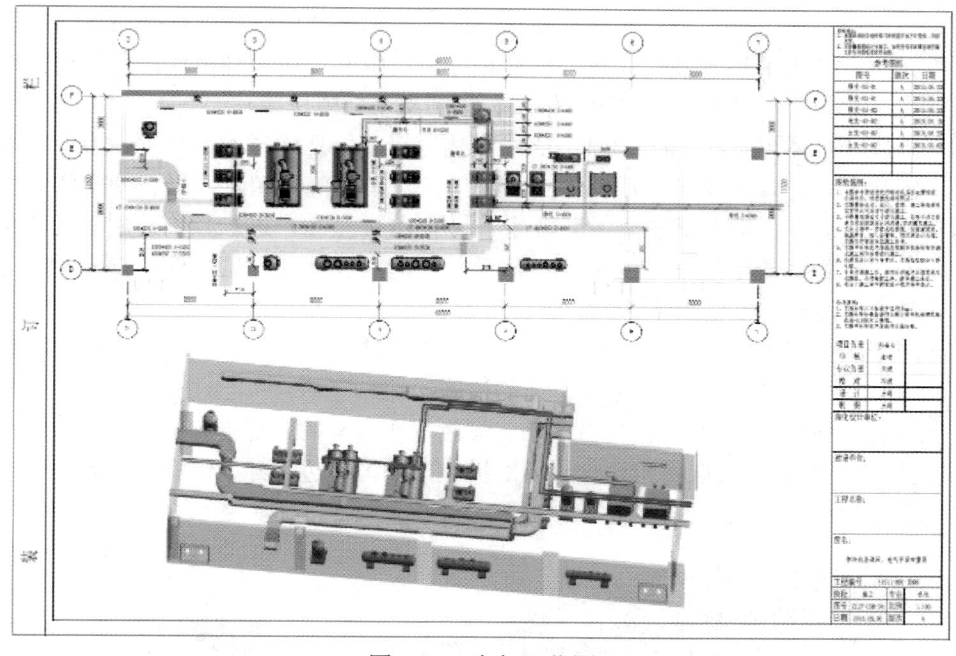

图 5-35　电气深化图

4）预制加工

各预制构件统一在工厂全自动生产线上进行工厂化加工制作，主要包含除锈、切割下料、坡口处理（或管道车槽）、焊接（管道沟槽连接）、防腐刷漆、冲洗打压、身份标识等。预制加工的主要原则及规定，见表 5-10。

管道与法兰焊接时，应采取防变形措施，避免法兰焊接变形后，连接副密封不严漏水。

预制加工的主要原则及规定 **表 5-10**

序号	预制加工的主要原则及规定
1	充分利用预制厂设备先进、集中作业、工人熟练、高效节能的优势，本着预制“工厂化”“流水化”的原则组织经验丰富作业岗组进行预制
2	充分考虑预制条件、运输条件、吊装条件、安装条件等因素，确保工厂预制深度达到 90% 以上。对于工厂预制难以把控的管段，应由作业人员进行现场实地测量，采用施工现场预制
3	工厂预制成品管组主要包含管对管预制、管对法兰预制、管对管件预制等
4	对小管径管道（$DN \leqslant 50$，如：补水定压管、加药装置管、软化水系统管道等）采用现场预制加工
5	管道支吊架预制时，应实地测量现场土建误差，保证管道在支吊架上安装的横向、纵向位置与 BIM 深化管线一致
6	考虑到预制加工厂与施工现场之间的运输条件及现场安装条件，管道预制时应充分考虑其管道长度，最大不宜超过预制两根柱的间距（一般为 8 ～ 10m）
7	预制前由现场施工人员对现场情况进行核对，对预制管段尺寸进行实际测量并进行校核计算，保证管段预制尺寸与现场情况相符
8	管道预制加工的成品管段，采用二维码的方式做好信息记录

5）配送运输与堆放

深化设计时，应依据相关设计规范要求，结合施工区域内的管线综合布置情况和运输吊装条件，进行合理的设备及管线预制模块划分。设备及管线预制模块，主要包含预制循环泵组模块、预制管组模块、预制管段模块、预制支吊架模块等。

① 应制定预制构件的运输与堆放方案，其内容应包括运输时间、次序、堆放场地、运输线路、固定要求、堆放支垫及成品保护措施等。对于超高、超宽、形状特殊的大型构件的运输和堆放应有专门的质量安全保证措施。利用 BIM 技术，进行预制装配单元和预制管组的装车运输模拟，确定运输车的车型及数量。合理摆放预制成品构件，充分利用运输车的空间，最大限度提升运输效率。

② 预制构件的运输车辆应满足构件尺寸和载重要求，装卸与运输时应符合下列规定：

a. 装卸构件时，应采取保证车体平衡的措施；

b. 运输构件时，应采取防止构件移动、倾倒、变形等的固定措施；

c. 运输构件时，应采取防止构件损坏的措施，对构件边角部或链索接触处的管道及框架，宜设置保护衬垫，如图 5-36 所示。

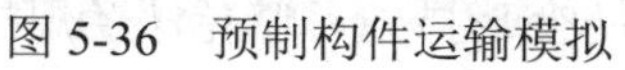

图 5-36 预制构件运输模拟

③ 运输至施工现场后，提前根据各预制管段的装配顺序进行合理的预制构件堆放平面规划，避免乱堆乱放，确保施工环节“随装随取”，实现物料的高效转运。预制构件堆放应符合下列规定：

a．堆放场地应平整、坚实，并应有排水措施；

b．预埋吊件应朝上，标识宜朝向堆垛间的通道；

c．构件支垫应坚实，垫块在构件下的位置宜与脱模、吊装时的起吊位置一致；

装配式机房施工

d．重叠堆放构件时，需要采取防止构件倾覆的措施；

e．水平运输前应根据设备及管线预制模块的最终位置及方向合理规划运输起始点的朝向和运输路线；运输路线不宜多次转向，运输过程中设备及管线预制模块不宜调整朝向，如图5-37所示。

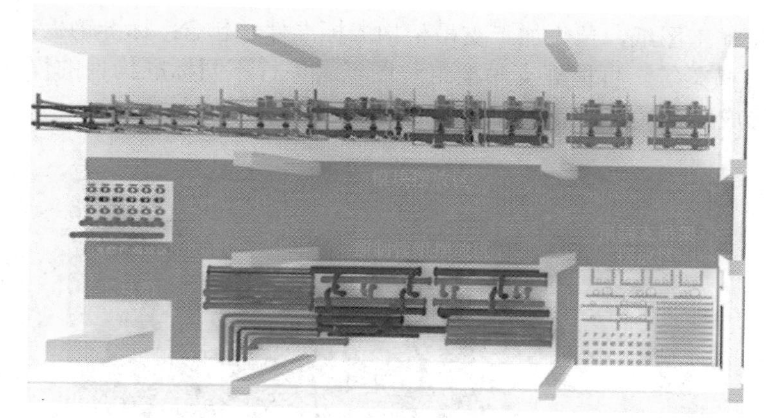

图5-37 预制构件场地摆放规划

5.5.3 细部构造

（1）循环泵组装配单元的预制

生产厂家应具备保证设备及管线预制模块符合质量要求的生产工艺设施、试验检测条件。循环泵组装配单元主体构架的制作，应经受力计算选取满足要求的型钢。主要包含：支撑底座、竖向立柱、横梁等。为加强整个预制主体的强度，宜采用加强槽钢进行连接。水泵减震惰性块的制作采用厚钢板框架、内部植筋、浇筑C30混凝土的做法。水泵组件装配前进行泵组管道的预制，应按照编号进行水泵及管路附件的装配。制作过程中严格控制尺寸精度，确保与设计图纸一致，如图5-38所示。

装配给水泵组

（2）预制管组的预制

装配管组的预制，采用数控自动化设备进行加工。严格按照管组预制加工尺寸进行制作，法兰连接处采用内外满焊。制作完成后按照规范要求进行冲洗、打压试验，并结合装配顺序进行预制管组二维码信息的制作及匹配，如图5-39所示。

装配冷水管排工艺

图 5-38　循环泵组装配单元预制图

图 5-39　循环泵组装配单元预制

（3）组合式支吊架的预制

组合式支吊架根据支吊架计算书进行选型，包含钢板、方钢、槽钢、工字钢等。根据加工图纸，预先加工支吊架构成标准件，包含：标准钢板、标准立柱、标准横梁等。再根据支吊架组装图纸，进行不同标准构件的焊接拼装，最终形成组合式支吊架，如图 5-40 所示。

综合支吊架

图 5-40　支吊架标准件预制

（4）预制构件身份标识

宜通过二维码云计算平台，将每个预制构件的加工信息、配送信息、验收信息和装配信息等制作成可双向追溯管理的二维码活码。在工厂加工完毕后，将二维码贴于预制构件上，在现场安装过程中，工人扫描二维码信息实时指导现场装配，有效地提升施工的管理效率。如图 5-41 所示。

图 5-41　二维码指导现场施工

5.5.4 施工质量控制措施

（1）装配前应对设备基础进行预检，并形成记录，合格后方可进行安装。基础混凝土强度、坐标、标高、尺寸和螺栓孔位置必须符合设计或厂家技术要求，表面平整外观质量较好，不得有蜂窝、麻面、裂纹、孔洞、露筋等缺陷；

（2）对未进行整体设备及管线预制的大型机电设备，应提前按照设备布置图进行就位，并采取措施进行成品保护；

（3）设备及管线预制模块应按照装配施工方案的装配顺序提前编号，严格按照编号顺序装配，宜遵循先主后次、先大后小、先里后外的原则进行装配；

（4）设备及管线预制模块安装的位置、标高和管口方向必须符合设计要求。当设计无要求时，平面位移和标高位移误差不大于 10mm ；

（5）设备及管线预制模块，其纵、横向水平度的允许偏差为 1‰，并应符合相关技术文件的规定；

（6）对于预制模块成排或密集的装配施工区域，在条件允许的情况下，宜采用地面拼装、整体提升或顶升的装配方法；

（7）预制支吊架模块的装配应符合各机电系统的相关要求，关键部位应适当加强，必要部位应设置固定支架；

（8）设备及管线预制模块在装配就位后应校准定位，并应及时设置临时支撑或采取临时固定措施；

（9）完成设备及管线预制模块的整体装配后，应进行质量检查、试验及验收；

装配式
机房安装
【案例一】

（10）根据 BIM 管线综合排布图，对各专业管道、附件规格和重量进行受力分析，校核计算确定支吊架、膨胀螺栓型号及支吊架设置间距，满足设计文件要求，出具支吊架预制加工图纸；

装配式
机房安装
【案例二】

（11）机电设备及管线装配模块生产中涉及的机电设备、管道、阀部件、管件、支吊架等制作及安装应符合《通风与空调工程施工质量验收规范》GB 50243、《建筑给水排水及采暖工程施工质量验收规范》GB 50242、《建筑电气工程施工质量验收规范》GB 50303、《建筑工程施工质量统一验收标准》GB 50300 中相关条款的规定。

第六章　质量验收

6.1　一般规定

6.1.1　装配式混凝土建筑施工应按现行国家标准《建筑工程施工质量验收统一标准》GB 50300 的有关规定进行单位工程、分部工程、分项工程和检验批的划分和质量验收。

6.1.2　装配式混凝土结构工程应按混凝土结构分项工程进行验收，装配式混凝土结构部分应按混凝土结构子分部工程的分项工程验收，混凝土结构子分部中其他分项工程应符合现行国家标准《混凝土结构工程施工质量验收规范》GB 50204 的有关规定。

6.1.3　外围护工程、内装饰工程、设备与管线工程应按国家现行有关标准进行质量验收。

6.1.4　预制构件的原材料质量、钢筋加工和连接的力学性能、混凝土强度、构件结构性能、装饰材料、保温材料及拉结件的质量等均应根据国家现行有关标准进行检查和检验，并应具有生产操作规程和质量检验记录。

6.1.5　应对预埋于现浇混凝土内的灌浆套筒连接接头、浆锚搭接连接接头的预留钢筋的位置进行控制，并采用可靠的固定措施对预留连接钢筋的外露长度进行控制。

6.1.6　应对与预制构件连接的定位钢筋、连接钢筋、桁架钢筋及预埋件等安装位置进行控制。

6.2　装配式结构工程

6.2.1　结构实体检验应按现行国家标准《混凝土结构工程施工质量验收规范》GB 50204 的有关规定执行。

6.2.2　装配式混凝土结构工程施工用的部品、构配件及其他原材料均应按检验批进行进场验收。

6.2.3 装配式混凝土结构子分部工程，检验批的划分原则上每层不少于一个检验批。检验批、分项工程、子分部工程的验收程序应符合《建筑工程施工质量验收统一标准》GB 50300 的规定。检验批、分项工程的质量验收记录应符合《混凝土结构工程施工质量验收规范》GB 50204 的规定。

6.2.4 混凝土结构子分部工程验收时，提供的文件和记录应符合现行国家标准《混凝土结构工程施工质量验收规范》GB 50204、《装配式混凝土建筑技术标准》GB/T 51231 有关规定。

6.2.5 当装配式结构子分部工程施工质量不符合要求时，应按下列规定进行处理：

（1）经返工、返修或更换构件、部件的检验批，应重新进行检验；

（2）经有资质的检测单位检测鉴定达到设计要求的检验批，应予以验收；

（3）经有资质的检测单位检测鉴定达不到设计要求，但经原设计单位核算并确认仍可满足结构安全和使用功能的检验批，可予以验收；

（4）经返修或加固处理能够满足结构安全使用要求的分项工程，可根据技术处理方案和协商文件进行验收。

6.2.6 装配式结构中各分项工程应在安装施工过程中完成下列隐蔽工程的现场验收：

（1）混凝土粗糙面的质量，键槽的尺寸、数量、位置；

（2）钢筋的牌号、规格、数量、位置、间距，箍筋弯钩的弯折角度及平直段长度；

（3）钢筋的连接方式、接头位置、接头数量、接头面积百分率、搭接长度、锚固方式及锚固长度；

（4）预埋件、预留管线的规格、数量、位置；

（5）预制混凝土构件接缝处防水、防火等构造做法；

（6）保温及其节点施工；

（7）其他隐蔽项目。

6.2.7 装配式结构各分项工程施工质量验收合格后，应填写子分部工程质量验收记录，并将所有的验收文件存档备案。

Ⅰ 预 制 构 件

主 控 项 目

6.2.8 预制构件进场时，预制构件结构性能检验应符合下列规定：

（1）梁板类非叠合简支受弯预制构件进场时应进行结构性能检验，并应符合下列规定：

1）结构性能检验应符合国家现行有关标准的有关规定及设计的要求，检验要求和试验方法应符合现行国家标准《混凝土结构工程施工质量验收规范》GB 50204 的有关规定。

2）钢筋混凝土构件和允许出现裂缝的预应力混凝土构件应进行承载力、挠度和裂缝宽度检验；不允许出现裂缝的预应力混凝土构件应进行承载力、挠度和抗裂检验。

3）对大型构件及有可靠应用经验的构件，可只进行裂缝宽度、抗裂和挠度检验。

4）对使用数量较少的构件，当能提供可靠依据时，可不进行结构性能检验。

5）对多个工程共同使用的同类型预制构件，结构性能检验可共同委托，其结果对多个工程共同有效。

（2）对于不单独使用的叠合板预制底板，可不进行结构性能检验。对叠合梁构件，是否进行结构性能检验、结构性能检验的方式应根据设计要求确定；

（3）对本条第1、2款之外的其他预制构件，除设计有专门要求外，进场时可不做结构性能检验；

（4）本条第1、2、3款规定中不做结构性能检验的预制构件，应采取下列措施：

1）施工单位或监理单位代表应驻厂监督生产过程。

2）当无驻厂监督时，预制构件进场时应对其主要受力钢筋数量、规格、间距、保护层厚度及混凝土强度等进行实体检验。

检验数量：同一类型预制构件不超过1000个为一批，每批随机抽取1个构件进行结构性能检验。

检验方法：检查结构性能检验报告或实体检验报告。

注：（1）"同类型"是指同一种钢筋、同一混凝土强度等级、同一生产工艺和同一结构形式。抽取预制构件时，宜从设计荷载最大、受力最不利或生产数量最多的预制构件中抽取。

（2）本条中"大型构件"一般指跨度大于18m的构件。

6.2.9 进入现场的预制构件应具有出厂合格证及相关质量证明文件，产品质量应符合设计及相关技术标准要求。

检查数量：全数检查。

检验方法：检查出厂合格证及相关质量证明文件。

6.2.10 预制构件的外观质量不应有严重缺陷，对已经出现的严重缺陷，应按技术处理方案进行处理，并重新检查验收。

检查数量：全数检查。

检验方法：观察，检查技术处理方案。

6.2.11 预制构件不应有影响结构性能和安装的几何尺寸偏差。对超过尺寸允许偏差且影响结构性能和安装、使用功能的部位，应按技术处理方案进行处理，并重新检查验收。

检查数量：全数检查。

检验方法：量测，检查技术处理方案。

6.2.12 预制构件表面预贴饰面砖、石材等饰面与混凝土的粘接性能应符合设计和国家现行有关标准的规定。

检查数量：按批检查。

检验方法：检查拉拔强度检验报告。

一 般 项 目

6.2.13　预制构件应有标识，标识应包括生产企业名称、制作日期、品种、规格、编号等信息。

检查数量：全数检查。

检验方法：观察检查。

6.2.14　预制构件的外观质量不应有一般缺陷。对已经出现的一般缺陷，应按技术处理方案进行处理，并重新检查验收。

检查数量：全数检查。

检验方法：观察，检查技术处理方案。

6.2.15　预制构件粗糙面的外观质量、键槽的外观质量和数量应符合设计要求。

检查数量：全数检查。

检验方法：观察，量测。

6.2.16　预制构件表面预贴饰面砖、石材等饰面及装饰混凝土饰面的外观质量应符合设计要求或国家现行有关标准的规定。

检查数量：按批检查。

检验方法：观察或轻击检查；与样板比对。

6.2.17　预制构件吊装预留吊环、预留焊接埋件应安装牢固、无松动。

检查数量：全数检查。

检验方法：观察检查。

6.2.18　预制构件的预埋件、插筋及预留孔洞等规格、位置和数量应符合设计要求。对存在的影响安装及施工功能的缺陷，应按技术处理方案进行处理，并重新检查验收。

检查数量：全数检查。

检验方法：观察检查，检查技术处理方案。

6.2.19　预制构件尺寸偏差及预留孔、预留洞、预埋件、预留插筋、键槽的位置和检验方法应符合表 6-1 ～表 6-3 的规定；设计有专门规定时，尚应符合设计要求。预制构件有粗糙面时，与粗糙面相关的尺寸允许偏差可放宽 1.5 倍。

检查数量：同一类型的构件，不超过 100 个为一批，每批应抽查构件数量的 5%，且不应少于 3 个。

预制楼板类构件外形尺寸允许偏差及检验方法 **表 6-1**

<table>
<tr><th>项次</th><th colspan="3">检查项目</th><th>允许偏差（mm）</th><th>检验方法</th></tr>
<tr><td rowspan="3">1</td><td rowspan="5">规格尺寸</td><td rowspan="3">长度</td><td>< 12m</td><td>±5</td><td rowspan="3">用尺量两端及中间部，取其中偏差绝对值较大值</td></tr>
<tr><td>≥ 12m 且< 18m</td><td>±10</td></tr>
<tr><td>≥ 18m</td><td>±20</td></tr>
<tr><td>2</td><td colspan="2">宽度</td><td>±5</td><td>用尺量两端及中间部，取其中偏差绝对值较大值</td></tr>
<tr><td>3</td><td colspan="2">厚度</td><td>±5</td><td>用尺量板四角和四边中部位置共 8 处，取其中偏差绝对值较大值</td></tr>
<tr><td>4</td><td colspan="3">对角线差</td><td>6</td><td>在构件表面，用尺量测两对角线的长度，取其绝对值的差值</td></tr>
<tr><td rowspan="2">5</td><td rowspan="4">外形</td><td rowspan="2">表面平整度</td><td>上表面</td><td>4</td><td rowspan="2">用 2m 靠尺安放在构件表面上，用楔形塞尺量测靠尺与表面之间的最大缝隙</td></tr>
<tr><td>下表面</td><td>3</td></tr>
<tr><td>6</td><td colspan="2">楼板侧向弯曲</td><td>L/750 且≤ 20mm</td><td>拉线，钢尺量最大弯曲处</td></tr>
<tr><td>7</td><td colspan="2">扭翘</td><td>L/750</td><td>四对角拉两条线，量测两线交点之间的距离，其值的 2 倍为扭翘值</td></tr>
<tr><td rowspan="2">8</td><td rowspan="6">预埋部件</td><td rowspan="2">预埋钢板</td><td>中心线位置偏差</td><td>5</td><td>用尺量测纵横两个方向的中心线位置，记录其中较大值</td></tr>
<tr><td>平面高差</td><td>0，－ 5</td><td>用尺紧靠在预埋件上，用楔形塞尺量测预埋件平面与混凝土面的最大缝隙</td></tr>
<tr><td rowspan="2">9</td><td rowspan="2">预埋螺栓</td><td>中心线位置偏移</td><td>2</td><td>用尺量测纵横两个方向的中心线位置，记录其中较大值</td></tr>
<tr><td>外露长度</td><td>＋ 10，－ 5</td><td>用尺量</td></tr>
<tr><td rowspan="2">10</td><td rowspan="2">预埋线盒、电盒</td><td>在构件平面的水平方向中心位置偏差</td><td>10</td><td>用尺量</td></tr>
<tr><td>与构件表面混凝土高差</td><td>0，－ 5</td><td>用尺量</td></tr>
<tr><td rowspan="2">11</td><td rowspan="2">预留孔</td><td colspan="2">中心线位置偏移</td><td>5</td><td>用尺量测纵横两个方向的中心线位置，记录其中较大值</td></tr>
<tr><td colspan="2">孔尺寸</td><td>±5</td><td>用尺量测纵横两个方向尺寸，取其最大值</td></tr>
<tr><td rowspan="2">12</td><td rowspan="2">预留洞</td><td colspan="2">中心线位置偏移</td><td>5</td><td>用尺量测纵横两个方向的中心线位置，记录其中较大值</td></tr>
<tr><td colspan="2">洞口尺寸、深度</td><td>±5</td><td>用尺量测纵横两个方向尺寸，取其最大值</td></tr>
</table>

续表

项次	检查项目		允许偏差（mm）	检验方法
13	预留插筋	中心线位置偏移	3	用尺量测纵横两个方向的中心线位置，记录其中较大值
		外露长度	±5	用尺量
14	吊环、木砖	中心线位置偏移	10	用尺量测纵横两个方向的中心线位置，记录其中较大值
		留出高度	0，－10	用尺量
15	桁架钢筋高度		＋5，0	用尺量

预制墙板类构件外形尺寸允许偏差及检验方法 **表 6-2**

项次	检查项目			允许偏差（mm）	检验方法
1	规格尺寸	高度		±4	用尺量两端及中间部，取其中偏差绝对值较大值
2		宽度		±4	用尺量两端及中间部，取其中偏差绝对值较大值
3		厚度		±3	用尺量板四角和四边中部位置共 8 处，取其中偏差绝对值较大值
4	对角线差			5	在构件表面，用尺量测两对角线的长度，取其绝对值的差值
5	外形	表面平整度	内表面	4	用 2m 靠尺安放在构件表面上，用楔形塞尺量测靠尺与表面之间的最大缝隙
			外表面	3	
6		侧向弯曲		L/1000 且≤ 20mm	拉线，钢尺量最大弯曲处
7		扭翘		L/1000	四对角拉两条线，量测两线交点之间的距离，其值的 2 倍为扭翘值
8	预埋部件	预埋钢板	中心线位置偏移	5	用尺量测纵横两个方向的中心线位置，记录其中较大值
			平面高差	0，－5	用尺紧靠在预埋件上，用楔形塞尺量测预埋件平面与混凝土面的最大缝隙
9		预埋螺栓	中心线位置偏移	2	用尺量测纵横两个方向的中心线位置，记录其中较大值
			外露长度	＋10，－5	用尺量
10		预埋套筒、螺母	中心线位置偏移	2	用尺量测纵横两个方向的中心线位置，记录其中较大值
			平面高差	0，－5	用尺紧靠在预埋件上，用楔形塞尺量测预埋件平面与混凝土面的最大缝隙

续表

项次	检查项目		允许偏差（mm）	检验方法
11	预留孔	中心线位置偏移	5	用尺量测纵横两个方向的中心线位置，记录其中较大值
		孔尺寸	±5	用尺量测纵横两个方向尺寸，取其最大值
12	预留洞	中心线位置偏移	5	用尺量测纵横两个方向的中心线位置，记录其中较大值
		洞口尺寸、深度	±5	用尺量测纵横两个方向尺寸，取其最大值
13	预留插筋	中心线位置偏移	3	用尺量测纵横两个方向的中心线位置，记录其中较大值
		外露长度	±5	用尺量
14	吊环、木砖	中心线位置偏移	10	用尺量测纵横两个方向的中心线位置，记录其中较大值
		与构件表面混凝土高差	0，－10	用尺量
15	键槽	中心线位置偏移	5	用尺量测纵横两个方向的中心线位置，记录其中较大值
		长度、宽度	±5	用尺量
		深度	±5	用尺量
16	灌浆套筒及连接钢筋	灌浆套筒中心线位置	2	用尺量测纵横两个方向的中心线位置，记录其中较大值
		连接钢筋中心线位置	2	用尺量测纵横两个方向的中心线位置，记录其中较大值
		连接钢筋外露长度	＋10，0	用尺量

预制梁柱桁架类构件外形尺寸允许偏差及检验方法　　表 6-3

项次	检查项目			允许偏差（mm）	检验方法
1	规格尺寸	长度	＜12m	±5	用尺量两端及中间部，取其中偏差绝对值较大值
			≥12m 且＜18m	±10	
			≥18m	±20	
2		宽度		±5	用尺量两端及中间部，取其中偏差绝对值较大值
3		高度		±5	用尺量板四角和四边中部位置共 8 处，取其中偏差绝对值较大值
4	表面平整度			4	用 2m 靠尺安放在构件表面上，用楔形塞尺量测靠尺与表面之间的最大缝隙

续表

项次	检查项目			允许偏差（mm）	检验方法
5	侧向弯曲		梁柱	L/750 且≤ 20mm	拉线，钢尺量最大弯曲处
			桁架	L/1000 且≤ 20mm	
6	预埋部件	预埋钢板	中心线位置偏移	5	用尺量测纵横两个方向的中心线位置，记录其中较大值
			平面高差	0，－5	用尺紧靠在预埋件上，用楔形塞尺量测预埋件平面与混凝土面的最大缝隙
7		预埋螺栓	中心线位置偏移	2	用尺量测纵横两个方向的中心线位置，记录其中较大值
			外露长度	＋10，－5	用尺量
8	预留孔	中心线位置偏移		5	用尺量测纵横两个方向的中心线位置，记录其中较大值
		孔尺寸		±5	用尺量测纵横两个方向尺寸，取其最大值
9	预留洞	中心线位置偏移		5	用尺量测纵横两个方向的中心线位置，记录其中较大值
		洞口尺寸、深度		±5	用尺量测纵横两个方向尺寸，取其最大值
10	预留插筋	中心线位置偏移		3	用尺量测纵横两个方向的中心线位置，记录其中较大值
		外露长度		±5	用尺量
11	吊环	中心线位置偏移		10	用尺量测纵横两个方向的中心线位置，记录其中较大值
		留出高度		0，－10	用尺量
12	键槽	中心线位置偏移		5	用尺量测纵横两个方向的中心线位置，记录其中较大值
		长度、宽度		±5	用尺量
		深度		±5	用尺量
13	灌浆套筒及连接钢筋	灌浆套筒中心线位置		2	用尺量测纵横两个方向的中心线位置，记录其中较大值
		连接钢筋中心线位置		2	用尺量测纵横两个方向的中心线位置，记录其中较大值
		连接钢筋外露长度		＋10，0	用尺量测

6.2.20 装饰构件的装饰外观尺寸偏差和检验方法应符合设计要求；当设计无具体要求时，应符合表 6-4 的规定。

检查数量：按照进场检验批，同一规格（品种）的构件每次抽检数量不应少于该规格

（品种）数量的 10%，且不少于 5 件。

装饰构件外观尺寸允许偏差及检验方法　　表 6-4

项次	装饰种类	检查项目	允许偏差（mm）	检验方法
1	通用	表面平整度	2	2m 靠尺或塞尺检查
2	面砖、石材	阳角方正	2	用托线板检查
3		上口平直	2	拉通线用钢尺检查
4		接缝平直	3	用钢尺或塞尺检查
5		接缝深度	±5	用钢尺或塞尺检查
6		接缝宽度	±2	用钢尺检查

Ⅱ 预制构件安装与连接

主 控 项 目

6.2.21 预制构件安装临时固定及支撑措施应有效可靠，符合施工方案及相关技术标准要求。

检查数量：全数检查。

检查方法：观察检查。

6.2.22 预制构件与现浇结构，预制构件与预制构件之间的连接应符合设计要求。施工前应对接头施工进行工艺检验。

采用机械连接时，接头质量应符合现行行业标准《钢筋机械连接技术规程》JGJ 107 的要求；采用灌浆套筒时，接头抗拉强度及断后伸长率应符合现行行业标准《钢筋套筒灌浆连接应用技术规程》JGJ 355 的要求。

采用焊接连接时，接头质量应符合现行行业标准《钢筋焊接及验收规程》JGJ 18 的要求，检查焊接产生的焊接应力和温差是否造成预制构件出现影响结构性能的缺陷，对已出现的缺陷，应处理合格后，再进行混凝土浇筑。

检查数量：全数检查。

检查方法：观察，检查施工记录和检验报告。

6.2.23 装配式混凝土结构中预制构件的接头和拼缝处混凝土或砂浆的强度及收缩性能应符合设计要求。

检查数量：全数检查。

检查方法：观察，检查施工记录和检验报告。

6.2.24 钢筋连接用套筒灌浆料、浆锚搭接灌浆料配合比应符合产品使用说明书要求。

检查数量：全数检查。

检查方法：观察检查。

6.2.25 钢筋连接套筒灌浆、浆锚搭接灌浆应饱满，灌浆时灌浆料必须冒出溢流口；采用专用堵头封闭后灌浆料不应有任何外漏。

检查数量：全数检查。

检查方法：观察检查、检查灌浆施工质量检查记录。

6.2.26 施工现场钢筋连接用套筒灌浆料、浆锚搭接灌浆料应留置同条件成型并在标准条件养护的抗压强度试块，试块28d抗压强度应符合《钢筋连接用套筒灌浆料》JG/T 408及产品设计要求的规定。

检查数量：按检验批，以每层为一检验批；每工作班应制作一组且每层不应小于3组40 mm×40 mm×160 mm的长方体试件，标准养护28d后进行抗压强度试验。

检查方法：检查灌浆料强度试验报告及评定记录。

一 般 项 目

6.2.27 装配式结构施工后，预制构件位置、尺寸偏差及检验方法应符合设计要求；当设计无要求时，应符合表6-5的规定。预制构件与现浇结构连接部位的表面平整度应符合表6-5的规定。

检查数量：按楼层、结构缝或施工段划分检验批。在同一检验批内，对梁、柱，应抽查构件数量的10%，且不应少于3件；对墙和板应有代表性的自然间抽查10%，且不应少3间；对大空间结构，墙可按相邻轴线间高度5m左右划分检查面，板可按纵、横轴线划分检查面，检查10%，且均不应少于3面。

装配式结构构件位置和尺寸允许偏差及检验方法 **表6-5**

项目			允许偏差（mm）	检验方法
构件中心线对轴线位置	基础		15	经纬仪及尺量
	竖向构件（柱、墙、桁架）		8	
	水平构件（梁、板）		5	
构件标高	梁、墙、板底面或顶面		±3	水准仪或拉线、尺量
	柱底面或顶面		±5	
构件垂直度	柱、墙	≤ 6m	5	经纬仪或吊线、尺量
		> 6m	10	
构件倾斜度	梁、桁架		5	经纬仪或吊线、尺量
相邻构件平整度	板端面		5	2m靠尺和塞尺量测
	梁、板底面	抹灰	5	
		不抹灰	3	
	柱墙侧面	外露	5	
		不外露	8	

续表

项目		允许偏差（mm）	检验方法
构件搁置长度	梁、板	±10	尺量
支座、支垫中心位置	板、梁、柱、墙、桁架	10	尺量
墙板接缝	宽度	±5	尺量
	中心线位置	5	

6.2.28　装配式混凝土建筑的饰面外观质量应符合设计要求，并应符合现行国家标准《建筑装饰装修工程质量验收规范》GB 50210 的有关规定。

检查数量：全数检查。

检验方法：观察、对比量测。

Ⅲ预制构件节点、密封与防水

主 控 项 目

6.2.29　预制墙板拼接水平节点模板与预制构件间、构件与构件之间应粘贴密封条，节点处模板应在混凝土浇筑时不应产生明显变形和漏浆。

检查数量：全数检查。

检验方法：观察检查。

6.2.30　预制构件拼缝处防水材料应符合设计要求，并具有合格证及检测报告。必须提供防水密封材料进场复试报告。

检查数量：全数检查。

检验方法：观察，检查施工记录和检验报告。

6.2.31　密封胶应打注饱满、密实、连续、均匀、无气泡，宽度和深度符合要求。

检查数量：全数检查。

检验方法：观察检查、尺量。

一 般 项 目

6.2.32　预制构件拼缝防水节点基层应符合设计要求。

检查数量：全数检查。

检验方法：观察检查。

6.2.33　密封胶缝应横平竖直、深浅一致、宽窄均匀、光滑顺直。

检查数量：全数检查。

检验方法：观察检查。

6.2.34　防水胶带粘贴面积、搭接长度、节点构造应符合设计要求。

检查数量：全数检查。

检验方法：观察检查。

6.2.35 预制构件拼缝防水节点空腔排水构造应符合设计要求。

检查数量：全数检查。

检验方法：观察检查。

6.2.36 预制构件安装完毕后，必须进行淋水试验。

检查数量：全数检查。

检验方法：观察、检查现场淋水试验报告。

6.3 外围护工程

6.3.1 外围护部品应在验收前完成下列性能的试验和测试：

（1）抗风压性能、层间变形性能、耐撞击性能、耐火极限等实验室检测；

（2）连接件材性、锚栓拉拔强度等现场检测。

6.3.2 外围护部品验收根据工程实际情况进行下列现场试验和测试：

（1）饰面砖（板）的粘接强度测试；

（2）板接缝及外门窗安装部位的现场淋水试验；

（3）现场隔声测试；

（4）现场传热系数测试。

6.3.3 外围护部品应完成下列隐蔽项目的现场验收：

（1）预埋件；

（2）与主体结构的连接节点；

（3）与主体结构之间的封堵构造节点；

（4）变形缝及墙面转角处的构造节点；

（5）防雷装置；

（6）防火构造。

6.3.4 外围护系统的保温和隔热工程质量验收应按现行国家标准《建筑节能工程施工质量验收规范》GB 50411 的规定执行。

6.3.5 蒸压加气混凝土外墙板应按现行行业标准《蒸压加气混凝土建筑应用技术规程》JGJ/T 17 的规定进行验收。

6.3.6 幕墙应按现行行业标准《玻璃幕墙工程技术规范》JGJ 102、《金属与石材幕墙工程技术规范》JGJ 133 和《人造板材工程技术规范》JGJ 336 规定进行验收。

6.3.7 外围护系统的门窗工程、涂饰工程应按现行国家标准《建筑装饰装修工程质量验收规范》GB 50210 的规定进行验收。

6.3.8 屋面应按现行国家标准《屋面工程质量验收规范》GB 50207 的规定进行验收。

6.3.9 预制外墙质量验收

（1）主控项目

1）预制外墙板应符合设计要求和国家现行有关标准的规定，且应具有保温、隔热、防潮、阻燃、耐污染等性能。

检验方法：观察和检查检验报告、出厂检验报告、出厂合格证。

检查数量：同一工程、同一材料、同一型号、同一规格、同一批号检查一次。

2）构件型号、位置、节点锚固筋必须符合设计要求，且无变形损坏现象。

检验方法：观察和行走检查。

检查数量：应符合现行预制外墙验收指南相关要求。

3）预制外墙板防水构造作法必须符合设计要求。

4）基本项目：构件接头，捻缝作法，应符合设计要求和施工规范的规定。焊缝长度符合要求，表面平整，无凹陷、焊瘤、裂纹、气孔、夹渣及咬边。

（2）一般项目

1）预制外墙板表面洁净、色泽一致、接缝均匀、周边顺直无防水构造破损。

2）预制外墙板的允许偏差应符合表 6-6 的规定。

预制外墙板的允许偏差和检验方法　　表 6-6

项次	项目	允许偏差（mm）	检查方法
1	板高	±3	钢尺检查 3 点
2	板宽	±3	钢尺检查 3 点
3	板厚	±2	钢尺检查 6 点
4	肋宽	±4	钢尺检查 3 点
5	板正面对角线差	4	钢尺检查
6	板正面翘曲	L/1500	拉线，钢尺
7	板侧面侧向弯曲	2	拉线，钢尺
8	板正面面弯	L/1500	拉线，钢尺
9	角板相邻面夹角	±0.2°	角度测定样板

续表

项次	项目		允许偏差（mm）	检查方法
10	表面平整	清水混凝土	1	2m 靠尺，塞尺
		彩色混凝土	2	2m 靠尺，塞尺
		面砖饰面	2	2m 靠尺，塞尺
		石材饰面	2	2m 靠尺，塞尺
11	预埋件	中心位置偏移	3	钢尺检查
12		与混凝土面平	3	钢尺检查
13	预埋螺栓（孔）	中心位置偏移	2	钢尺检查
14		外露长度	±5	钢尺检查
15	预留孔洞	中心位置偏移	4	钢尺检查
16		尺寸	±3	钢尺检查

3）预制外墙板安装完成后表面进出平正、洁净、颜色一致，接缝平整。

6.3.10 建筑幕墙质量验收

（1）一般规定

1）单元框架的竖向和横向构件应有足够的刚度并可靠连接，单元部件应具有良好的整体刚度和结构牢固度，在组装和安装过程中不变形、不松动。

2）单元框架的构件连接和螺纹连接处应采取有效的防水和防松措施，工艺孔应采取防水措施。

3）插接型单元部件之间应有一定的搭接长度，竖向搭接长度不应小于 10mm，横向搭接长度不应小于 15mm。

4）单元连接件和单元锚固连接件的连接应具有三维可调节性，三个方向的调整量不应小于 20mm。

5）单元式幕墙的通气孔和排水孔处应用透水材料封堵。

6）单元式幕墙使用的玻璃、石材、金属板、人造板材等面板材料和粘结要求等应符合设计要求。

7）幕墙节能工程使用的各种材料性能应符合设计要求。

8）大型场馆及封闭式单元式玻璃幕墙工程，应设置紧急消防通道玻璃板块，并有明显的消防通道口标识。

9）单元式幕墙工程使用的材料及其性能指标复验内容应符合相关国家规范。

（2）主控项目

1）单元式幕墙工程所使用的各种材料、五金配件、构件和组件的质量，应符合设计文件要求。

检查数量：全数检查。

检查方法：核查材料、五金配件、构件和组件的产品合格证书、型式检验报告、进场验收记录和材料的复验报告。

2）单元式幕墙的造型和立面分格应符合设计要求。

检查数量：全数检查。

检查方法：观察检查。

3）幕墙的物理性能、热工性能应符合设计要求。

检查数量：全数检查。

检查方法：核查该幕墙工程的抗风压性能、气密性能、水密性能、平面位移性能等检测报告，单元式玻璃幕墙整体传热系数、玻璃传热系数、遮阳系数、可见光透射比、中空玻璃露点检测报告。非透明单元式幕墙核查节能设计计算书。

4）单元式幕墙与主体结构连接的各种预埋件、连接件、紧固件必须安装牢固，其数量、规格、位置、连接方法和防腐处理应符合设计要求。

检查数量：全数检查。

检查方法：观察检查，核查隐蔽工程验收记录和施工记录、后置锚栓拉拔试验报告。

5）各种连接件、紧固件的螺栓应有防松动措施；工艺孔应采取防水措施。

检查数量：全数检查。

检查方法：观察检查，核查隐蔽工程验收记录和施工记录。

6）焊接连接应符合设计要求和焊接规范的规定。

检查数量：全数检查。

检查方法：观察检查；核查隐蔽工程验收记录和施工记录。

7）单元式幕墙的各单元之间的周边连接、内表面与主体结构之间的连接节点、各种变形缝、墙角的连接节点应符合设计要求和技术标准的规定。

检查数量：全数检查。

检查方法：观察检查，核查隐蔽工程验收记录和施工记录。

8）单元间采用对插式组合构件时，纵横相交十字接口处应按照设计要求，采取可靠的防渗漏封口构造措施。

检查数量：全数检查。

检查方法：观察检查，核查隐蔽工程验收记录和施工记录。

9）单元式幕墙开启窗的配件应齐全，安装应牢固，挂钩式开启窗应有防脱落措施，安装位置和开启方向、角度应正确；开启应灵活，关闭应严密。

检查数量：不少于工程总数的 3% 且不少于 10 樘。

检查方法：观察检查、手板检查、开启和关闭检查。

10）单元式幕墙应无渗漏。

检查数量：开启部分不少于工程总数的 1% 且不少于 3 樘；固定部分取 3 个单元，每单元至少 2 个楼层高度、4 个分格。

检查方法：淋水试验或核查淋水试验记录，淋水试验方法按《建筑幕墙》GB/T 21086 相关规定进行。

11）单元式幕墙的防雷装置必须与主体结构的防雷装置有可靠的连接。

检查数量：全数检查。

检查方法：观察检查，核查隐蔽工程验收记录和施工记录。

12）防火层的厚度不应小于 100mm；防火层的材料应用矿棉等不燃材料，防火、保温材料填充应饱满、均匀；防火层的衬板应采用厚度不小于 1.5mm 的镀锌钢板；防火层的密封材料应采用防火密封胶。

检查数量：全数检查。

检查方法：观察检查；核查隐蔽工程验收记录和施工记录。

（3）一般项目

1）单元式幕墙表面应平整、洁净，整幅幕墙的色泽应均匀一致，不得有污染和镀膜损坏。

检查数量：全数检查。

检查方法：观察检查。

2）单元式幕墙的外露框应横平竖直，颜色、规格应符合设计要求。单元式幕墙的单元拼缝或隐框玻璃幕墙的分格玻璃拼缝应横平竖直、均匀一致。

检查数量：全数检查。

检查方法：观察检查、手板检查；核查进场检验记录。

3）单元式幕墙隐蔽节点的遮封装修应牢固、整齐、美观。

检查数量：全数检查。

检查方法：观察检查、手板检查。

4）对接型单元部件四周的密封胶条应周圈形成闭合，且在四个角部应连接成一体。

检查数量：全数检查。

检查方法：观察检查，核查进场检验记录。

5）插接型单元部件的密封胶条在两端头应留有防止胶条回缩的适当余量。

检查数量：全数检查。

检查方法：观察检查，核查进场检验记录。

6）单元式幕墙组装就位后允许偏差及检查方法应符合表 6-7 的规定。

检查数量：不少于工程总数的 5% 且不少于 10 个分格。

单元式幕墙组装就位后允许偏差及检查方法 **表 6-7**

序号	项目		允许偏差（mm）	检查方法
1	竖缝及墙面垂直度	高度≤ 30m	≤ 10	用全站仪或经纬仪或激光仪
		30m ＜高度≤ 60m	≤ 15	
		60m ＜高度≤ 90m	≤ 20	
		90m ＜高度≤ 150m	≤ 25	
		高度＞ 150m	≤ 30	
2	幕墙水平度	幕墙幅宽≤ 35m	≤ 5	用水平仪
		幕墙幅宽＞ 35m	≤ 7	
3	幕墙平面度		≤ 2.5	用 2m 靠尺

续表

序号	项目	允许偏差（mm）	检查方法
4	拼缝直线度	≤2.5	用 2m 靠尺
5	单元间接缝宽度（与设计值相比）	±2.0	用钢直尺
6	相邻两单元接缝面板高低差	≤1.0	用深度尺
7	单元对插配合间隙（与设计值相比）	＋1.00	用钢直尺
8	单元对插搭接长度	用钢直尺	用钢直尺

6.3.11 外门窗质量验收

（1）一般规定

门窗工程验收时应检查下列文件和记录：门窗工程的施工图、设计说明和其他设计文件；材料的产品合格证书、性能检验报告、进场验收记录和复验报告；隐蔽工程验收记录；施工记录。

（2）主控项目

1）门窗的品种、类型、规格、尺寸、性能、开启方向、安装位置、连接方式及门窗的型材壁厚应符合设计要求及国家现行标准的有关规定。门窗的防雷、防腐处理及填嵌、密封处理应符合设计要求。

检验方法：观察；尺量检查；检查产品合格证书、性能检验报告、进场验收记录和复验报告；检查隐蔽工程验收记录。

2）门窗框和附框的安装应牢固。预埋件及锚固件的数量、位置、埋设方式、与框的连接方式应符合设计要求。

检验方法：手板检查；检查隐蔽工程验收记录。

3）门窗扇应安装牢固、开关灵活、关闭严密、无倒翘。推拉门窗扇应安装防止扇脱落的装置。

检验方法：观察；开启和关闭检查；手板检查。

4）门窗配件的型号、规格、数量应符合设计要求，安装应牢固，位置应正确，功能应满足使用要求。

检验方法：观察；开启和关闭检查；手板检查。

（3）一般项目

1）门窗表面应洁净、平整、光滑、色泽一致，应无锈蚀、擦伤、划痕和碰伤。漆膜或保护层应连续。型材的表面处理应符合设计要求及国家现行标准的有关规定。

检验方法：观察。

2）门窗推拉门窗扇开关力不应大于 50N。

检验方法：用测力计检查。

3）门窗框与墙体之间的缝隙应填嵌饱满，并应采用密封胶密封。密封胶表面应光滑、顺直、无裂纹。

检验方法：观察；轻敲门窗框检查；检查隐蔽工程验收记录。

4）门窗扇的密封胶条或密封毛条装配应平整、完好，不得脱槽，交角处应平顺直。检验方法：观察；开启和关闭检查。

5）排水孔应畅通，位置和数量应符合设计要求。

检验方法：观察。

6）门窗安装的留缝限值、允许偏差和检验方法应符合表6-8的规定：

门窗安装的留缝限值、允许偏差和检验方法　表6-8

项次	项目		留缝限值（mm）	允许偏差（mm）	检验方法
1	门窗槽口宽度、高度	≤1500mm	—	2	用钢卷尺检查
		＞1500mm	—	3	
2	门窗槽口对角线长度差	≤2000mm	—	3	用钢卷尺检查
		＞2000mm	—	4	
3	门窗框的正、侧面垂直度		—	3	用1m垂直检测尺检查
4	门窗横框的水平度		—	3	用1m水平尺和塞尺检查
5	门窗横框标高		—	5	用钢卷尺检查
6	门窗竖向偏离中心		—	4	用钢卷尺检查
7	双层门窗内外框间距		—	5	用钢卷尺检查
8	门窗框、扇配合间隙		≤2	—	用塞尺检查
9	平开门窗框扇搭接宽度	门	≥6	—	用钢直尺检查
		窗	≥4	—	用钢直尺检查
	推拉门窗框扇搭接宽度		≥6	—	用钢直尺检查
10	无下框时门扇与地面间留缝		4～8	—	用塞尺检查

7）门窗安装的允许偏差和检验方法应符合表6-9的规定。

门窗安装的允许偏差和检验方法　表6-9

项次	项目		允许偏差（mm）	检验方法
1	门窗槽口宽度、高度	≤2000mm	2	用钢卷尺检查
		＞2000mm	3	
2	门窗槽口对角线长度差	≤2500mm	4	用钢卷尺检查
		＞2500mm	5	
3	门窗框的正、侧面垂直度		2	用1m垂直检测尺检查
4	门窗横框的水平度		2	用1m水平尺和塞尺检查
5	门窗横框标高		5	用钢卷尺检查

续表

项次	项目		允许偏差（mm）	检验方法
6	门窗竖向偏离中心		5	用钢卷尺检查
7	双层门窗内外框间距		4	用钢卷尺检查
8	推拉门窗扇与框搭接宽度	门	2	用钢直尺检查
		窗	1	

6.3.12　金属屋面质量验收

1）在完成金属屋面板的安装后，对已安装完成的金属屋面板的各项性能进行测试，以保证金属屋面板的防水、抗风等性能。

2）金属屋面板的质量检查标准（见表 6-10）：

金属屋面板的质量检查标准　　　　**表 6-10**

<table>
<tr><th colspan="4">项目内容</th><th>质量标准</th><th>检验方法</th><th>检查数量</th></tr>
<tr><td colspan="4">压型后，基本外观</td><td>不得有裂纹</td><td>观察和用 10 倍放大镜</td><td>逐批检查</td></tr>
<tr><td colspan="4">压型后金属板外观质量</td><td>合格：表面干净，无泥沙、大面积无明显凹凸和皱折
优良：表面干净、无油垢泥沙、无可察觉凹凸和皱折</td><td>观察检查</td><td>每批抽查 5%，但不应少于 10 件，且每卷板材不应少于 2 件</td></tr>
<tr><td colspan="4">有涂层或镀层的压型金属板表面质量</td><td>合格：涂层和镀层应无肉眼可见裂纹、剥落和擦痕等缺陷</td><td>观察检查</td><td>每批抽查 5%，但不应少于 10 件，且每卷板材不应少于 2 件</td></tr>
<tr><td colspan="4">尺寸偏差项目（mm）</td><td rowspan="7">合格：偏差值符合规定
优良：偏差值符合合格规定，其中有 50% 及以上的处（件），偏差绝对值小于规定的 50%</td><td rowspan="7">用钢尺检查</td><td rowspan="7">每批抽查 5%，但不应少于 10 件，且每卷板材不应少于 1 件</td></tr>
<tr><td colspan="4">波距 ±2.0</td></tr>
<tr><td rowspan="3">波高</td><td rowspan="2">压型钢板</td><td>$h \leqslant 70$</td><td>±1.5</td></tr>
<tr><td>$h > 70$</td><td>±2.0</td></tr>
<tr><td colspan="3">压型铝板 ±2.0</td></tr>
<tr><td colspan="3" rowspan="2">侧向弯曲
（在 L 范围内）</td><td>压型钢板 20.0</td></tr>
<tr><td>压型铝板 25.0</td></tr>
<tr><td rowspan="4">覆盖宽度</td><td colspan="2" rowspan="2">压型钢板</td><td>$h \leqslant 7$</td><td>允许偏差＋ 80.0，－ 2.0</td><td rowspan="4">用钢尺检查</td><td rowspan="4">每批抽查 5%，但不应少于 10 件，且每卷板材不应少于 1 件</td></tr>
<tr><td>$h > 7$</td><td>允许偏差＋ 5.0，－ 2.0</td></tr>
<tr><td colspan="2" rowspan="2">压型铝板</td><td>$h \leqslant 70$</td><td>允许偏差＋ 10.0，－ 2.0</td></tr>
<tr><td>$h > 70$</td><td>允许偏差＋ 7.0，－ 2.0</td></tr>
</table>

6.4 内装饰工程

（1）内装饰工程应按《建筑装饰装修工程质量验收规范》GB 50210、《建筑轻质条板隔墙技术规程》JGJ/T 157 和《公共建筑吊顶工程技术规程》JGJ 345 等国家、行业现行有关标准的规定进行验收。

（2）装配式隔墙分项工程的施工尺寸偏差及检验方法应符合设计要求；当设计无要求时，应符合本书表 6-11 ～表 6-14 的规定。

（3）装配式墙面的饰面板品种、规格、颜色和性能应符合设计要求；连接件的数量、规格、位置、连接方法和防腐处理应符合设计要求；安装尺寸偏差及检验方法应符合设计要求。

（4）集成吊顶安装的尺寸偏差及检验方法应符合设计要求，当设计无要求时，应符合本书表 6-18 的规定。

（5）架空地面施工质量应符合《建筑地面工程施工质量验收规范》GB 50209、《防静电活动底板通用规范》SJ/T 10796 的相关规定。

6.4.1 装配式隔墙

（1）本节适用于板材隔墙、骨架隔墙、活动隔墙和玻璃隔墙等分项工程的质量验收。

（2）隔墙工程验收时应检查下列文件和记录：

1）隔墙工程的施工图、设计说明及其他设计文件；

2）材料的产品合格证书、性能检验报告、进场验收记录和复验报告；

3）隐蔽工程验收记录；

4）施工记录。

（3）隔墙工程应对人造木板的甲醛释放量进行复验。

（4）隔墙工程应对下列隐蔽工程项目进行验收：

1）骨架隔墙中设备管线的安装及水管试压；

2）龙骨防腐处理；

3）预埋件或拉结筋；

4）龙骨安装；

5）填充材料的设置。

（5）板材隔墙和骨架隔墙每个检验批应至少抽查 10%，并不得少于 3 间，不足 3 间时应全数检查；活动隔墙和玻璃隔墙每个检验批应至少抽查 20%，并不得少于 6 间，不足 6 间时应全数检查。

（6）隔墙与顶棚和其他墙体的交接处应采取防开裂措施。

（7）民用建筑轻质隔墙工程的隔声性能应符合现行国家标准《民用建筑隔声设计规范》GB 50118 的规定。

I 板 材 隔 墙

主 控 项 目

（8）隔墙板材的品种、规格、颜色和性能应符合设计要求。有隔声、隔热、阻燃、防潮等特殊要求的工程，材料应有相应性能等级的检验报告。

检验方法：观察；检查产品合格证书、进场验收记录和性能检验报告。

（9）安装隔墙板材所需预埋件、连接件的位置、数量及连接方法应符合设计要求。

检验方法：观察；尺量检查；检查隐蔽工程验收记录。

（10）隔墙板材安装应牢固。

检验方法：观察；手板检查。

（11）隔墙板材所用接缝材料的品种及接缝方法应符合设计要求。

检验方法：观察；检查产品合格证书和施工记录。

（12）隔墙板材安装应位置正确，板材不应有裂缝或缺损。

检验方法：观察；尺量检查。

一 般 项 目

（13）板材隔墙表面应光洁、平顺、色泽一致，接缝应均匀、顺直。

检验方法：观察；手摸检查。

（14）隔墙上的孔洞、槽、盒应位置正确、套割方正、边缘整齐。

检验方法：观察。

（15）板材隔墙安装的允许偏差和检验方法符合表6-11的规定。

板材隔墙安装的允许偏差和检验方法 **表6-11**

序号	项目	允许偏差（mm）	检验方法
1	墙体轴线位移	5	用经纬仪或拉线和尺检查
2	表面平整度	3	用2m靠尺和楔形塞尺检查
3	立面垂直度	3	用2m垂直检测尺检查
4	接缝高低差	2	用直尺和楔形塞尺检查
5	阴阳角方正	3	用直角检测尺检查

Ⅱ 骨 架 隔 墙

主 控 项 目

（16）骨架隔墙所用龙骨、配件、墙面板、填充材料及嵌缝材料的品种、规格、性能和木材的含水率应符合设计要求。有隔声、隔热、阻燃和防潮等特殊要求的工程，材料应有相应性能等级的检验报告。

检验方法：观察；检查产品合格证书、进场验收记录、性能检验报告和复验报告。

（17）骨架隔墙的沿地、沿顶及边框龙骨应与基体结构连接牢固。

检验方法：手板检查；尺量检查；检查隐蔽工程验收记录。

（18）骨架隔墙中龙骨间距和构造连接方法应符合设计要求。骨架内设备管线的安装、门窗洞口等部位加强龙骨的安装应牢固、位置正确。填充材料的品种、厚度及设置应符合设计要求。

检验方法：检查隐蔽工程验收记录。

（19）骨架隔墙的墙面板应安装牢固，无脱层、翘曲、折裂及缺损。

检验方法：观察；手板检查。

（20）墙面板所用接缝材料的接缝方法应符合设计要求。

检验方法：观察。

一般项目

（21）骨架隔墙表面应平整光滑、色泽一致、洁净、无裂缝，接缝应均匀、顺直。

检验方法：观察；手摸检查。

（22）骨架隔墙上的孔洞、槽、盒应位置正确、套割吻合、边缘整齐。

检验方法：观察。

（23）骨架隔墙内的填充材料应干燥，填充应密实、均匀、无下坠。

检验方法：轻敲检查；检查隐蔽工程验收记录。

（24）骨架隔墙安装的允许偏差和检验方法应符合表 6-12 的规定。

骨架隔墙安装的允许偏差和检验方法 **表 6-12**

序号	项目	允许偏差（mm）	检验方法
1	立面垂直度	4	用 2m 垂直检测尺检查
2	表面平整度	3	用 2m 靠尺和塞尺检查
3	阴阳角方正	3	用直角检测尺检查
4	接缝直线度	3	拉 5m 线，不足 5m 拉通线，用钢直尺检查
5	压条直线度	3	拉 5m 线，不足 5m 拉通线，用钢直尺检查
6	接缝高低差	1	用钢直尺和塞尺检查

Ⅲ 玻璃隔墙

主控项目

（25）玻璃隔墙工程所用材料的品种、规格、图案、颜色和性能应符合设计要求。玻璃板隔墙应使用安全玻璃。

检验方法：观察；检查产品合格证书、进场验收记录和性能检验报告。

（26）玻璃板安装及玻璃砖砌筑方法应符合设计要求。

检验方法：观察。

（27）有框玻璃板隔墙的受力杆件应与基体结构连接牢固，玻璃板安装橡胶垫位置应正确。玻璃板安装应牢固，受力应均匀。

检验方法：观察；手推检查；检查施工记录。

（28）无框玻璃板隔墙的受力爪件应与基体结构连接牢固，爪件的数量、位置应正确，爪件与玻璃板的连接应牢固。

检验方法：观察；手推检查；检查施工记录。

（29）玻璃门与玻璃墙板的连接、地弹簧的安装位置应符合设计要求。

检验方法：观察；开启检查；检查施工记录。

一 般 项 目

（30）玻璃隔墙表面应色泽一致、平整洁净、清晰美观。

检验方法：观察。

（31）玻璃隔墙接缝应横平竖直，玻璃应无裂痕、缺损和划痕。

检验方法：观察。

（32）玻璃板隔墙嵌缝及玻璃砖隔墙勾缝应密实平整、均匀顺直、深浅一致。

检验方法：观察。

（33）玻璃隔墙安装的允许偏差和检验方法应符合表 6-13 的规定。

玻璃板隔墙安装的允许偏差和检验方法 **表 6-13**

序号	项目	允许偏差（mm）	检验方法
1	立面垂直度	2	用 2m 垂直检测尺检查
2	阴阳角方正	2	用直角检测尺检查
3	接缝直线度	2	拉 5m 线，不足 5m 拉通线，用钢直尺检查
4	接缝高低差	2	用钢直尺和塞尺检查
5	接缝宽度	1	用钢直尺检查

Ⅳ 活 动 隔 墙

主 控 项 目

（34）活动隔墙所用墙板、轨道、配件等材料的品种、规格、性能和人造木板甲醛释放量、燃烧性能应符合设计要求。

检验方法：观察；检查产品合格证书、进场验收记录、性能检验报告和复验报告。

（35）活动隔墙轨道应与基体结构连接牢固，并应位置正确。

检验方法：尺量检查；手板检查。

（36）活动隔墙用于组装、推拉和制动的构件应安装牢固、位置正确，推拉应安全、平稳、灵活。

检验方法：尺量检查；手板检查；推拉检查。

（37）活动隔墙的组合方式、安装方法应符合设计要求。

检验方法：观察。

一 般 项 目

（38）活动隔墙表面应色泽一致、平整光滑、洁净，线条应顺直、清晰。

检验方法：观察；手摸检查。

（39）活动隔墙上的孔洞、槽、盒应位置正确、套割吻合、边缘整齐。

检验方法：观察；尺量检查。

（40）活动隔墙推拉应无噪声。

检验方法：推拉检查

（41）活动隔墙安装的允许偏差和检验方法应符合表 6-14 的规定。

活动隔墙安装的允许偏差和检验方法 表 6-14

序号	项目	允许偏差（mm）	检验方法
1	立面垂直度	3	用 2m 垂直检测尺检查
2	表面平整度	2	用 2m 靠尺和塞尺检查
3	接缝直线度	3	拉 5m 线，不足 5m 拉通线，用钢直尺检查
4	接缝高低差	2	用钢直尺和塞尺检查
5	接缝宽度	2	用钢直尺检查

6.4.2 装配式内墙面

（1）本节适用于石材、陶瓷类墙面、木制品类墙面、金属制品类墙面等分项工程的质量验收。

（2）饰面板工程验收时应检查下列文件和记录：

1）饰面板工程的施工图、设计说明及其他设计文件；

2）材料的产品合格证书、性能检验报告、进场验收记录和复验报告；

3）后置埋件的现场拉拔检验报告；

4）满粘法施工的外墙石板和外墙陶瓷板粘结强度检验报告；

5）隐蔽工程验收记录；

6）施工记录。

（3）饰面板工程应对下列材料及其性能指标进行复验：

1）室内用花岗石板的放射性、室内用人造木板的甲醛释放量；

2）水泥基粘结料的粘结强度；

3）外墙陶瓷板的吸水率；

4）严寒和寒冷地区外墙陶瓷板的抗冻性。

（4）饰面板工程应对下列隐蔽工程项目进行验收：

1）预埋件（或后置埋件）；

2）龙骨安装；

3）连接节点；

4）防水、保温、防火节点；

（5）各分项工程的检验批应按下列规定划分：

1）相同材料、工艺和施工条件的室内饰面板工程每 50 间应划分为一个检验批，不足 50 间也应划分为一个检验批，大面积房间和走廊可按饰面板面积每 $30m^2$ 计为 1 间；

2）相同材料、工艺和施工条件的室外饰面板工程每 $1000m^2$ 应划分为一个检验批，不足 $1000m^2$ 也应划分为一个检验批。

（6）检查数量应符合下列规定：

1）室内每个检验批应至少抽查10%，并不得少于3间，不足3间时应全数检查；

2）室外每个检验批每100m² 应至少抽查一处，每处不得小于10%。

（7）饰面板工程的防震缝、伸缩缝、沉降缝等部位的处理应保证缝的使用功能和饰面的完整性。

Ⅰ 石材、陶瓷类墙面

主 控 项 目

（8）饰面板的品种、规格、颜色和性能应符合设计要求及国家现行标准的有关规定。

检验方法：观察；检查产品合格证书、进场验收记录、性能检验报告和复验报告。

（9）饰面板的孔、槽的数量、位置和尺寸应符合设计要求。

检验方法：检查进场验收记录和施工记录。

（10）饰面板安装工程的预埋件（或后置埋件）、连接件的材质、数量、规格、位置、连接方法和防腐处理应符合设计要求。后置埋件的现场拉拔力应符合设计要求。饰面板安装应牢固。

检验方法：手板检查；检查进场验收记录、现场拉拔检验报告、隐蔽工程验收记录和施工记录。

（11）采用满粘法施工的饰面板工程，板与基层之间的粘结料应饱满、无空鼓。饰面板粘结应牢固。

检验方法：用小锤轻击检查；检查施工记录；检查外墙饰面板粘结强度检验报告。

一 般 项 目

（12）饰面板表面应平整、洁净、色泽一致，应无裂痕和缺损。板材表面应无泛碱等污染。

检验方法：观察。

（13）饰面板填缝应密实、平直，宽度和深度应符合设计要求，填缝材料色泽应一致。

检验方法：观察；尺量检查。

（14）采用湿作业法施工的饰面板安装工程，板材应进行防碱封闭处理。板材与基体之间的灌注材料应饱满、密实。

检验方法：用小锤轻击检查；检查施工记录。

（15）饰面板上的孔洞应套割吻合，边缘应整齐。

检验方法：观察。

（16）石材、陶瓷类墙板安装的允许偏差和检验方法应符合表6-15的规定。

石材、陶瓷类墙板安装的允许偏差和检验方法　　**表6-15**

项次	检验项目	允许偏差（mm）			检验方法
		金属	石材复合板	木饰板	
1	表面平整度	3	2	1	用2m靠尺和塞尺检查
2	立面垂直度	2	2	1.5	用2m靠尺和塞尺检查

续表

项次	检验项目	允许偏差（mm）			检验方法
		金属	石材复合板	木饰板	
3	阴阳角方正	3	2	1.5	用直角检测尺检查
4	墙裙、勒脚上口直线度	2	2	2	拉 5m 线，不足 5m 拉通线，用钢直尺检查
5	接缝直线度	1	2	1	拉 5m 线，不足 5m 拉通线，用钢直尺检查
6	接缝高低差	1	0.5	0.5	用钢直尺和塞尺检查
7	接缝宽度	1	1	1	用钢直尺检查

Ⅱ 木制品类墙面

主 控 项 目

（17）木板的品种、规格、颜色和性能应符合设计要求及国家现行标准的有关规定。木龙骨、木饰面板的燃烧性能等级应符合设计要求。

检验方法：观察；检查产品合格证书、进场验收记录、性能检验报告和复验报告。

（18）木板安装工程的龙骨、连接件的材质、数量、规格、位置、连接方法和防腐处理应符合设计要求。木板安装应牢固。

检验方法：手板检查；检查进场验收记录、隐蔽工程验收记录和施工记录。

一 般 项 目

（19）木板表面应平整、洁净、色泽一致，应无缺损。

检验方法：观察。

（20）木板接缝应平直，宽度应符合设计要求。

检验方法：观察；尺量检查。

（21）木板上的孔洞应套割吻合、边缘应整齐。

检验方法：观察。

（22）木制品类墙板安装的允许偏差和检验方法应符合表 6-16 的规定。

木制品类墙板安装的允许偏差和检验方法 **表 6-16**

项次	检验项目	允许偏差（mm）			检验方法
		金属	石材复合板	木饰板	
1	表面平整度	3	2	1	用 2m 靠尺和塞尺检查
2	立面垂直度	2	2	1.5	用 2m 靠尺和塞尺检查
3	阴阳角方正	3	2	1.5	用直角检测尺检查
4	墙裙、勒脚上口直线度	2	2	2	拉 5m 线，不足 5m 拉通线，用钢直尺检查

续表

项次	检验项目	允许偏差（mm）			检验方法
		金属	石材复合板	木饰板	
5	接缝直线度	1	2	1	拉5m线，不足5m拉通线，用钢直尺检查
6	接缝高低差	1	0.5	0.5	用钢直尺和塞尺检查
7	接缝宽度	1	1	1	用钢直尺检查

Ⅲ 金属制品类墙面

主 控 项 目

（23）金属板的品种、规格、颜色和性能应符合设计要求及国家现行标准的有关规定。

检验方法：观察；检查产品合格证书、进场验收记录和性能检验报告。

（24）金属板安装工程的龙骨、连接件的材质、数量、规格、位置、连接方法和防腐处理应符合设计要求。金属板安装应牢固。

检验方法：手板检查；检查进场验收记录、隐蔽工程验收记录和施工记录。

一 般 项 目

（25）金属板表面应平整、洁净、色泽一致。

检验方法：观察。

（26）金属板接缝应平直，宽度应符合设计要求。

检验方法：观察；尺量检查。

（27）金属板上的孔洞应套割吻合，边缘应整齐。

检验方法：观察。

（28）金属制品类墙板安装的允许偏差和检验方法应符合表6-17的规定。

金属制品类墙面安装的允许偏差和检验方法　　表6-17

项次	检验项目	允许偏差（mm）			检验方法
		金属	石材复合板	木饰板	
1	表面平整度	3	2	1	用2m靠尺和塞尺检查
2	立面垂直度	2	2	1.5	用2m靠尺和塞尺检查
3	阴阳角方正	3	2	1.5	用直角检测尺检查
4	墙裙、勒脚上口直线度	2	2	2	拉5m线，不足5m拉通线，用钢直尺检查
5	接缝直线度	1	2	1	拉5m线，不足5m拉通线，用钢直尺检查
6	接缝高低差	1	0.5	0.5	用钢直尺和塞尺检查
7	接缝宽度	1	1	1	用钢直尺检查

6.4.3 装配式吊顶

（1）本节适用于集成吊顶、金属及金属复合吊顶等装配式吊顶的分项工程质量验收。

（2）吊顶工程验收时应检查下列文件和记录：

1）吊顶工程的施工图、设计说明及其他设计文件；

2）材料的产品合格证书、性能检验报告、进场验收记录和复验报告；

3）隐蔽工程验收记录；

4）施工记录。

（3）吊顶工程应对人造木板的甲醛释放量进行复验。

（4）吊顶工程应对下列隐蔽工程项目进行验收：

1）吊顶内管道、设备的安装及水管试压、风管严密性检验；

2）木龙骨防火、防腐处理；

3）埋件；

4）吊杆安装；

5）龙骨安装；

6）填充材料的设置；

7）反支撑及钢结构转换层。

（5）同一品种的吊顶工程每50间应划分为一个检验批，不足50间也应划分为一个检验批，大面积房间和走廊可按吊顶面积每30m^{2}计为1间。

（6）每个检验批应至少抽查10%，并不得少于3间，不足3间时应全数检查。

（7）安装龙骨前，应按设计要求对房间净高、洞口标高和吊顶内管道、设备及其支架的标高进行交接检验。

（8）吊顶工程的木龙骨和木面板应进行防火处理，并应符合有关设计防火标准的规定。

（9）吊顶工程中的埋件、钢筋吊杆和型钢吊杆应进行防腐处理。

（10）安装面板前应完成吊顶内管道和设备的调试及验收。

（11）吊杆距主龙骨端部距离不得大于300mm。当吊杆长度大于1500mm时，应设置反支撑。当吊杆与设备相遇时，应调整并增设吊杆或采用型钢支架。

（12）重型设备和有振动荷载的设备严禁安装在吊顶工程的龙骨上。

（13）吊顶埋件与吊杆的连接、吊杆与龙骨的连接、龙骨与面板的连接应安全可靠。

（14）吊杆上部为网架、钢屋架或吊杆长度大于2500mm时，应设有钢结构转换层。

（15）大面积或狭长形吊顶面层的伸缩缝及分格缝应符合设计要求。

主 控 项 目

（16）吊顶标高、尺寸、起拱和造型应符合设计要求。

检验方法：观察；尺量检查。

（17）吊杆、龙骨和饰面材料的材质、品种、规格、图案、颜色、安装间距及连接方式应符合设计要求，金属吊杆和龙骨应经过表面防腐处理。

检验方法：观察；尺量检查；检查产品合格证书、性能检测报告、进场验收记录和复验报告。

（18）吊杆、龙骨和饰面材料的安装必须牢固。如为明龙骨吊顶，饰面材料与龙骨的搭接宽度应大于龙骨受力面宽度的2/3。

检验方法：观察；尺量检查；手板检查；检查隐蔽工程验收记录和施工记录。

一 般 项 目

（19）饰面材料表面应洁净、色泽一致，不得有翘曲、裂缝及缺损。如为暗龙骨吊顶，压条应平直、宽窄一致。如为明龙骨吊顶，饰面板与明龙骨的搭接应平整、吻合，压条应平直、宽窄一致。

检验方法：观察；尺量检查。

（20）面板上的灯具、烟感器、喷淋头、风口箅子和检修口等设备设施的位置应合理、美观，与面板的交接应吻合、严密。

检验方法：观察。

（21）金属吊杆、龙骨的接缝应均匀一致，角缝应吻合，表面应平整，无翘曲、锤印，如为明龙骨吊顶，龙骨不得有划伤、擦伤等表面缺陷。

检验方法：观察；检查隐蔽工程验收记录和施工记录。

（22）吊顶内填充吸声材料的品种和铺设厚度应符合设计要求，并应有防散落措施。

检验方法：检查隐蔽工程验收记录和施工记录。

（23）块板面层吊顶工程安装的允许偏差和验证方法应符合表6-18的规定。

块板面层吊顶工程安装的允许偏差和检验方法　　表6-18

项次	项目	允许偏差（mm）		检验方法
		明龙骨	暗龙骨	
1	表面平整度	2	2	用2m靠尺和塞尺检查
2	接缝直线度	2	1.5	拉5m线，不足5m拉通线，用钢直尺检查
3	接缝高低差	1	1	用钢直尺和塞尺检查

6.4.4 装配式地面

（1）本节适用于架空地板等装配式地面分项工程的施工质量验收。

（2）架空地面施工质量应符合《建筑地面工程施工质量验收规范》GB 50209、《防静电活动地板通用规范》SJ/T 10796的相关规定。

（3）每检验批应以各子分部工程的基层（各构造层）和各类面层所划分的分项工程按自然间（或标准间）检验，抽查数量应随机检验不应少于3间；不足3间，应全数检查；其中走廊（过道）应以10延长米为1间，工业厂房（按单跨计）、礼堂、门厅应以两个轴线为1间计算。

（4）有防水要求的建筑地面子分部工程的分项工程施工质量每检验批抽查数量应按其房间总数随机检验不应少于4间，不足4间，应全数检查。

（5）活动地板所有的支座柱和横梁应构成框架一体，并与基层连接牢固；支架抄平后高度应符合设计要求。

（6）活动地板面层应包括标准地板、异形地板和地板附件（即支架和横梁组件）。采用的活动地板块应平整、坚实，面层承载力不应小于7.5MPa。

（7）活动地板面层的金属支架应支承在现浇水泥混凝土基层（或面层）上，基层表面应平整、光洁、不起灰。

（8）当房间的防静电要求较高，需要接地时，应将活动地板面层的金属支架、金属横梁连通跨接，并与接地体相连，接地方法应符合设计要求。

（9）活动板块与横梁接触搁置处应达到四角平整、严密。

（10）当活动地板不符合模数时，其不足部分可在现场根据实际尺寸将板块切割后镶补，并应配装相应的可调支撑和横梁。切割边不经处理不得镶补安装，并不得有局部膨胀变形情况。

（11）活动地板在门口处或预留洞口处应符合设置构造要求，四周侧边应用耐磨硬质板材封闭或用镀锌钢板包裹，胶条封边应符合耐磨要求。

（12）活动地板与柱、墙面接缝处的处理应符合设计要求，通风口处应选用异形活动地板铺贴。

（13）用于电子信息系统机房的活动地板面层，其施工质量检验尚应符合现行国家标准《电子信息系统机房施工及验收规范》GB 50462的有关规定。

主 控 项 目

（14）架空地板应符合设计要求和国家现行有关标准的规定，且应具有耐磨、防潮、阻燃、耐污染、耐老化和导静电等性能。

检验方法：观察检查和检查型式检验报告、出厂检验报告、出厂合格证。

检查数量：同一工程、同一材料、同一型号、同一规格、同一批号检查一次。

（15）架空地板面层应安装牢固，无裂纹、掉角和缺棱等缺陷。

检验方法：观察和行走检查。

检查数量：应符合现行国家标准《建筑地面工程施工质量验收规范》GB 50209。

（16）架空地板的支座必须位置正确，固定稳妥，横梁连接牢固，无松动。

检验方法：架空地板面层安装必须牢固，行走无声响，无摆动。

一 般 项 目

（17）活动地板面层应排列整齐、表面洁净、色泽一致、接缝均匀、周边顺直。

检验方法：观察；手摸检查。

（18）面板表面平正、洁净、颜色一致，无污染，反锈等缺陷。

（19）活动地板面层的允许偏差和检验方法应符合表6-19的规定。

活动地板面层的允许偏差和检验方法　　表6-19

项次	项目	允许偏差（mm）	检验方法
1	表面平整度	2.0	用2m靠尺和楔形塞尺检查
2	缝格平直	2.5	拉5m线和用钢尺检查
3	接缝高低差	0.4	用钢尺和楔形塞尺检查
4	板块间隙宽度	0.3	用钢尺检查

6.4.5 内门窗

（1）本章适用于木门窗、金属门窗、塑料门窗和特种门安装等分项工程的质量验收。金属门窗包括钢门窗、铝合金门窗和涂色镀锌钢板门窗等；特种门包括自动门、全玻门和旋转门等；门窗玻璃包括平板、吸热、反射、中空、夹层、夹丝、磨砂、钢化、防火和压花玻璃等。

（2）门窗工程验收时应检查下列文件和记录：

1）门窗工程的施工图、设计说明及其他设计文件；

2）材料的产品合格证书、性能检验报告、进场验收记录和复验报告；

3）特种门及其配件的生产许可文件；

4）隐蔽工程验收记录；

5）施工记录。

（3）门窗工程应对下列材料及其性能指标进行复验：

1）人造木板门的甲醛释放量；

2）建筑外窗的气密性能、水密性能和抗风压性能。

（4）门窗工程应对下列隐蔽工程项目进行验收：

1）预埋件和锚固件；

2）隐蔽部位的防腐和填嵌处理；

3）高层金属窗防雷连接节点。

（5）各分项工程的检验批应按下列规定划分：

1）同一品种、类型和规格的木门窗、金属门窗、塑料门窗和门窗玻璃每100樘应划分为一个检验批，不足100樘也应划分为一个检验批；

2）同一品种、类型和规格的特种门每50樘应划分为一个检验批，不足50樘也应划分为一个检验批。

（6）检查数量应符合下列规定：

1）木门窗、金属门窗、塑料门窗和门窗玻璃每个检验批应至少抽查5%，并不得少于3樘，不足3樘时应全数检查；高层建筑的外窗每个检验批应至少抽查10%，并不得少于6樘，不足6樘时应全数检查；

2）特种门每个检验批应至少抽查50 %，并不得少于10樘，不足10樘时应全数检查。

（7）门窗安装前，应对门窗洞口尺寸及相邻洞口的位置偏差进行检验。同一类型和规格外门窗洞口垂直、水平方向的位置应对齐，位置允许偏差应符合下列规定：

1）垂直方向的相邻洞口位置允许偏差应为10mm；全楼高度小于30m的垂直方向洞口位置允许偏差应为15mm，全楼高度不小于30mm的垂直方向洞口位置允许偏差应为20mm；

2）水平方向的相邻洞口位置允许偏差应为10mm；全楼长度小于30m的水平方向洞口位置允许偏差应为15mm，全楼长度不小于30m的水平方向洞口位置允许偏差应20mm。

（8）金属门窗和塑料门窗安装应采用预留洞口的方法施工。

（9）木门窗与砖石砌体、混凝土或抹灰层接触处应进行防腐处理，埋入砌体或混凝土中的木砖应进行防腐处理。

（10）当金属窗或塑料窗为组合窗时，其拼樘料的尺寸、规格、壁厚应符合设计要求。

（11）建筑外门窗安装必须牢固在砌体上安装门窗严禁采用射钉固定。

（12）推拉门窗扇必须牢固，必须安装防脱落装置。

（13）特种门安装除应符合设计要求外，还应符合国家现行标准的有关规定。

（14）门窗安全玻璃的使用应符合现行行业标准《建筑玻璃应用技术规程》JGJ 113 的规定。

（15）建筑外窗口的防水和排水构造应符合设计要求和国家现行标准的有关规定。

Ⅰ 木门窗

主控项目

（16）门窗的品种、类型、规格、尺寸、开启方向、安装位置、连接方式及性能应符合设计要求及国家现行产品标准的质量要求。

检验方法：观察；尺量检查；检查产品合格证书、性能检验报告、进场验收记录和复验报告；检查隐蔽工程验收记录。

（17）木质门窗应采用烘干的木材，含水率及饰面质量应符合国家现行标准的有关规定。

检验方法：检查材料进场验收记录，复检报告及性能检验报告。

（18）门窗的防火、防腐、防虫处理应符合设计要求。

检验方法：观察；检查材料进场验收记录。

（19）门窗框的安装应牢固。预埋木砖的防腐处理、门窗框固定点的数量、位置和固定方法应符合设计要求。

检验方法：观察；手板检查；检查隐蔽工程验收记录和施工记录。

（20）门窗扇应安装牢固、开关灵活、关闭严密、无倒翘。

检验方法：观察；开启和关闭检查；手板检查。

（21）门窗配件的型号、规格和数量应符合设计要求，安装应牢固，位置应正确，功能应满足使用要求。

检验方法：观察；开启和关闭检查；手板检查。

一般项目

（22）木门窗表面应洁净，不得有刨痕和锤印。

检验方法：观察。

（23）木门窗的割角和拼缝应严密平整。门窗框、扇裁口应顺直，刨面应平整。

检验方法：观察

（24）木门窗上的槽和孔应边缘整齐，无毛刺。

检验方法：观察。

（25）木门窗与墙体间的缝隙应填嵌饱满。严寒和寒冷地区外门窗（或门窗框）与砌体间的空隙应填充保温材料。

检验方法：轻敲门窗框检查；检查隐蔽工程验收记录和施工记录。

（26）木门窗批水、盖口条、压缝条和密封条安装应顺直，与门窗结合应牢固、严密。

检验方法：观察；手板检查。

（27）平开木门窗安装的留缝限值、允许偏差和检验方法应符合表 6-20 的规定。

平开木门窗安装的留缝限值、允许偏差和检验方法　　**表 6-20**

<table>
<tr><th>项次</th><th colspan="2">项目</th><th>留缝限值（mm）</th><th>允许偏差（mm）</th><th>检验方法</th></tr>
<tr><td>1</td><td colspan="2">门窗框的正、侧面垂直度</td><td>—</td><td>2</td><td>用 1m 垂直检测尺检查</td></tr>
<tr><td rowspan="2">2</td><td colspan="2">框与扇接缝高低差</td><td rowspan="2">—</td><td>1</td><td rowspan="2">用塞尺检查</td></tr>
<tr><td colspan="2">扇与扇接缝高低差</td><td>1</td></tr>
<tr><td>3</td><td colspan="2">门窗扇对口缝</td><td>1 ～ 4</td><td>—</td><td rowspan="3">用塞尺检查</td></tr>
<tr><td>4</td><td colspan="2">工业厂房、围墙双扇大门对口缝</td><td>2 ～ 7</td><td>—</td></tr>
<tr><td>5</td><td colspan="2">门窗扇与上框间留缝</td><td>1 ～ 3</td><td>—</td></tr>
<tr><td>6</td><td colspan="2">门窗扇与合页侧框间留缝</td><td>1 ～ 3</td><td>—</td><td rowspan="2">用塞尺检查</td></tr>
<tr><td>7</td><td colspan="2">室外门扇与锁侧框间留缝</td><td>1 ～ 3</td><td>—</td></tr>
<tr><td>8</td><td colspan="2">门扇与下框间留缝</td><td>3 ～ 5</td><td>—</td><td rowspan="2">用塞尺检查</td></tr>
<tr><td>9</td><td colspan="2">窗扇与下框间留缝</td><td>1 ～ 3</td><td>—</td></tr>
<tr><td>10</td><td colspan="2">双层门窗内外框间距</td><td>—</td><td>4</td><td>用钢直尺检查</td></tr>
<tr><td rowspan="5">11</td><td rowspan="5">无下框时门扇与地面间留缝</td><td>室外门</td><td>4 ～ 7</td><td>—</td><td rowspan="5">用钢直尺或塞尺检查</td></tr>
<tr><td>室内门</td><td rowspan="2">4 ～ 8</td><td rowspan="2">—</td></tr>
<tr><td>卫生间门</td></tr>
<tr><td>厂房大门</td><td rowspan="2">10 ～ 20</td><td rowspan="2">—</td></tr>
<tr><td>围墙大门</td></tr>
<tr><td rowspan="2">12</td><td rowspan="2">框与扇搭接宽度</td><td>门</td><td>—</td><td>2</td><td>用钢直尺检查</td></tr>
<tr><td>窗</td><td>—</td><td>1</td><td>用钢直尺检查</td></tr>
</table>

6.4.6　集成式卫生间、厨房

（1）集成式卫生间、厨房的材质、规格、型号及安装位置应符合设计要求。

（2）集成式卫生间、厨房所用材料应符合国家有关建筑装饰装修材料有害物质限量标准的规定，木质材料应按照设计要求和现行相关标准进行防火、防腐和防蛀处理，处理后所用材料的燃烧性能应符合现行国家标准《建筑内部装修设计防火规范》GB 50222 的相关规定。

（3）所有材料、构配件应有产品合格证书、使用说明书及相关性能的检验报告，并应按相应技术标准进行验收；进口产品应有出入境商品检验、检疫合格证明。

（4）整体式卫生间、厨房设计应遵循建筑、装修一体化的设计原则，推行装饰装修设计标准化、模数化、通用化。

（5）整体安装设备设施应垂直稳固，各部件安装应牢固，不应有松动、倾斜现象。

（6）整体卫生间、厨房内给排水系统应进水顺畅、排水通畅，不堵塞。

（7）整体式卫生间、厨房在施工过程中及交付前，应采用包裹、覆盖、贴膜等可靠措施对洁具、卫柜、橱柜等容易污染或损坏的成品、半成品进行保护。

Ⅰ 集成式卫生间

主控项目

（8）整体卫生间内部尺寸、功能应符合设计要求。

检验方法：观察；尺量检查；检查自检记录；隐蔽工程验收记录。

（9）整体卫生间面层材料的材质、品种、规格、图案、颜色应符合设计要求。

检验方法：观察；检查产品合格证书、性能检验报告、进场验收记录。

（10）整体卫生间的防水底盘、壁板和顶板的安装应牢固。

检验方法：观察；手板检查；检查隐蔽工程验收记录、施工记录及影像记录。

（11）整体卫生间所用金属型材、支撑构件应经过表面防腐处理。

检验方法：观察；检查产品合格证书。

一般项目

（12）整体卫生间防水盘、壁板和顶板的面层材料表面应洁净、色泽一致，不得有翘曲、裂缝及缺损。压条应平直、宽窄一致。

检验方法：观察；尺量检查。

（13）整体卫生间内的灯具、风口、检修口等设备设施的位置应合理，与面板的交接应吻合、严密。

检验方法：观察检查。

（14）整体卫生间壁板与外围墙体之间填充吸声材料的品种和铺设厚度应符合设计要求，并应有防散落措施。

检验方法：检查隐蔽工程验收记录、施工记录及影像记录。

（15）集成卫生间地面面层的坡度应符合设计要求，不倒泛水、无积水；与地漏、管道结合处应严密牢固、无渗漏。

检验方法：观察、泼水或用坡度尺及蓄水检查。

（16）整体卫生间安装的允许偏差和检验方法应符合表 6-21 的规定。

整体卫生间安装的允许偏差和检验方法 **表 6-21**

项目	允许偏差（mm）			检验方法
	防水盘[a]	壁板	顶板	
阴阳角方正	—	5	—	用 200mm 直角检测尺检查
立面垂直度	—	5	—	用 2m 垂直检测尺检查
表面平整度	—	5	5	用 2m 靠尺和塞尺检查
接缝直线度	1	1	1	拉通线，用钢直尺检查
接缝高低差	1	1	1	用钢直尺和塞尺检查
接缝宽度	1	2	2	用钢直尺检查

注：[a] 仅另做饰面的防水盘需进行检查。

Ⅱ 集成式厨房

主 控 项 目

（17）集成厨房的顶棚工程质量和检验方法，应符合现行行业标准《建筑用集成吊顶》JG/T 413 的规定。

（18）集成厨房的墙面工程质量和检验方法，应符合现行国家标准《建筑装饰装修工程质量验收规范》GB 50210 的规定。

（19）集成厨房的地面工程质量和检验方法，应符合装配式地面工程验收、《建筑装饰装修工程质量验收规范》GB 50210 的规定。

一 般 项 目

（20）集成厨房顶棚板、墙板及地面板的排列应合理、平整、美观。

检验方法：观察检查。

（21）集成厨房顶棚、墙面、地面的表面应平整、洁净、色泽一致，无裂痕和缺损。

检验方法：观察检查。

（22）集成厨房顶棚、墙面、地面的嵌缝应密实、平直，宽度和深度应符合设计要求，嵌填材料色泽应一致。

检验方法：观察；尺量检查。

（23）集成厨房墙面上的孔洞应套割吻合，边缘应整齐。

检验方法：观察检查。

（24）集成厨房安装工程的允许偏差和检验方法应符合表 6-22 的规定。

集成厨房安装工程的允许偏差和检验方法　　表 6-22

项次	项目	允许偏差（mm）			检验方法
		顶棚	墙面	地面	
1	表面平整度	2	3	2	用 2m 靠尺和塞尺检查
2	接缝直线度	1.5	2	1	拉 5m 线，不足 5m 拉通线，用钢直尺检查
3	接缝高低差	1	1	0.5	用钢直尺和塞尺检查
4	接缝宽度	—	1	1	用直角测尺检查
5	水平度	—	1	—	拉 5m 线，不足 5m
6	立面垂直度	—	2	—	用 2m 垂直检测尺检查
7	阴阳角方正	—	3	—	用钢直尺、塞尺检查

（25）集成厨房门窗及门窗套的安装质量验收应符合表 6-23 的规定。

门窗套安装的允许偏差和检验方法　　表 6-23

项次	项目	允许偏差（mm）	检验方法
1	上、侧面垂直度	3	用 1m 垂直检测尺检查
2	门窗套上口水平度	1	用 1m 水平检测尺和塞尺检查
3	门窗套上口直线度	3	拉 5m 线，不足 5m 拉通线，用钢直尺检查

6.4.7 细部工程

（1）本章适用于固定出轨制作与安装、窗帘盒制作与安装、门窗套制作与安装、护栏和扶手制作与安装、花饰制作与安装等分项工程的质量验收。

（2）细部工程验收时应检查下列文件和记录：

1）施工图、设计说明及其他设计文件；

2）材料的产品合格证书、性能检验报告、进场验收记录和复验报告；

3）隐蔽工程验收记录；

4）施工记录。

（3）细部工程应对花岗石的放射性和人造木板的甲醛释放量进行复验。

（4）细部工程应对下列部位进行隐蔽工程验收；

1）预埋件（或后置埋件）；

2）护栏与预埋件的连接节点。

（5）各分项工程的检验批应按下列规定划分：

1）同类制品每 50 间（处）应划分为一个检验批，不足 50 间（处）也应划分为一个检验批；

2）每部楼梯应划分为一个检验批。

（6）橱柜、窗帘盒、门窗套和室内花饰每个检验批应至少抽查 3 间（处），不足 3 间（处）时应全数检查；护栏、扶手和室外花饰每个检验批应全数检查。

Ⅰ 橱柜安装

主控项目

（7）橱柜制作与安装所用材料的材质、规格、性能、有害物质限量及木材的燃烧性能等级和含水率应符合设计要求及国家现行标准的有关规定。

检验方法：观察，检查产品合格证书、进场验收记录、性能检测报告和复验报告。

（8）橱柜安装预埋件或后置埋件的数量、规格、位置应符合设计要求。

检验方法：检查隐蔽工程验收记录和施工记录。

（9）橱柜的造型、尺寸、安装位置、制作和固定方法应符合设计要求。橱柜安装应牢固。

检验方法：观察；尺量检查、手板检查。

（10）橱柜配件的品种、规格应符合设计要求。配件应齐全，安装应牢固。

检验方法：观察；手板检查、检查进场验收记录。

（11）橱柜的抽屉和柜门应开关灵活、回位正确。

检验方法：观察；开启和关闭检查。

一般项目

（12）橱柜表面应平整、洁净、色泽一致，不得有裂缝、翘曲及损坏。

检验方法：观察。

（13）橱柜裁口应顺直、拼缝应严密。

检验方法：观察。

（14）橱柜安装的允许偏差和检验方法应符合表 6-24 的规定。

橱柜安装的允许偏差和检验方法　表 6-24

项次	项目	允许偏差（mm）	检验方法
1	外型尺寸	3	用钢尺检查
2	立面垂直度	2	用 1m 垂直检测尺检查
3	门与框架的平行度	2	用钢尺检查

Ⅱ　窗帘盒安装

主 控 项 目

（15）窗帘盒的制作与安装所使用材料的材质、规格、性能、有害物质限量及木材的燃烧性能等级和含水率应符合设计要求及国家现行标准的有关规定。

检验方法：观察；检查产品合格证书、进场验收记录、性能检测报告和复验报告。

（16）窗帘盒的造型、规格、尺寸、安装位置和固定方法必须符合设计要求。窗帘盒的安装应牢固。

检验方法：观察；尺量检查；手板检查。

（17）窗帘盒配件的品种、规格应符合设计要求，安装应牢固。

检验方法：手板检查；检查进场验收记录。

一 般 项 目

（18）窗帘盒表面应平整、洁净、线条顺直、接缝严密、色泽一致，不得有裂缝、翘曲及损坏。

检验方法：观察。

（19）窗帘盒与墙面、窗框的衔接应严密，密封胶缝应顺直、光滑。

检验方法：观察。

（20）窗帘盒安装允许偏差和检验方法应符合表 6-25 的规定。

窗帘盒安装允许偏差和检验方法　表 6-25

项次	项目	允许偏（mm）	检验方法
1	水平度	2	用 1m 水平尺和塞尺检查
2	上口、下口直线度	3	拉 5m 线，不足 5m 拉通线，用钢直尺检查
3	两端距离洞口长度差	2	用钢尺检查
4	两端出墙厚度差	3	用钢尺检查

Ⅲ　门窗套安装

主 控 项 目

（21）门窗套制作与安装所使用材料的材质、规格、花纹、颜色、性能、有害物质限量及木材的燃烧性能等级和含水率应符合设计要求及国家现行标准的有关规定。

检验方法：观察；检查产品合格证书、进场验收记录、性能检测报告和复验报告。

（22）门窗套的造型、尺寸和固定方法应符合设计要求，安装应牢固。

检验方法：观察；尺量检查；手板检查。

一 般 项 目

（23）门窗套表面应平整、洁净、线条顺直、接缝严密、色泽一致，不得有裂缝、翘曲及损坏。

检验方法：观察。

（24）门窗套安装的允许偏差和检验方法应符合表6-26的规定。

门窗套安装的允许偏差和检验方法 **表6-26**

项次	项目	允许偏差（mm）	检验方法
1	正、侧面垂直度	3	用1m垂直检测尺检查
2	门窗套上口水平度	1	用1m水平检测尺和塞尺检查
3	门窗套上口直线度	3	拉5m线，不足5m拉通线，用钢直尺检查

Ⅳ 护栏和扶手制作与安装

主 控 项 目

（25）护栏和扶手制作与安装所使用材料的材质、规格、数量和木材、塑料的燃烧性能等级应符合设计要求。

检验方法：观察；检查产品合格证书、进场验收记录和性能检测报告。

（26）护栏和扶手的造型、尺寸及安装位置应符合设计要求。

检验方法：观察；尺量检查；检查进场验收记录。

（27）护栏和扶手安装预埋件的数量、规格、位置以及护栏与预埋件的连接节点应符合设计要求。

检验方法：检查隐蔽工程验收记录和施工记录。

（28）栏杆高度、栏杆间距、安装位置必须符合设计要求。护栏安装必须牢固。

检验方法：观察；尺量检查；手板检查。

（29）栏板玻璃的使用应符合设计要求和现行行业标准《建筑玻璃应用技术规程》JGJ 113的规定。

检验方法：观察；尺量检查；检查产品合格证书和进场验收记录。

一 般 项 目

（30）护栏和扶手转角弧度应符合设计要求，接缝应严密，表面应光滑，色泽应一致，不得有裂缝、翘曲及损坏。

检验方法：观察；手摸检查。

（31）护栏和扶手安装的允许偏差和检验方法应符合表6-27的规定。

栏杆和扶手安装的允许偏差和检验方法　　表 6-27

项次	项目	允许偏差（mm）	检验方法
1	护栏垂直度	3	用 1m 垂直检测尺检查
2	栏杆间距	0，－6	用钢尺检查
3	扶手直线度	4	拉通线、用钢直尺检查
4	扶手高度	＋6，0	用钢尺检查

V　花饰制作与安装

主控项目

（32）花饰制作与安装所使用材料的材质、规格、性能、有害物质限量及木材的燃烧性能等级和含水率应符合设计要求及国家现行标准的有关规定。

检验方法：观察；检查产品合格证书、进场验收记录、性能检测报告和复验报告。

（33）花饰的造型、尺寸应符合设计要求。

检验方法：观察；尺量检查。

（34）花饰的安装位置和固定方法应符合设计要求，安装应牢固。

检验方法：观察；尺量检查；手板检查。

一般项目

（35）花饰表面应洁净，接缝应严密吻合，不得有歪斜、裂缝、翘曲及损坏。

检验方法：观察。

（36）花饰安装的允许偏差和检验方法应符合表 6-28 的规定。

花饰安装的允许偏差和检验方法　　表 6-28

项次	项目		允许偏差（mm）		检验方法
			室内	室外	
1	条型花饰的水平度或垂直度	每米	1	2	拉线和用 1m 垂直检测尺检查
		全长	3	6	
2	单独花饰中心位置偏移		10	15	拉线和用钢直尺检查

6.5　设备与管线工程

6.5.1　涉及建筑给水排水及供暖、通风与空调、建筑电气、智能建筑、建筑节能、电梯等安装的施工质量验收应按其对应的分部工程进行验收。

6.5.2　给排水及采暖工程的分部工程、分项工程、检验批质量验收等应符合现行国家标准《建筑给水排水及采暖工程施工质量验收规范》GB 50242 的有关规定。

6.5.3 电气工程的分部工程、分项工程、检验批质量验收等应符合现行国家标准《建筑电气工程施工质量验收规范》GB 50303 及《火灾自动报警系统施工及验收规范》GB 50166 的有关规定。

6.5.4 通风与空调工程的分部工程、分项工程、检验批质量验收等应符合现行国家标准《通风与空调工程施工质量验收规范》GB 50243 的有关规定。

6.5.5 智能建筑的分部工程、分项工程、检验批质量验收等除应符合本标准外，尚应符合现行国家标准《智能建筑工程施工质量验收规范》GB 50339 的有关规定。

6.5.6 预制构件的允许尺寸偏差及检验方法应符合下表的规定。预制构件有粗糙面时，与粗糙面有关的尺寸允许偏差可适当放松，详见表 6-29。

混凝土预制构件预留预埋允许偏差及检验方法　　表 6-29

<table>
<tr><th>构件类型</th><th colspan="3">检查项目</th><th>允许偏差（mm）</th><th>检验方法</th></tr>
<tr><td rowspan="10">预制板类构件</td><td rowspan="6">预埋部件</td><td rowspan="2">预埋钢板</td><td>中心线位置偏移</td><td>5</td><td>用尺量测纵横两个方向的中心线位置，记录其中较大值</td></tr>
<tr><td>平面高差</td><td>0，－5</td><td>用尺靠紧在预埋件上，用楔形塞尺量测预埋件平面与混凝土面的最大缝隙</td></tr>
<tr><td rowspan="2">预埋螺栓</td><td>中心线位置偏移</td><td>2</td><td>用尺量测纵横两个方向的中心线位置，记录其中较大值</td></tr>
<tr><td>外露长度</td><td>＋10，－5</td><td>用尺量</td></tr>
<tr><td rowspan="2">预埋线盒、电盒</td><td>在构件平面的水平方向中心位置偏差</td><td>10</td><td>用尺量</td></tr>
<tr><td>与构件表面混凝土高差</td><td>0，－5</td><td>用尺量</td></tr>
<tr><td rowspan="2">预留孔</td><td colspan="2">中心线位置偏移</td><td>5</td><td>用尺量测纵横两个方向的中心线位置，记录其中较大值</td></tr>
<tr><td colspan="2">孔尺寸</td><td>±5</td><td>用尺量测纵横两个方向尺寸，取其中最大值</td></tr>
<tr><td rowspan="2">预留洞</td><td colspan="2">中心线位置偏移</td><td>5</td><td>用尺量测纵横两个方向的中心线位置，记录其中较大值</td></tr>
<tr><td colspan="2">洞口尺寸、深度</td><td>±5</td><td>用尺量测纵横两个方向尺寸，取其中最大值</td></tr>
</table>

续表

构件类型	检查项目			允许偏差（mm）	检验方法
预制墙板类构件	预埋部件	预埋钢板	中心线位置偏移	5	用尺量测纵横两个方向的中心线位置，记录其中较大值
			平面高差	0，－5	用尺靠紧在预埋件上，用楔形塞尺量测预埋件平面与混凝土面的最大缝隙
	预埋部件	预埋螺栓	中心线位置偏移	2	用尺量测纵横两个方向的中心线位置，记录其中较大值
			外露长度	＋10，－5	用尺量
		预埋套筒、螺母	中心线位置偏移	2	用尺量测纵横两个方向的中心线位置，记录其中较大值
			平面高差	0，－5	用尺靠紧在预埋件上，用楔形塞尺量测预埋件平面与混凝土面的最大缝隙
	预留孔	中心线位置偏移		5	用尺量测纵横两个方向的中心线位置，记录其中较大值
		孔尺寸		±5	用尺量测纵横两个方向尺寸，取其中最大值
	预留洞	中心线位置偏移		5	用尺量测纵横两个方向的中心线位置，记录其中较大值
		洞口尺寸、深度		±5	用尺量测纵横两个方向尺寸，取其中最大值
预制梁柱桁架类构件	预埋部件	预埋钢板	中心线位置偏移	5	用尺量测纵横两个方向的中心线位置，记录其中较大值
			平面高差	0，－5	用尺靠紧在预埋件上，用楔形塞尺量测预埋件平面与混凝土面的最大缝隙
		预埋螺栓	中心线位置偏移	2	用尺量测纵横两个方向的中心线位置，记录其中较大值
			外露长度	＋10，－5	用尺量
	预留孔	中心线位置偏移		5	用尺量测纵横两个方向的中心线位置，记录其中较大值
		孔尺寸		±5	用尺量测纵横两个方向尺寸，取其中最大值
	预留洞	中心线位置偏移		5	用尺量测纵横两个方向的中心线位置，记录其中较大值
		洞口尺寸、深度		±5	用尺量测纵横两个方向尺寸，取其中最大值

6.5.7 支吊架制作、安装质量检查见表6-30。

支吊架制作、安装质量检查 表6-30

序号	主要检查内容	检查方法	判定标准
1	支吊架、膨胀螺栓型号的选用	目测，检查材料质量证明文件	支吊架型钢、膨胀螺栓型号选用根据各种管道、附件规格和重量进行受力分析，校核计算确定
2	支吊架的焊接	目测	焊接牢固、焊缝饱满，无夹渣
3	支吊架的防腐	目测	防锈漆涂刷均匀，无漏刷
4	支吊架设置、间距	目测、尺量	支吊架设置间距经载荷校核计算确定，满足设计要求
5	支吊架安装	目测、尺量	支吊架安装严格按照支吊架预制加工图纸施工，支吊架预制加工图纸，经过载荷校核计算，并经优化布置，满足设计要求

6.5.8 管道分段预制加工、安装质量检查见表6-31。根据管道工厂化预制加工图进行管道分段加工，编制分段预制加工技术交底，并交底到每一个作业人员，加工过程中，加强日常巡视，严把质量关。

管道分段预制加工、安装质量检查 表6-31

序号	主要检查内容	检查方法	判定标准
1	焊缝检查	目测	焊缝应满焊，高度不低于母材表面，与母材圆滑过渡，焊缝外观质量不低于《现场设备、工业管道焊接工程施工规范》GB 50236要求
2	法兰连接	目测、尺量	法兰垫片放在法兰的中心，不应偏斜，且不应凸入管内，其外边缘接近螺栓孔。法兰对接平行紧密，与管道中心线垂直，法兰螺栓长短一致，朝向一致，螺栓露出螺母部分不大于螺栓直径
3	管道安装位置	目测、尺量	对照空调水平面布置图、剖面图检查
4	隔热垫厚度及防腐情况	目测、尺量	与绝热层厚度一致，防腐良好
5	管道变径	目测	利于排气和泄水，对照BIM综合管线图纸检查

6.5.9 阀门及附件安装质量检查见表6-32。

阀门及附件安装质量检查 表6-32

序号	主要检查内容	检查方法	判定标准
1	阀门与附件	目测	按照设计文件检查执行
2	阀门安装位置	目测	严格按照设计文件及BIM综合管线图纸检查执行
3	过滤器及附件安装	目测	严格按照设计文件及BIM综合管线图纸检查执行
4	电动阀门安装	目测	执行机构与阀体一体安装

第七章 安全管理

7.1 一般规定

7.1.1 装配式混凝土结构施工应符合《装配式混凝土建筑技术标准》GB/T 51231、《建筑施工高处作业安全技术规范》JGJ 80、《建筑机械使用安全技术规程》JGJ 33、《施工现场临时用电安全技术规范》JGJ 46、《施工现场消防安全技术规范》GB 50720、《建筑施工脚手架安全技术统一标准》GB 51210 等现行标准的相关规定。

7.1.2 施工单位应建立健全各项安全管理制度，明确各职能部门的安全职责。应对施工现场定期组织安全检查，并对检查发现的安全隐患责令相关单位进行整改，对易发生安全事故的部位、环节实施动态监控，包括旁站监督等；施工现场应具有健全的装配式施工安全管理体系、安全交底制度、施工安全检验制度和综合安全控制考核制度。

7.1.3 施工单位应根据装配式混凝土结构工程的管理和施工技术特点，对从事预制构件吊装作业及相关人员进行安全培训与交底，明确预制构件进场、卸车、存放、吊装、就位各环节的作业风险，并制定防控措施。

7.1.4 工程设计单位应对与运输、安装有关的预埋件进行复核和确认。吊环宜采用 HPB300 级钢筋制作，严禁采用冷加工钢筋，对于 HPB300 钢筋，吊环应力不应大于 $65N/mm^2$，吊环锚入混凝土中的深度不应小于 30d（d 为吊环钢筋直径），且应焊接或绑扎在钢筋骨架上。构件吊装采用的其他形式吊件应符合现行国家标准要求。焊接采用的焊条型号应与主体金属力学性能相适应。

7.1.5 机械管理员应对机械设备的进场、安装、使用、退场等进行统一管理。吊装机械的选择应综合考虑最大构件重量、吊次、吊运方法、路径、建筑物高度、作业半径、工期及现场条件等所涉及安全因素。塔吊及其他吊装设备选型及布置应满足最不利构件吊装要求，并严禁超载吊装。

7.1.6 塔吊、施工升降机等附着装置宜设置在现浇部位，当无现浇部位时，应在构件深化设计阶段考虑附着预留。

7.1.7 安全技术管理应涵盖以下内容:

（1）装配式混凝土结构构件加工前，应由相关单位完成深化设计，深化设计应明确构件吊点、临时支撑支点、塔吊和施工机械附墙预埋件、脚手架拉结点等节点形式与布置，深化设计文件应经设计单位认可。

（2）施工单位应根据深化设计图纸对预制构件施工预留孔洞和预埋件进行检查。

（3）装配式混凝土结构施工前，应编制装配式混凝土结构施工安全专项方案、安全生产应急预案、消防应急预案等专项方案。

（4）装配式混凝土结构施工前应对预制构件、吊装设备、支撑体系等进行必要的施工验算，施工验算应包括以下内容：

1）预制构件按运输、堆放和吊装不同工况进行构件承载力验算；

2）吊装设备的吊装能力验算；

3）预制构件安装过程中施工临时载荷作用下，预制构件支撑系统和临时固定装置的承载力验算；

4）卸料平台施工过程中的承载力验算。

（5）采用新技术、新工艺、新材料、新设备的装配式建筑专用施工操作平台、高处临边作业防护设施时，应编制专项安全方案，专项方案应按规定通过专家论证。

（6）施工单位应针对装配式混凝土结构的施工特点对危险源进行识别，制定相应危险源识别内容和等级并予以公示，制定相对应的安全生产应急救援预案，并定期开展对重大危险源的检查工作。

装配式混凝土建筑结构施工常见的危险源有：预制构件出厂 / 运输 / 卸车 / 码放、预制构件吊运 / 移动、预制构件安装、工作面临边防护、独立支撑体系安装、外围护架体安装 / 拆除等，危险源等级评价可采用 D ＝ LEC 方法进行评估（L——发生事故或危险事件的可能性，E——暴露于这种危险环境的频率，C——事故一旦发生可能产生的后果）。

7.2 构件装卸与运输

7.2.1 平面交通布置

（1）场内行车道路应满足错车、运输车辆转弯半径等要求。

（2）当采用地下室顶板等部位设置行车道时，应有经过原结构设计单位确认的顶板支撑方案，支撑方案应报施工单位技术部门审批和监理单位批准。

7.2.2 构件装卸

（1）预制构件装卸时，应按照规定的顺序进行，确保车辆平衡，避免由于装卸顺序不合理导致车辆倾覆。

（2）预制构件卸车后，应将构件按编号或使用顺序，合理有序堆放于构件存放场地，并应设置临时固定措施或采用专用支承架存放，避免构件失稳造成构件倾覆。

7.2.3 构件运输

（1）构件运输前应根据构件尺寸、重量、数量、道路、场地情况等合理选用运输车辆和运输路线。对于超高、超宽、形状特殊的大型构件的运输，应制定安全保障措施，防止构件滑移或倾倒。

（2）应根据构件特点采用不同的运输方式，托架、靠放架、插放架应通过专项设计，并进行强度、刚度和稳定性验算。

（3）外墙板宜采用直立运输，外饰面层应朝外，梁、板、楼梯、阳台宜采用水平运输。

（4）当构件采用靠放架立式运输时，构件与地面倾斜角度宜大于 80°，构件应对称靠放，每侧不大于 2 层，构件层间上部采用木垫块隔离。

（5）当构件采用插放架直立运输时，应采取防止构件倾倒措施，构件之间应设置隔离垫块；车辆四周应设置构件外防护钢架，严禁构件无外防护措施运输。见图 7-1、图 7-2。

图 7-1　平板拖车插放架

图 7-2　平板拖车靠放架

（6）构件水平运输时，预制梁、柱构件叠放不宜超过 3 层，板类构件叠放不宜超过 6 层。并应在支点处绑扎牢固，在底板的边角部或与绳索接触处的混凝土，应采用衬垫加以保护。

（7）阳台板等异型构件运输时，应采取防止构件损坏的措施，车上应设有专用架，构建采用木方支撑，构件间接触部位用柔性垫片支撑牢固，不得有松动。

（8）运输车辆行驶过程中应根据运输构件情况、路况合理控制车速，通过弯道时严格控制车速，防止构件偏移引发车辆失控。

（9）施工场地内运输车辆应按指定路线行驶，严禁随意行驶、停放。

7.3　构件堆放

7.3.1　堆场布置

（1）按照总平面布置要求，分类设置预制构件专用堆场，避免交叉作业形成安全隐患。

（2）堆场应硬化平整，并应有排水措施。地基承载力需根据构件重量进行承载力验算，满足要求后方能堆放。在地下室顶板等部位设置的堆场，应有经过施工单位技术部门批准的支撑方案。

（3）现场构件堆场应按规格、品种、所用部位、吊装顺序分别设置，堆垛之间应设置通道。

（4）构件堆放区应设置隔离围栏，不得与其他建筑材料、设备混合堆放，防止搬运时相互影响造成伤害。

7.3.2　构件堆放管理

（1）施工单位应制定预制构件的堆放方案，其内容应包括运输次序、堆放场地、运输路线、固定要求、堆放支垫及成品保护措施等；对于超高、超宽、形状特殊的大型构件的运输和堆放应有专门的安全保证措施。见图 7-3。

（2）构件叠放层数应符合设计要求，无设计要求时应经过技术部门计算并经设计单位确认，防止构件堆放超限产生安全隐患。

图 7-3　预制阳台存放架

（3）插架应有足够的刚度和稳定性，相邻插架宜连成整体并定期进行检查。

（4）带有保温材料外墙构件存放处 2m 范围内不应进行动火作业。

（5）构件堆场周围应设置围栏，并悬挂安全警示牌。

7.4　构件安装

7.4.1　构件安装准备

（1）钢索、吊钩、吊环等吊具和相关组件，应严格依照相关生产商的使用说明书及现行规定使用。

（2）吊装工具宜标准化。构件的起吊辅助工具应通过专门设计和安全计算，制作工艺应符合行业相关要求并通过测试方可应用。

安全吊具选择可参照表 7-1。

安全吊具选择　　表 7-1

工具类型	工具图片（参考）	作用
工具式起吊		通过洞口上下吊点的分布传力，实现带洞口构件起吊
吊运钢梁		通过吊索在钢梁连接位置的调节，实现预制构件起吊时吊索与构件水平夹角角度的调整
拉钩		通过在楼层操作面勾取预制外墙缆风绳，实现预制构件由操作面外引入操作面内的需求
内置式吊环		通过与构件中埋置式接驳器连接，实现单件构件的起吊
埋置式接驳器（预埋吊钩）		通过预埋吊钩埋设，实现埋置式接驳器构件中的锚固要求

（3）预制构件吊具设置应保证预制构件能平衡起吊。

（4）当采用预埋吊环形式时，吊点应使用专用起吊卸夹；当采用埋置式接驳器专用吊具时，吊点应经过计算确认。

（5）应实施吊装令制度，安装作业开始前，应对安装作业区进行安全警示标志，并派专人看管，严禁与安装作业无关的人员进入。

（6）应配备满足吊装作业的相关人员，并撤离吊装区域非吊装作业人员。

（7）吊装前应对吊装钢丝绳、吊具、吊装预埋件、临时支撑、临时防护等进行安全检查。

（8）现场操作人员应做好自身安全防护措施。

7.4.2 构件吊运

（1）构件吊装应根据构件特征、重量、形状等选择合适的吊装方式和配套吊具。竖向构件起吊点不应少于 2 个，预制楼板起吊点应不少于 4 个。构件吊运过程中应保持平衡、稳定，吊具受力均衡。

（2）吊索与构件水平夹角不宜小于 60°，不应小于 45°；吊运过程应平稳，不应有大幅度摆动，且不应长时间悬停。

（3）吊装前应对钢丝绳等吊具进行检查，发现问题立即更换，严禁使用自编的钢丝绳接头及违规的吊具。

（4）起吊大型空间构件或薄壁构件前，应采取避免构件变形或损伤的临时加固措施。

（5）构件起吊后，应先将预制构件提升 300mm 左右，停稳构件，检查钢丝绳、吊具和预制构件状态，确认吊具安全且构件平稳后，方可缓慢提升构件。

（6）预制构件吊装应依次逐级增减速度，不应越档操作。

（7）预制构件起吊、就位时，可使用缆风绳控制构件转动。就位时应通过缆风绳改变预制构件方向，严禁直接用手扶预制构件。

（8）楼梯构件吊装时下端应设置控制绳，用于安装过程角度调整或障碍物躲避。

（9）构件落位前，应待预制构件降落至距作业面 1m 以内方准作业人员靠近。

（10）吊装就位的预制构件未得到可靠的支撑前不得脱钩。

7.4.3 竖向构件安装

（1）竖向构件采用临时支撑时，每个预制构件的临时支撑不宜少于 2 道，对预制柱、墙板的上部支撑，其支撑点距离底部的距离不宜小于高度的 2/3，且不应小于高度的 1/2。见图 7-4、图 7-5。

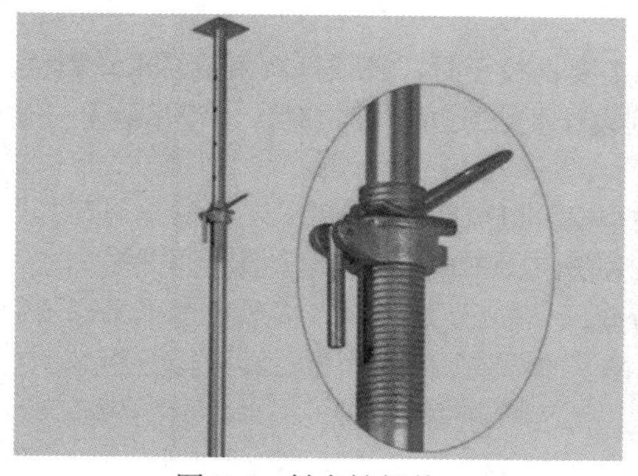

图 7-4 斜支撑杆件

图 7-5 斜支撑安装图

（2）采用螺栓连接的预制墙板，应在墙板螺栓连接可靠后卸去吊具。

（3）夹心保温外墙后浇混凝土连接节点区域的钢筋安装连接施工时，不得采用焊接连接，避免引起火灾。

（4）临时支撑体系的拆除应严格依照安全专项施工方案实施。对于预制剪力墙、柱的斜撑，在同层结构施工完毕、现浇段混凝土强度达到规定要求后方可拆除。

7.4.4 水平构件安装

（1）工具式钢管立柱、盘扣式支撑架等水平构件临时支撑措施应符合安全专项方案要求。见图 7-6、图 7-7。

图 7-6 U 形顶托

图 7-7 铝梁及独立支撑

（2）施工集中荷载应避开拼接位置。

（3）预制梁、楼板临时支撑体系的安装和拆除，应根据同层及上层结构施工过程中的受力要求确定拆除时间，在相应结构层施工完毕、现浇段混凝土强度达到规定要求后方可拆除。

（4）悬挑阳台板安装前应设置防倾覆支撑架，支撑架应在结构楼层混凝土达到设计强度要求并满足施工工况的承载力验算后，方可拆除支撑架。

（5）预制空调板安装时，板底应采用临时支撑措施。

7.4.5 其他要求

（1）预制构件固定之后不准随便撬动，如需要再校正时，必须再次吊装，重新就位。

（2）接头和拼缝处现浇混凝土强度未达到设计要求或规范规定时，不得吊装上一层结构构件。

（3）高空作业用安装工具均应有防坠落安全绳，以免坠落伤人。

（4）遇到雨、雪、雾天气，或者风力大于 5 级时，不得进行吊装作业。

（5）设备管道不得作为吊装或支撑的受力点。

7.5 模架与安全防护

7.5.1 工具式脚手架支撑系统

（1）在深化设计阶段，施工单位应结合装配式混凝土结构施工特点，完成脚手架的选型与搭设、拆除方案编制，做好预留预埋深化设计。

（2）脚手架搭设与拆除施工前，应编制专项施工方案，对材料、构配件质量应进行检验，并应向作业人员进行施工安全技术交底。

（3）脚手架的搭拆作业和使用应有保证安全的措施。

（4）脚手架的搭拆作业应由专业操作工担任，持证上岗。上岗人员应定期体检，凡不适合登高作业者，不得上架操作。

（5）脚手架应按专项施工方案规定的条件使用，作业层上严禁超载。

（6）严禁将承重支架、缆风绳、混凝土输送泵管、卸料平台及大型设备的支承件等固定在脚手架上。

（7）六级及以上大风天应停止架上作业；雨、雪、雾天应停止脚手架的搭拆作业；雨、雪、霜后上架作业应采取有效的防滑措施，并应扫除积雪。遇有五级以上风和雨雪天气，不得进行升降脚手架的升降作业。

（8）脚手架在使用期间，当遇见极端天气时，对架体应采用临时加固或防风措施。

（9）架体结构的主要受力杆件、加固件，在施工期间不得随意拆除；如因施工需要临时拆除时应有相应可靠的加固措施。

（10）作业脚手架外侧和承重支架作业层栏杆应采用安全防护措施，防止坠物伤人。

（11）在脚手架上进行电、气焊作业时，必须有防火措施和专人看护。

7.5.2 独立钢支柱支撑系统

（1）独立钢支柱支撑系统结构设计应依据现行国家标准《建筑结构可靠度设计统一标准》GB 50068、《建筑结构荷载规范》GB 50009、《混凝土结构设计规范》GB 50010 及《钢结构设计规范》GB 50017 的规定，应采用以概率理论为基础的极限状态设计方法，以分项系数设计表达式进行计算。

（2）独立支撑系统结构设计应采用两端铰接杆件的结构模型进行设计计算。

（3）独立支撑系统设计验算应包括下列内容：

1）独立支撑的强度验算；

2）独立支撑稳定性验算；

3）销栓抗剪验算；

4）销栓处钢管壁端面承压验算；

5）抗倾覆验算；

6）楼面承载力验算。

（4）独立支撑强度、稳定性及地基承载力的验算时，应按混凝土叠合受弯构件吊装时和混凝土浇筑时两种工况进行荷载组合。

（5）独立支撑采用三脚架稳固措施时，需要进行独立支撑的抗倾覆验算。

（6）独立支撑抗倾覆应按混凝土浇筑时的短暂设计工况进行验算。

（7）水平预制构件安装采用独立支撑时，应符合下列规定：

1）首层支撑架体的地基应平整坚实，宜采取硬化措施；

2）临时支撑的间距及其与墙、柱、梁边的净距应经设计计算确定；

3）叠合板预制底板下部支架宜选用定型独立支撑，竖向支撑间距应经计算确定，竖向连续支撑层数不宜少于 2 层且上下层支撑宜对准。

（8）竖向预制构件安装采用斜支撑时，应符合下列规定：

1）预制构件的临时支撑不宜少于 2 道；

2）对预制柱、墙板构件的上部斜支撑，其支撑点距离板底的距离不宜小于构件高度的 2/3，且不应小于构件高度的 1/2；斜支撑应与构件可靠连接；

3）构件安装就位后，可通过斜支撑对构件的位置和垂直度进行微调。

7.5.3　支撑系统的安装与拆除

（1）支撑系统安装应符合专项施工方案，宜按以下步骤进行：

1）支撑系统安装时应按图纸进行定位放线；

2）水平杆、三脚架等稳固措施应随独立支撑同步搭设，不得滞后安装；

3）将插管插入套管内，安装支撑头，并将独立支撑放置于指定位置；

4）根据支撑高度，选择合适的销孔，将销栓插入销孔内并固定；

5）调节可调螺母使支撑头上的楞梁顶至叠合板板底标高；

6）矫正纵横间距、立杆的垂直度、水平杆的水平度及支撑高度。

（2）支撑系统的拆除应符合下列规定：

1）支撑系统拆除作业前，装配式结构应保持不少于两层连续支撑，并应对支撑结构的稳定性进行检查确认；

2）独立支撑拆除前应经项目技术负责人同意方可拆除，拆除前混凝土强度应达到设计要求；当设计无要求时，混凝土强度应符合现行国家标准《混凝土结构工程施工质量验收规范》GB 50204 的相关规定；

3）拆除的支撑构配件应及时分类、指定位置存放。

7.5.4　安全防护

（1）装配式混凝土结构施工在绑扎柱、墙钢筋时，应采用专用登高设施，当高于围挡时，必须佩戴穿芯自锁保险带。

（2）安全防护采用围挡式安全隔离时，楼层围挡高度应不低于 1.50m，阳台围挡高度不应低于 1.10m，楼梯临边应加设高度不小于 0.9m 的临时栏杆。

（3）围挡式安全隔离，应与结构层有可靠连接，满足安全防护需要。

（4）安全防护采用操作架时，操作架应与结构有可靠的连接体系，操作架受力应满足计算要求。

（5）预制构件、操作架、围挡在吊升阶段，在吊装区域下方设置安全警示区域，安排专人监护，该区域不得随意进入。

（6）装配整体式结构施工现场应设置消防疏散通道、安全通道以及消防车通道。

（7）施工区域应配置消防设施和器材，设置消防安全标志，并定期检查、维修，消防设施和器材完好、有效。

（8）防护架的承载能力应按概率极限状态设计法的要求，采用分项系数设计表达式进行下列设计计算：

1）竖向桁架、三角臂及拉杆等钢结构构件强度的强度计算；

2）纵向、横向水平杆等受弯构件的强度和连接提件抗滑承载力计算;

3）竖向桁架、立杆以及三角臂的压杆稳定性计算。

（9）计算构件的强度、稳定性以及预埋件和焊缝强度时，应采用荷载效应组合的设计值，永久荷载分项系数应取 1.2，可变荷载分项系数应取 1.4。

（10）防护架中的受弯构件，应验算变形，验算构件变形时，应采用荷载标准值。

（11）外防护架体施工可按下列要求进行:

1）每层结构施工时，均应设置外防护架。超过两层时，可以采取两层外防护架体交替提升防护方式施工，如图 7-8 所示。

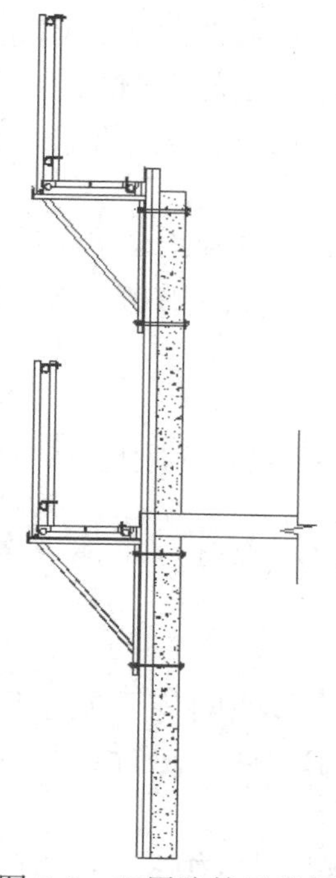

图 7-8　双层防护示意图

2）每一个承力架体上应设置上、下两套附墙螺栓杆件。

3）承力架上宜铺设钢制踏板，外侧设置防护栏杆，防护栏杆应形成封闭交圈。

4）多片承力架可以组合为一体，成为一个架体单位，架体单位上搭设脚手板、护栏等形成一个架体单元，每个架体单元可以整体提升。

5）架体附墙螺栓的螺母宜设置在墙体外侧，安装时螺栓从墙体里侧向外插入，套入螺母，从内侧旋转螺杆紧固。拆架体时从内侧反向旋转螺栓，拔出螺杆。安、拆过程中外侧架体上不得站人。

6）待最上层的墙体安装完毕后，下隔一层的外架方可以拆除，整体吊运到最上层已安装好的预制墙体上。

7）重复以上操作完成下一单元架体的安装。

8）架体拆除时须经过项目技术负责人员的同意，按后装先拆的次序进行。

第八章　绿色施工

8.1　一般规定

8.1.1　装配式混凝土建筑绿色施工应贯彻执行国家标准《建筑工程绿色施工评价标准》GB/T 50640 和《建筑工程绿色施工规范》GB/T 50905，以及行业和地方现行有关规范或标准、相关政策等，实现经济效益、社会效益和环境效益的统一。

8.1.2　装配式混凝土建筑应建立绿色施工管理体系，并在环境保护、节材与材料资源利用、节水与水资源利用、节能与能源利用、节地与施工用地保护等方面制定相应的管理制度与目标。

8.1.3　应大力推进装配式混凝土建筑绿色施工的新技术、新设备、新材料与新工艺。

8.1.4　装配式混凝土建筑施工前，应进行总体方案优化，充分考虑绿色施工的总体要求，为绿色施工提供基础条件。

8.1.5　编制绿色施工方案，绿色节能的施工质量应严格按照现行国家标准《建筑节能工程施工质量验收规范》GB 50411 执行。

8.1.6　应对施工策划、材料采购、现场施工、工程验收等各阶段绿色施工进行控制，加强对整个绿色施工过程的管理和监督。

8.1.7　装配式混凝土建筑施工中采用保温材料的品种、规格应符合设计要求，其性能应符合国家和地方现行有关标准的要求。

8.1.8　绿色施工节能产品应具有产品合格证、检验报告和检测机构出具的复验报告。

8.2　节材与材料资源利用

8.2.1　构件、部品采购范围宜在施工现场 200km 以内。

8.2.2　有条件的装配式结构，构件吊装施工宜采用节材型围挡安全防护。

8.2.3 选用耐用、可周转且维护与拆卸方便的调节杆、限位器等临时固定和校正工具。

8.2.4 预制阳台、叠合板、叠合梁等宜采用工具式支撑体系，提高周转率和使用效率。

8.2.5 贴面类材料构件在吊装前，应结合构件进行总体排版，减少非整块材料的数量，并宜与构件在工厂构件制作一次成型。

8.2.6 结构层现浇部分宜采用铝模体系，避免使用木模板，减少模板的投入量。

8.2.7 现场可以采用预制板临时道路和预制围墙，重复利用，减少建筑垃圾。

8.3 节水与水资源利用

8.3.1 建筑业用水主要包括两个方面：一是施工用水；二是生活用水。由于装配式建筑是采用预先在工厂生产的PC构件，构件厂在生产预制构件时采用的蒸汽养护，能较好控制养护时间和输气量，减少了混凝土构件的养护用水以及设备的冲洗用水。也减少了湿作业工作量，从而大量减少施工用水量。

8.3.2 施工现场设置消防水池集水，可用于储存雨水，循环利用。

8.4 节能与能源利用

8.4.1 根据构件类型进行组合运输，合理搭配，充分利用车辆空间。选用车辆适当，减少构件运输车辆耗能。

8.4.2 构件进场后，根据预制构件的吊装位置和工序，就近布置构件堆放场地，缩短吊装距离，避免或减少二次搬运。

8.4.3 选用功率与负载相匹配的施工机械设备。机电设备的配置可采用节电型机械设备，如逆变式电焊机和能耗低、效率高的手持电动工具等，以利节电；燃油机械设备宜使用节能型油料添加剂，在可能的情况下，考虑回收利用，节约油量。

8.4.4 各类预埋件和预留孔洞应与工厂化构件制作同步预留，不宜采用后续二次预埋和现场钻孔方式。

8.5　节地与施工用地保护

8.5.1　装配式混凝土结构施工总平面布置做到科学合理、紧凑。现场道路宜采用永久道路和临时道路相结合的原则布置，临时道路可采用预制PC道路板或租用钢制道路板（路基板）。

8.5.2　合理安排构件进场进度，避免过多占用施工场地。现场各类预制构件应分别集中堆放整齐，并悬挂标识牌，严禁乱堆乱放，不得占用施工临时道路，并做好防护隔离。

8.6　环境保护

8.6.1　预制构件运输和驳运过程中，应保持车辆的整洁，防止对道路的污染，减少道路扬尘，施工现场出口应设置洗车池。

8.6.2　装配式混凝土结构施工用的危险品、化学品存放处及污物排放应采取隔离措施，化学品和重金属污染品存放采取隔断和硬化处理，并做警示标识。

8.6.3　施工中产生的粘结剂、稀释剂等易燃、易爆化学制品的废弃物应及时收集送至指定存储器内并按规定回收，严禁未经处理随意丢弃和堆放。

8.6.4　装配式结构生产和施工应选用绿色、环保型建筑材料。采用外墙内保温系统时，其材料应符合室内环境要求。

8.6.5　应选用低噪声设备和性能完好的构件装配起吊机械进行施工，机械、设备应定期维护保养。

8.6.6　构件装配时，施工楼层与地面联系不得选用扩音设备，应使用对讲机等低噪声器具或设备。

8.6.7　装配式结构施工过程中，应对材料搬运、施工设备和机具作业等采取可靠的降低噪声措施，施工作业在施工场界的噪声级，应符合现行国家标准《建筑施工场界噪声限值》GB 12523的有关规定。

8.6.8　施工过程中，应采取光污染控制措施。可能产生强光的施工作业，应采取防护和遮挡措施。夜间施工时，应采取低角度灯光照明，防止光污染对周边居民的影响。

第九章　信息化施工

9.1　一般规定

9.1.1　装配式混凝土建筑施工宜采用信息化管理平台、BIM技术、互联网、物联网等信息化技术。

9.1.2　施工模型管理与应用应参照《建筑信息模型施工应用标准》GB/T 51235执行。

9.1.3　装配式混凝土建筑宜采用BIM技术进行技术集成，实现建筑施工全过程的信息化管理。

9.1.4　采用BIM技术时，宜根据企业发展战略、项目业务特点和参与各方BIM应用水平，确定项目BIM应用目标和应用范围。

9.2　策划与管理

9.2.1　装配式混凝土建筑项目宜根据企业和项目特点、合约要求、各相关方BIM应用水平等，确定BIM应用目标和应用范围。

9.2.2　项目相关方应事先制定BIM应用策划，并遵照策划完成BIM应用管理。

9.2.3　装配式混凝土建筑施工BIM应用策划应与项目整体计划协调一致。

9.2.4　装配式混凝土建筑施工BIM应用宜明确BIM应用基础条件，建立与BIM应用配套的人员组织结构和软硬件环境。

9.2.5　施工策划

装配式混凝土建筑施工BIM的策划应包括下列主要内容：

（1）工程概况；

（2）编制依据；

（3）预期目标和效益；

（4）内容和范围；

（5）人员组织和相应职责；

（6）实施流程；

（7）模型创建、使用和管理要求；

（8）信息交换要求；

（9）模型质量控制规则；

（10）进度计划和模型交付要求；

（11）基础技术条件要求，包括软硬件的选择，以及软件版本。

装配式混凝土建筑施工 BIM 的策划流程宜分“整体流程”和“详细流程”两个层次编制，并满足下列要求：

（1）整体流程。宜描述不同 BIM 应用之间的顺序关系、信息交换要求，并为每项 BIM 的应用指定责任方；

（2）详细流程。宜描述 BIM 应用的详细工作顺序，包括每项任务的责任方、参考信息和信息交换要求等。

装配式混凝土建筑施工 BIM 的策划宜按下列步骤进行：

（1）明确 BIM 为项目带来的价值，以及 BIM 应用的范围；

（2）以 BIM 应用流程图形式表述 BIM 应用过程；

（3）定义 BIM 应用过程中的信息交换需求；

（4）明确 BIM 应用的基础条件，包括：合同条款、沟通途径，以及技术和质量保障措施等。

装配式混凝土建筑施工 BIM 的策划应分发给项目各相关方，并纳入工作计划。

装配式混凝土建筑施工 BIM 策划调整应获得各相关方认可。

9.2.6 施工管理

（1）各相关方应明确装配式混凝土建筑施工 BIM 的应用管理责任、技术要求、人员及设备配置、工作内容、岗位职责、工作进度等。

（2）各相关方应基于装配式混凝土建筑施工 BIM 的策划，建立定期沟通、协商会议等协同机制；建立模型质量控制计划，规定模型细度、模型数据格式、权限管理和责任方，实施 BIM 的应用管理。

（3）模型质量控制宜包括下列内容：

1）浏览检查：保证模型反映工程实际；

2）拓扑检查：检查模型中不同模型元素之间相互关系；

3）标准检查：检查模型是否符合相应的标准规定；

4）信息核实：复核模型相关定义信息，并保证模型信息准确、可靠。

（4）装配混凝土建筑施工 BIM 的管理，宜结合 BIM 的应用目标，对 BIM 的应用效果进行定性或定量评价，并总结实施经验及改进措施。

9.3 模型管理

9.3.1 装配式混凝土建筑 BIM 的施工模型按工程实施维度，可划分为深化设计模型、施工模型、竣工模型。

9.3.2 装配式混凝土建筑BIM的施工模型应根据相关专业和任务的需要创建，其模型元素和模型细度应满足深化设计、施工过程和竣工验收等各项任务的要求。

9.3.3 装配式混凝土建筑BIM的施工模型可采用集成方式统一创建，也可采用分工协作方式按专业或任务分别创建。BIM的施工模型应采用全比例尺和统一的坐标系、原点、度量单位。

9.3.4 模型转换和传递过程中，应保证完整性，不应发生信息丢失或失真。

9.3.5 模型元素信息宜包括：尺寸、定位等几何信息；名称、规格型号、材料和材质、生产厂商、功能与性能技术参数，以及系统类型、连接方式、安装部位、施工方式等非几何信息。

9.3.6 模型创建

（1）深化设计模型。宜在施工图设计模型基础上，通过增加或细化模型元素创建。

（2）施工模型。宜在施工图设计模型或深化设计模型基础上创建。按照工作分解结构和施工方法对模型元素进行必要的切分或合并处理，并在施工过程中对模型及模型元素动态附加或关联施工信息。

（3）竣工模型。宜在施工过程模型基础上，根据项目竣工验收需求，通过增加或删除相关信息创建。

（4）若发生设计变更，应相应修改施工模型相关模型元素及关联信息，并记录工程及模型的变更信息。

（5）模型或模型元素的增加、细化、切分、合并、合模、集成等所有操作均应保证模型数据的正确性和完整性。

9.3.7 模型规定

（1）装配式混凝土建筑BIM的施工模型细度的划分，其等级代号应符合相关规定。

（2）土建、机电、钢结构、幕墙、装饰装修等深化设计模型，应支持深化设计、专业协调、施工工艺模拟、预制加工、施工交底等BIM应用。

（3）施工过程模型宜包括施工模拟、进度管理、成本管理、质量安全管理等模型，应支持施工模拟、混凝土预制构件加工、进度管理、成本管理、质量安全管理、竣工验收与交付等BIM应用。

（4）在满足BIM应用需求的前提下，宜采用较低的模型细度。

（5）在满足模型细度的前提下，可使用文档、图形、图像、视频等扩展模型信息。

（6）模型元素应具有统一的分类、编码和命名。模型元素信息的命名和格式应统一。

9.3.8 模型信息

（1）装配式混凝土建筑 BIM 的施工模型应满足项目各相关方协同工作的需要，支持各专业和各相关方获取、更新、管理信息。

（2）对于用不同软件创建的 BIM 的施工模型，宜应用开放或兼容数据交换格式，进行模型数据转换，实现各施工模型的合模或集成。

（3）共享模型元素应能被唯一识别，可在各专业和各相关方之间交换和应用。

（4）BIM 的施工模型应包括信息所有权的状态、信息的创建者与更新者、创建和更新的时间以及所使用的软件及版本。

（5）各相关方之间模型信息共享和互用协议应符合有关标准的规定。

（6）模型信息共享前，应进行正确性、协调性和一致性检查，并应满足下列要求：

1）模型数据已经过审核、清理；

2）模型数据是经过确认的最终版本；

3）模型数据内容和格式符合数据互用协议。

9.4 深化设计

9.4.1 装配式混凝土建筑结构、机电、幕墙、装饰装修等深化设计工作宜应用 BIM 技术。

9.4.2 深化设计应制定设计流程，确定模型校核方式、校核时间、修改时间、交付时间等。

9.4.3 深化设计软件应具备空间协调、工程量统计、深化设计图和报表生成等功能。

9.4.4 深化设计图除应包括二维图外，也可包括必要的模型三维视图。

9.4.5 结构深化设计

（1）装配式混凝土建筑结构中的预制构件平面布置、拆分、设计，以及节点设计等工作宜应用 BIM 技术。

（2）可基于施工图设计模型或施工图，以及预制方案、施工工艺方案等创建深化设计模型，完成预制构件拆分、预制构件设计、节点设计等设计工作，输出工程量清单、平立面布置图、节点深化图、构件深化图等。

（3）预制构件拆分时，其位置、尺寸等信息可依据施工吊装设备、运输设备和道路条件、预制厂家生产条件等因素，按照标准模数确定。

（4）可应用深化设计模型进行安装节点碰撞检查、专业管线及预留预埋之间的碰撞检查、施工工艺的碰撞检查和安装可行性验证。

（5）装配式混凝土建筑结构深化设计模型除包括施工图设计模型元素外，还应包括预埋件和预留孔洞、节点和临时安装措施等类型的模型元素。

（6）装配式混凝土建筑结构深化设计阶段的交付成果宜包括深化设计模型、专业协调分析报告、设计说明、平立面布置图，以及节点、预制构件深化图和计算书等。

（7）装配式混凝土建筑结构深化设计 BIM 软件宜具有下列专业功能：

1）预制构件拆分；

2）预留预埋件设计；

3）模型的碰撞检查；

4）深化图生成。

9.4.6 机电深化设计

（1）机电深化设计中的专业协调、管线综合、参数复核、支吊架设计、机电末端和预留预埋定位等工作宜应用 BIM 技术。

（2）机电深化设计的 BIM 模型，可基于施工图设计模型或建筑、结构和机电专业设计文件创建机电深化设计模型，完成机电多专业模型综合，校核系统合理性，输出工程量清单、机电管线综合图、机电专业施工深化图和相关专业配合条件图等。

（3）深化设计过程中，应在模型中补充或完善设计阶段未确定的设备、附件、末端等模型元素。

（4）管线综合布置完成后应对系统参数进行复核，复核的参数包括水泵扬程及流量、风机风压及风量、管线截面尺寸、支架受力、冷热负荷、灯光照度等。

（5）机电深化设计模型元素宜在施工图设计模型元素基础上，有具体的尺寸、标高、定位和形状，并应补充必要的专业信息和产品信息。

（6）机电深化设计的 BIM 模型应包括给水排水、暖通空调、电气等各系统的模型元素，以及支吊架、减震设施、套管等用于支撑和保护的相关模型元素。同一系统的模型元素之间应保持连续。

（7）机电深化设计模型可按专业、楼层、功能区域等进行组织。

（8）机电深化设计的 BIM 模型交付成果宜包括机电深化设计模型、碰撞检查分析报告、工程量清单、机电深化设计图等。

（9）机电深化设计图宜包括内容：

1）管线综合图；

2）综合预留预埋图；

3）设备运输路线图及相关专业配合条件图；

4）机电专业施工图；

5）局部详图、大样图。

（10）机电深化设计 BIM 软件宜具有下列专业功能：

1）管线综合；

2）参数复核计算；

3）模型的碰撞检查；

4）深化设计图生成；

5）具备与厂家真实产品对应的构件库。

9.5　施工模拟

9.5.1　装配式混凝土建筑 BIM 的施工模拟前，应确定 BIM 应用内容、BIM 应用成果分阶段（期）交付的计划，并应对项目中需基于 BIM 技术进行模拟的重点和难点进行分析。

9.5.2　涉及施工难度大、复杂及采用新技术、新材料的施工组织和施工工艺宜应用 BIM 技术。

9.5.3　施工组织模拟

（1）施工组织中的工序安排、资源组织、平面布置、进度计划等工作宜应用 BIM 技术。

（2）装配式混凝土建筑 BIM 的施工组织模拟，可基于上游模型和施工图、施工组织设计文档等创建施工组织模型，并将工序安排、资源组织和平面布置等信息与模型关联，输出施工进度、资源配置等计划，指导模型、视频、说明文档等成果的制作。

（3）装配式混凝土建筑 BIM 的施工组织模拟前，应制订工程初步实施计划，形成施工顺序和时间安排。

（4）上游模型根据项目所处阶段可为设计模型或深化设计模型。

（5）宜根据模拟需要将施工项目的工序安排、资源组织和平面布置等信息附加或关联到模型中，并按施工组织流程进行模拟。

（6）工序安排模拟通过结合项目施工工作内容、工艺选择及配套资源等，明确工序间的搭接、穿插等关系，优化项目工序组织安排。

（7）资源组织模拟通过结合施工进度计划、合同信息以及各施工工艺对资源的需求等，优化资源配置计划。

（8）平面组织模拟宜结合施工进度安排，优化各施工阶段的塔吊布置、现场车间加工布置以及施工道路布置等，满足施工需求的同时，避免塔吊碰撞、减少二次搬运、保证施工道路畅通等问题。

（9）施工模拟过程中应及时记录出现的工序安排、资源配置、平面布置等方面不合理的问题，形成施工组织模拟问题分析报告等指导文件。

（10）装配式混凝土建筑 BIM 的施工组织模拟后，宜根据模拟成果对工序安排、资源配置、平面布置等进行协调、优化，并将相关信息更新到模型中。

（11）施工组织模型除应包括设计模型或深化设计模型元素外，还应包括场地布置、周边环境等类型的模型元素。

（12）装配式混凝土建筑 BIM 的施工组织模拟成果宜包括施工组织模型、虚拟漫游文件、施工组织优化报告等。施工组织优化报告应包括施工进度计划优化报告及资源配置优化报告等。

（13）施工组织模拟 BIM 软件宜具有下列专业功能：

1）工作面区域模型划分；

2）将施工进度计划及资源配置计划等相关信息与模型关联；

3）进行碰撞检查（包括空间冲突和时间冲突检查）和净空检查等；

4）对项目所有冲突进行完整记录；

5）输出模拟报告以及相应的可视化资料。

9.5.4 施工工艺模拟

（1）建筑施工中的土方工程、大型设备及构件安装（吊装、滑移、提升等）、垂直运输、脚手架工程、模板工程等施工工艺模拟宜应用 BIM 技术。

（2）装配式混凝土建筑 BIM 的施工工艺模拟，可基于施工组织模型和施工图创建施工工艺模型，并将施工工艺信息与模型关联，输出资源配置计划、施工进度计划等，指导模型创建、视频制作、文档编制等工作。

（3）装配式混凝土建筑 BIM 的施工工艺模拟前，应完成相关施工方案的编制，确认工艺流程及相关技术要求。

（4）土方工程施工工艺模拟可通过综合分析土方开挖量、土方开挖顺序、土方开挖机械数量安排、土方运输车辆运输能力、基坑支护类型及对土方开挖要求等因素，优化土方工程施工工艺，并可进行可视化展示或施工交底。

（5）模板工程施工工艺模拟可优化确定模板数量、类型、支设流程和定位、结构预埋件定位等信息，并可进行可视化展示或施工交底。

（6）临时支撑施工工艺模拟可优化确定临时支撑位置、数量、类型、尺寸和受力信息，可结合支撑布置顺序、换撑顺序、拆撑顺序进行可视化展示或施工交底。

（7）大型设备及构件安装工艺模拟可综合分析墙体、障碍物等因素，优化确定对大型设备及构件到货需求的时间点和吊装运输路径等，并可进行可视化展示或施工交底。

（8）复杂节点施工工艺模拟可优化确定节点各构件尺寸，各构件之间的连接方式和空间要求，以及节点的施工顺序，并可进行可视化展示或施工交底。

（9）垂直运输施工工艺模拟可综合分析运输需求，垂直运输器械的运输能力等因素，结合施工进度优化确定垂直运输组织计划，并可进行可视化展示或施工交底。

（10）脚手架施工工艺模拟可综合分析脚手架组合形式、搭设顺序、安全网架设、连墙杆搭设、场地障碍物等因素，优化脚手架方案，并可进行可视化展示或施工交底。

（11）预制构件预拼装施工工艺模拟包括机电预制构件、幕墙以及混凝土预制构件等，可综合分析连接件定位、拼装部件之间的搭接方式、拼装工作空间要求以及拼装顺序等因素，检验预制构件加工精度，并可进行可视化展示或施工交底。

（12）装配式混凝土建筑 BIM 的施工工艺模拟过程中，宜将涉及的时间、工作面、人力、施工机械及其工作面要求等组织信息与模型进行关联。

（13）施工模拟过程中，宜及时记录模拟过程中出现的工序交接、施工定位等问题，形成施工模拟分析报告等方案优化指导文件。

（14）根据模拟成果进行协调优化，并将相关信息同步更新或关联到模型中。

（15）施工工艺模拟模型可从已完成的施工组织设计模型中提取，并根据需要进行补充完善，也可在施工图、设计模型或深化设计模型基础上创建。

（16）装配式混凝土建筑 BIM 的施工工艺模拟前，应明确所涉及的模型范围，根据模拟任务需要调整模型，并满足下列要求：

1）模拟过程涉及尺寸碰撞的，应确保足够的模型细度及所需工作面大小。

2）模拟过程涉及其他施工穿插，应保证各工序的时间逻辑关系。

3）模型还应满足除上述 1）、2）款以外对应专项施工工艺模拟的其他要求。

（17）施工工艺模拟 BIM 成果宜包括：施工工艺模型、施工模拟分析报告、可视化资料等。

（18）施工工艺模拟 BIM 软件宜具有下列专业功能：

1）将施工进度计划以及成本计划等相关信息与模型关联；

2）实现模型的可视化、漫游及实时读取其中包括的项目信息；

3）进行时间和空间冲突检查；

4）计算分析及设计功能；

5）对项目所有冲突进行完整记录；

6）输出模拟报告以及相应的可视化资料。

9.6 进度管理

9.6.1 工程施工中的进度计划编制和进度控制等工作宜应用 BIM 技术。

9.6.2 装配式混凝土建筑 BIM 进度计划的编制，应根据项目特点和进度控制需求，编制不同深度、不同周期的进度计划。

9.6.3 装配式混凝土建筑 BIM 进度计划应用过程中，应对实际进度的原始数据进行收集、整理、统计和分析，并将实际进度信息附加或关联到进度计划模型。

9.6.4 进度计划编制

（1）装配式混凝土建筑 BIM 进度计划的 WBS 创建、计划编制、与进度相对应的工程量计算、资源配置、进度计划优化、进度计划审查、形象进度可视化等工作宜应用 BIM 技术。

（2）装配式混凝土建筑 BIM 进度计划应用中，可基于项目特点创建工作分解结构，并编制进度计划，可基于深化设计模型创建进度管理模型，基于定额完成工程量和资源配置、进度计划优化，通过进度计划审查形成进度管理模型。

（3）将项目按整体工程、单位工程、分部工程、分项工程、施工段、工序依次分解，最终形成完整的工作分解结构，并满足下列要求：

1）工作分解结构中的施工段可表示施工作业空间或局部模型，支持与模型关联；

2）工作分解结构宜达到可支持制定进度计划的详细程度，并包括任务间关联关系；

3）在工作分解结构基础上创建的信息模型应与工程施工的区域划分、施工流程对应。

（4）依据验收的先后顺序，明确划分项目的施工任务及节点；按照施工部署要求，确定工作分解结构中每个任务的开、竣工日期及关联关系，并确定下列信息：

1）里程碑节点及其开工、竣工时间；

2）结合任务间的关联关系、任务资源、任务持续时间以及里程碑节点的时间要求，编制进度计划，明确各个节点的开竣工时间以及关键线路。

（5）装配式混凝土建筑 BIM 进度管理模型，应根据工作分解结构对导入的深化设计模型或预制加工模型进行切分或合并处理，并将进度计划与模型关联。

（6）宜基于进度管理模型估算各任务节点的工程量，并在模型中附加或关联定额信息。

（7）进度计划优化宜按照下列工作步骤和内容进行：

1）根据企业定额和历史数据，并结合管理人员在同类工程中的工期与进度方面的工程管理水平，确定工作持续时间；

2）根据工程量、用工数量及持续时间等信息，检查进度计划是否满足约束条件，是否达到最优；

3）若改动后的进度计划与原进度计划的总工期、节点工期冲突，则需与各专业工程师共同协商。过程中需充分考虑施工逻辑关系，各施工工序所需的人、材、机，以及当地自然条件等因素。重新调整优化进度计划，将优化的进度计划信息附加或关联到模型中；

4）根据优化后的进度计划，完善人工计划、材料计划和机械设备计划；

5）当施工资源投入不满足要求时，应对进度计划进行优化。

（8）在进度计划编制 BIM 应用中，进度管理模型宜在深化设计模型或混凝土预制构件生产模型基础上，附加或关联工作分解结构、进度计划、资源信息和进度管理流程等信息。

（9）附加或关联信息到进度管理模型，宜符合下列要求：

1）工作分解结构的每个节点均宜附加进度信息；

2）人力、材料、设备等定额资源信息宜基于模型与进度计划关联；

3）进度管理流程中需要存档的表单、文档以及施工模拟动画等成果宜附加或关联到模型。

（10）装配式混凝土建筑 BIM 进度计划成果宜包括进度管理模型、进度审批文件，以及进度优化与模拟成果等。

（11）装配式混凝土建筑 BIM 软件宜具有下列专业功能：

1）接收、编制、调整、输出进度计划等；

2）工程定额数据库；

3）工程量计算；

4）进度与资源优化；

5）进度计划审批流程。

9.6.5　进度控制

（1）进度控制工作中的实际进度和计划进度跟踪对比分析、进度预警、进度偏差分析、进度计划调整等工作宜应用 BIM 技术。

（2）可基于进度管理模型和实际进度信息完成进度对比分析，也可基于偏差分析结果调整进度管理模型。

（3）可基于附加或关联到模型的实际进度信息和与之关联的项目进度计划、资源及成本信息，对项目进度进行分析，并对比项目实际进度与计划进度，输出项目的进度时差。

（4）可制定预警规则，明确预警提前量和预警节点，并根据进度分析信息，对应规则生成项目进度预警信息。

（5）可根据项目进度分析结果和预警信息，调整后续进度计划，并相应更新进度管理模型。

（6）进度控制中进度管理模型宜在进度计划编制中进度管理模型基础上，增加实际进度和进度控制等信息。

（7）装配式混凝土建筑 BIM 进度计划交付成果宜包括进度管理模型、进度预警报告、进度计划变更文档等。

（8）装配式混凝土建筑 BIM 软件宜具有下列专业功能：

1）进度计划调整；

2）实际进度附加或关联到模型；

3）不同视图下的进度对比分析；

4）进度预警；

5）进度计划变更审批。

9.7　质量与安全管理

9.7.1　建筑工程质量管理及安全管理等工作宜应用 BIM 技术。

9.7.2　装配式混凝土建筑 BIM 质量与安全管理，应根据项目特点和质量与安全管理需求，编制不同范围、不同周期的质量与安全管理计划。

9.7.3　装配式混凝土建筑 BIM 质量与安全管理应用过程中，应根据施工现场的实际情况和工作计划，对危险源和质量控制点进行动态管理。

9.7.4　质量管理

（1）建筑工程质量管理中的质量验收计划确定、质量验收、质量问题处理、质量问题分析等工作宜应用 BIM 技术。

（2）装配式混凝土建筑 BIM 质量管理中，可基于深化设计模型或混凝土预制构件加工模型创建质量管理模型，基于质量验收规程和施工资料规程确定质量验收计划，批量或特定事件时进行质量验收、质量问题处理、质量问题分析工作。

（3）在创建质量管理模型环节，宜对导入的深化设计模型或混凝土预制构件加工模型进行适当调整，使之满足质量验收要求。

（4）在确定质量验收计划时，宜利用模型针对整个工程确定质量验收计划，并将验收检查点附加或关联到对应的构件模型元素或构件模型元素组合上。

（5）在质量验收时，应将质量验收信息附加或关联到对应的构件模型元素或构件模型元素组合上。

（6）在质量问题处理时，应将质量问题处理信息附加或关联到对应的构件模型元素或构件模型元素组合上。

（7）在质量问题分析时，应利用模型按部位、时间等角度对质量信息和质量问题进行汇总和展示，为质量管理持续改进提供参考和依据。

（8）质量管理模型元素宜在深化设计模型元素或混凝土预制构件加工模型元素基础上，附加或关联中质量管理信息。

（9）装配式混凝土建筑 BIM 质量管理成果宜包括质量管理模型、质量管理信息（含质量问题处理信息）、质量验收报表等。

（10）装配式混凝土建筑 BIM 质量管理软件宜具有下列专业功能：

1）根据质量验收计划，能够生成质量验收检查点；

2）支持相应地方的建筑工程施工质量验收资料规程；

3）支持质量验收信息的附加，并将其与模型元素或模型元素组合关联起来；

4）支持质量问题及其处置信息的附加，并将其与模型元素或模型元素组合关联起来；

5）支持结合模型查询、浏览及显示质量验收、质量问题及其处置信息；

6）输出质量验收表。

9.7.5 安全管理

（1）建筑安全管理中的安全技术措施制定、实施方案策划、实施过程监控及动态管理、安全隐患分析及事故处理等工作宜应用 BIM 技术。

（2）装配式混凝土建筑 BIM 安全管理中，可基于深化设计或混凝土预制构件加工等模型创建安全管理模型，基于安全管理规程确定安全技术措施计划，批量或特定事件发生时实施安全技术措施计划、处理安全问题、分析安全隐患和事故。

（3）在创建安全管理模型时，可基于深化设计模型或混凝土预制构件加工模型形成，使之满足安全管理要求。

（4）在确定安全技术措施计划环节，宜使用安全管理模型辅助相关人员识别风险源。

（5）在安全技术措施计划实施时，宜使用安全管理模型向有关人员进行安全技术交底，并将安全交底记录附加或关联到模型元素或模型元素组合之间。

（6）在安全隐患和事故处理时，宜使用安全管理模型制定相应的整改措施，并将安全隐患整改信息附加或关联到模型元素或模型元素组合上；当安全事故发生时，宜将事故调查报告及处理决定附加或关联到模型元素或构件模型元素组合上。

（7）在安全问题分析时，宜利用安全管理模型，按部位、时间等角度对安全信息和问题进行汇总和展示，为安全管理持续改进提供参考和依据。

（8）安全管理模型元素宜在深化设计模型元素或混凝土预制构件加工模型元素基础上，附加或关联安全检查信息、风险源信息、事故信息。

（9）装配式混凝土建筑 BIM 安全管理成果宜包括安全管理模型、安全管理信息（含安全问题处理信息）、安全检查结果报表。

（10）装配式混凝土建筑 BIM 安全管理软件宜具有下列专业功能：

1）根据安全技术措施计划，能够识别安全风险源；

2）支持相应地方的建筑工程施工安全资料规定；

3）支持结合模型直观地进行建筑工程安全交底；

4）附加或关联安全隐患及事故信息；

5）附加或关联安全检查信息；

6）支持结合模型查询、浏览和显示建筑工程风险源、安全隐患及事故信息。

9.8 竣工验收与交付

9.8.1 建筑工程竣工预验收、竣工验收和竣工交付等工作宜应用BIM技术。

9.8.2 竣工验收模型应与工程实际状况一致，宜基于施工过程模型形成，并附加或关联相关验收资料及信息。

9.8.3 与竣工验收模型关联的竣工验收资料应符合现行相关标准、规范的规定要求。

9.8.4 竣工交付模型宜根据交付对象的要求，在竣工验收模型基础上形成。

9.8.5 竣工验收

（1）装配式混凝土建筑BIM竣工验收中，施工单位应在施工过程模型基础上进行模型补充和完善，预验收合格后应将工程预验收形成的验收资料与模型进行关联，竣工验收合格后应将竣工验收形成的验收资料与模型关联，形成竣工验收模型。

（2）竣工验收模型除应包括施工过程模型中相关模型元素外，还应附加或关联竣工验收相关资料。

（3）装配式混凝土建筑BIM竣工验收成果宜包括竣工验收模型及相关文档。

（4）装配式混凝土建筑BIM竣工验收软件宜具有下列专业功能：

1）将模型与验收资料链接；

2）从模型中查询、提取竣工验收所需的资料；

3）与实测模型比照。

9.8.6 竣工交付

（1）装配式混凝土建筑BIM竣工交付成果应包括：竣工交付模型和相关文档。

（2）竣工交付对象为政府主管部门时，施工单位可按照与建设单位合约规定配合建设单位完成竣工交付。

（3）竣工交付对象为建设单位时，施工单位可按照与建设单位合约规定交付成果。

（4）当竣工交付成果用于企业内部归档时，竣工交付成果应符合企业相关要求，相关工作应由项目部完成，经企业相关管理部门审核后归档。

附 录

中国建筑业协会团体标准

装配式混凝土建筑施工规程

Construction specification for assembled buildings with concrete strucutre

T/CCIAT 0001-2017

批准部门：中国建筑业协会
施行日期：2017年12月1日

中国建筑工业出版社

2017 北 京

前　　言

本规程是根据《国务院关于印发深化标准化工作改革方案的通知》（国发〔2015〕13号）和《住房城乡建设部办公厅关于培育和发展工程建设团体标准的意见》（建办标〔2016〕57号）的文件精神及《中国建筑业协会团体标准管理办法（试行）》（建协〔2017〕14号），由中国建筑业协会会同有关单位共同编制。

本规程在编制过程中，编制组经广泛调查研究，认真总结实践经验，根据建筑工程领域的发展需要，形成征求意见稿，并最终审查定稿。

本规程共分11章，主要技术内容包括：1. 总则；2. 术语；3. 基本规定；4. 结构工程施工；5. 外围护工程施工；6. 内装饰工程施工；7. 设备与管线工程施工；8. 质量验收；9. 安全管理；10. 绿色施工；11. 信息化施工。

本规程由中国建筑业协会负责具体技术内容的解释。在执行过程中，请各单位结合工程实践，认真总结经验，如发现需要修改或补充之处，请将意见和建议寄送至中国建筑业协会《装配式混凝土建筑施工规程》编委会办公室（地址：北京海淀区中关村南大街48号九龙商务中心A座7层，邮政编码：100081），以供修订时参考。

本规程主编单位：中国建筑业协会
中建三局第一建设工程有限责任公司

本规程参编单位：辽宁省建筑业协会
河南省建筑业协会
广东省建筑业协会
中国建筑第八工程局有限公司
中国建筑装饰集团有限公司
中国建筑业协会工程建设质量管理分会
北京中建协认证中心有限公司
成都建筑工程集团总公司
内蒙古兴泰建设集团有限公司
河北建设集团股份有限公司
鞍钢建设集团有限公司
大连三川建设集团股份有限公司
远洋国际建设有限公司
中建一局集团建设发展有限公司
平煤神马建工集团有限公司
新蒲建设集团有限公司
河南省第二建设集团有限公司
大元建业集团股份有限公司
安徽四建控股集团有限公司

北京市建筑工程研究院有限责任公司
北京建工土木工程有限公司
北京住总集团有限责任公司
中国建筑第七工程局有限公司
陕西建筑产业投资集团有限公司
山东聊建第四建设有限公司
赤峰宏基建筑（集团）有限公司
苏州众信恒建筑工程有限公司
山西省工业设备安装集团有限公司
中建安装工程有限公司
四川省工业设备安装公司
福建省建筑业协会
福建璟榕工程建设发展有限公司
中建东方装饰有限公司
中建幕墙有限公司
中建深圳装饰有限公司
深圳海外装饰工程有限公司
中建装饰设计研究院有限公司
金螳螂精装科技（苏州）有限公司
南通四建集团有限公司
深圳市深装总装饰股份有限公司
沈阳远大铝业工程有限公司
深圳市科源建设集团有限公司
上海市工程建设质量管理协会
同济大学
上海市建设工程安全质量监督总站
湖北省建设工程质量安全监督总站
中建八局第一建设有限公司
上海中建八局投资发展有限公司
上海中建东孚投资发展有限公司
上海建科检验有限公司
上海城建物资有限公司
上海建设结构安全检测有限公司
北京六建集团有限责任公司
中信建设有限责任公司
中国建筑业协会工程技术与 BIM 应用分会
广联达科技股份有限公司

本规程主要起草人员：吴　涛　景　万　张　波　楼跃清　汪小东　陈　骏　何　平
刘凌峰　王凤起　石　卫　李　菲　王海山　冯世伟　邢建锋

余　祥　王　伟　温　军　李　维　马　政　刘永奇　姜长平
梁　伟　侯智勇　王发武　祝建明　郑培壮
（以下按姓氏笔画排序）
于　科　马海英　王　浩　王　瑛　王利民　王爱兰　王海峰
叶子明　朱　峰　朱东山　朱永明　乔　磊　刘　刚　苏兆荣
苏宝安　杜　梅　杜星凌　杜睿杰　李秋丹　李堂学　李晨光
杨亚静　吴明权　张赤宇　张海波　陈汉成　陈爱国　陈家前
邵　娜　孟宝良　胡庆红　施　骞　贾志臣　徐　涛　徐艳红
高存金　高俊峰　黄　海　黄　鑫　黄忠辉　崔庆辉　崔国静
寇晓宇　彭书凝　董文祥　董年才　蒋承红　焦安亮　甄祖玲
薛少伟　魏西川

本规程主要审查人员：肖绪文　张　琨　李善志　陈　浩　张晋勋　田春雨　干兆和
金　睿　肖华锋　陈跃熙　戴连双　龙莉波　陈惠宇　张春福

目　录

1 总　　则

1.0.1 为规范装配式混凝土建筑工程施工，加强质量安全控制，制定本规程。

1.0.2 本规程适用于装配式混凝土建筑工程的施工与质量验收。

1.0.3 装配式混凝土建筑的施工及质量验收，除应符合本规程外，尚应符合现行国家和行业有关标准的规定。

2 术 语

2. 0. 1 装配式建筑 assembled building

结构系统、外围护系统、设备与管线系统、内装系统的主要部分采用预制部品、部件集成的建筑。

2. 0. 2 装配式混凝土建筑 assembled building with concrete structure

建筑的结构系统由混凝土预制构件（部件）为主构成的装配式建筑。

2. 0. 3 结构系统 structure system

由结构构件通过可靠的连接方式装配而成，以承受或传递荷载作用的整体。

2. 0. 4 外围护系统 envelope system

由建筑外墙、屋面、外门窗及其他部品部件等组合而成，用于分隔建筑室内外环境的部品部件的整体。

2. 0. 5 设备与管线系统 facility and pipeline system

由给水、排水、供暖、通风空调、电气和智能化、燃气等设备与管线组合而成，满足建筑使用功能的整体。

2. 0. 6 内装系统 interior decoration system

由楼地面、墙面、轻质隔墙、吊顶、内门窗、厨房和卫生间等组合而成，满足建筑空间使用要求的整体。

2. 0. 7 部品 part

由工厂生产，构成外围护系统、设备与管线系统、内装系统的建筑单一产品或复合产品组装而成的功能单元的系统。

2. 0. 8 部件 component

在工厂或现场预先生产制作完成，构成建筑结构系统的结构及其他构件的统称。

2. 0. 9 模块 module

建筑中相对独立，具有特定功能，能够通用互换的单元。

2. 0. 10 标准化接口 standardized interface

具有统一的尺寸规格与参数，并满足公差配合及模数协调的接口。

2. 0. 11 预制混凝土结构 precast concrete structure

由预制混凝土构件通过可靠的连接方式装配而成的混凝土结构。

2. 0. 12 预制混凝土构件 precast concrete component

在工厂或现场预先制作的混凝土构件，简称预制构件。

2. 0. 13 施工工艺 construction technics

施工人员运用设备、工具对各种原材料、半成品进行加工处理，最终使之成为建筑产品的方法与过程。

2. 0. 14 预制外挂墙板 precast concrete facade panel

安装在主体结构上，起围护、装饰作用的非承重预制混凝土外墙板，简称外挂墙板。

2. 0. 15 干式工法 non-wet construction

采用干作业施工的建造方法。

2. 0. 16 钢筋套筒灌浆连接 grout sleeve splicing of rebars

在金属套筒中插入单根带肋钢筋并注入灌浆料拌合物，通过拌合物硬化形成整体并实现传力的钢筋对接连接方式。

2. 0. 17 灌浆套筒 grouting coupler

通过水泥基灌浆料的传力作用将钢筋对接连接所用的金属套筒，通常采用铸造工艺或者机械加工工艺制造。

2. 1. 18 钢筋浆锚搭接连接 rebar lapping in grout-filled hole

在预制混凝土构件中预留孔道，在孔道中插入需搭接的钢筋，并灌注水泥基灌浆料而实现的钢筋搭接连接方式。

2. 0. 19 干式连接 dry connection

相邻预制构件之间采用螺栓、焊接、搭接等方式连接，而不需要浇筑混凝土或灌浆的连接方式。

2. 0. 20 全装修 decorated

所有功能空间的固定面装修和设备设施全部安装完成，达到建筑使用功能和建筑性能的状态。

2. 0. 21 设备及管线装配一体化 integration of assembled equipment and pipelines

装配式设备及管线施工，由施工单位主导，采用 BIM 技术进行深化设计、工厂化预制加工、物联网化运输配送、模块化装配式施工的一体化流程。

2. 0. 22 集成式厨房 integrated kitchen

由工厂生产的楼地面、吊顶、墙面、橱柜和厨房设备及管线等集成并主要采用干式工法装配而成的厨房。

2. 0. 23 集成式卫生间 integrated bathroom

由工厂生产的楼地面、墙面（板）、吊顶和洁具设备及管线等集成并主要采用干式工法装配而成的卫生间。

2. 0. 24 集成吊顶 integrated ceiling

由装饰模块、功能模块及构配件组成的，在工厂预制的、可自由组合的多功能一体化吊顶。装饰模块是具有装饰功能的吊顶板模块。功能模块是具有供暖、通风、照明等器具的模块。

2. 0. 25 装配式隔墙、吊顶和楼地面 assembled partition wall,celling and floor

由工厂生产的，具有隔声、防火、防潮等性能，且满足空间功能和美学要求的部品集成，并主要采用干式工法装配而成的隔墙、吊顶和楼地面。

2. 0. 26 同层排水 same-floor drainage

在建筑排水系统中，器具排水管及排水支管不穿越本层结构楼板到下层空间、与卫生器具同层敷设并接入排水立管的排水方式。

2. 0. 27 建筑信息模型 building information modeling（BIM）

在建设工程及设施全生命期内，对其物理和功能特性进行数字化表达，并依此设计、施工、运营的过程和结果的总称。

3 基本规定

3.0.1 施工单位应建立相应的管理体系、施工质量控制和检验制度。

3.0.2 装配式混凝土建筑应综合协调建筑、结构、设备和内装等专业，编制相互协同的施工组织设计。

3.0.3 装配式混凝土建筑施工前，应组织设计、生产、施工、监理等单位对设计文件进行图纸会审，确定施工工艺措施。施工单位应准确理解设计图纸的要求，掌握有关技术要求及细部构造，根据工程特点和相关规定，进行施工复核及验算、编制专项施工方案。

3.0.4 施工单位应根据装配式建筑工程的管理和施工技术特点，按计划定期对管理人员及作业人员进行专项培训及技术交底。

3.0.5 预制构件深化设计应满足建筑、结构和机电设备等各专业以及预制构件制作、运输、安装等各环节的综合要求。

3.0.6 装配式混凝土建筑施工宜采用自动化、机械化、工具式的施工工具、设备。

3.0.7 施工中采用的新技术、新工艺、新材料、新设备，应按有关规定进行评审、备案。

3.0.8 施工单位应根据装配式结构工程施工要求，合理选择和配备吊装设备；应根据预制构件存放、安装和连接等要求，确定安装使用的工（器）具。

3.0.9 施工所采用的原材料及构配件应符合国家现行相关规范要求，应有明确的进场计划，并应按规定进行施工进场验收。

3.0.10 施工单位应根据装配式混凝土建筑特点，按绿色建造的要求组织实施。

3.0.11 装配式混凝土建筑应优先按全装修实施。

3.0.12 装配式混凝土建筑施工应采取相应的成品保护措施。

3.0.13 工程施工宜运用信息化技术，实现全过程、全专业的信息化，并应采取措施保证信息安全。

4 结构工程施工

4.1 一 般 规 定

4.1.1 预制构件进场时，构件生产单位应提供相关质量证明文件。质量证明文件应包括以下内容:

1 出厂合格证;

2 混凝土强度检验报告;

3 钢筋复验单;

4 钢筋套筒等其他构件钢筋连接类型的工艺检验报告;

5 合同要求的其他质量证明文件。

4.1.2 预制构件、连接材料、配件等应按国家现行相关标准的规定进行进场验收，未经验收或验收不合格的产品不得使用。

4.1.3 结构施工宜采用与构件相匹配的工具化、标准化工装系统。

4.1.4 施工前宜选择有代表性的单元或构件进行试安装，根据试安装结果及时调整完善施工方案。

4.1.5 装配式混凝土结构的连接节点及叠合构件的施工应进行隐蔽工程验收。

4.1.6 预制构件吊装、安装施工应严格按照施工方案执行，各工序的施工，应在前一道工序质量检查合格后进行，工序控制应符合规范和设计要求。

4.1.7 施工现场从事特种作业的人员应取得相应的资格证书后才能上岗作业。灌浆施工人员应进行专项培训，合格后方可上岗。

4.1.8 结构施工全过程应对预制构件及其上的建筑附件、预埋件等采取保护措施，不得出现损伤或污染。

4.2 原 材 料

4.2.1 装配式混凝土结构施工中采用专用定型产品时，专用定型产品及施工操作应符合现行有关国家、行业标准及产品应用技术手册的规定。

4.2.2 采用钢筋套筒灌浆连接时，灌浆料应符合现行有关国家、行业标准的规定。

4.2.3 采用钢筋浆锚搭接连接时，应采用水泥基灌浆料，灌浆料应符合现行有关国家、行业标准的规定。

4.2.4 外墙板接缝处的密封材料应符合现行有关国家、行业标准的规定。

4.3 施 工 准 备

4.3.1 施工前应完成深化设计，深化设计文件应经原设计单位认可。施工单位应校核预制构件加工图纸、对预制构件施工预留和预埋进行交底。

4.3.2 施工单位应在施工前根据工程特点和施工规定，进行施工措施复核及验算、编制装配式结构专项施工方案。专项施工方案宜包括工程概况、编制依据、进度计划、施工场地布置、预制构件运输与存放、安装与连接施工、成品保护、绿色施工、安全管理、质量管理、信息化管理、应急预案等内容。

4.3.3 现场运输道路和存放堆场应平整坚实，并有排水措施。运输车辆进入施工现场的道路，应满足预制构件的运输要求。卸放、吊装工作范围内不应有障碍物，并应有满足预制构件周转使用的场地。

4.3.4 装配式混凝土结构施工前，施工单位应按照装配式结构施工的特点和要求，对作业人员进行安全技术交底。

4.3.5 安装准备应符合下列要求:

1 经验算后选择起重设备、吊具和吊索，在吊装前，应由专人检查核对确保型号、机具与方案一致;

2 安装施工前应按工序要求检查核对已施工完成结构部分的质量，测量放线后，标出安装定位标志，必要时应提前安装限位装置;

3 预制构件搁置的底面应清理干净;

4 吊装设备应满足吊装重量、构件尺寸及作业半径等施工要求，并调试合格。

4.4 构件进场

4.4.1 预制构件进场前，应对构件生产单位设置的构件编号、构件标识进行验收。

4.4.2 预制构件进场时，混凝土强度应符合设计要求。当设计无具体要求时，混凝土同条件立方体抗压强度不应小于混凝土强度等级值的75%。

4.4.3 预制构件进场时，应符合附录表B. 0. 1-1 ～表B. 0. 1-4的规定。预制构件有粗糙面时，与预制构件粗糙面相关的尺寸允许偏差可放宽1. 5倍。

4.4.4 采用装饰、保温一体化等技术体系生产的预制部品、构件，其质量应符合现行国家和行业有关标准的规定。

4.4.5 预制构件装卸时应采取可靠措施；预制构件边角部或与紧固用绳索接触部位，宜采用垫衬加以保护。

4.4.6 预制构件运送到施工现场后，应按规格、品种、使用部位、吊装顺序分类设置存放场地。存放场地宜设置在塔式起重机有效起重范围内，并设置通道。

4.4.7 预制墙板可采用插放或靠放的方式，堆放工具或支架应有足够的刚度，并支垫稳固。采用靠放方式时，预制外墙板宜对称靠放、饰面朝外，且与地面倾斜角度不宜小于80°。

4.4.8 预制水平类构件可采用叠放方式，层与层之间应垫平、垫实，各层支垫应上下对齐。垫木距板端不大于200mm，且间距不大于1600mm，最下面一层支垫应通长设置，堆放时间不宜超过两个月。

4.4.9 预制构件堆放时，预制构件与支架、预制构件与地面之间宜设置柔性衬垫保护。

4.4.10 预应力构件需按其受力方式进行存放，不得颠倒其堆放方向。

4.5 构件安装与连接

4.5.1 预制构件应按照施工方案吊装顺序提前编号，吊装时严格按编号顺序起吊；预制构件吊装就位并校准定位后，应及时设置临时支撑或采取临时固定措施。

4.5.2 预制构件吊装应符合下列规定:

1 预制构件起吊宜采用标准吊具均衡起吊就位，吊具可采用预埋吊环或埋置式接驳器的形式；专用内埋式螺母或内埋式吊杆及配套的吊具，应根据相应的产品标准和应用技术规定选用；

2 应根据预制构件形状、尺寸及重量和作业半径等要求选择适宜的吊具和起重设备；在吊装过程中，吊索与构件的水平夹角不宜小于60°，不应小于45°；

3 预制构件吊装应采用慢起、快升、缓放的操作方式；构件吊装校正，可采用起吊、静停、就位、初步校正、精细调整的作业方式；起吊应依次逐级增加速度，不应越档操作。

4.5.3 竖向预制构件安装采用临时支撑时，应符合下列规定：

1 每个预制构件应按照施工方案设置稳定可靠的临时支撑；

2 对预制柱、墙板的上部斜支撑，其支撑点距离板底不宜小于柱、板高的2/3，且不应小于柱、板高的1/2；下部支承垫块应与中心线对称布置；

3 对单个构件高度超过10m的预制柱、墙等，需设缆风绳；

4 构件安装就位后，可通过临时支撑对构件的位置和垂直度进行微调。

4.5.4 预制柱安装应符合下列规定：

1 吊装工艺流程：基层处理→测量→预制柱起吊→下层竖向钢筋对孔→预制柱就位→安装临时支撑→预制柱位置、标高调整→临时支撑固定→摘钩→堵缝、灌浆；

2 安装顺序应按吊装方案进行，如方案未明确要求宜按照角柱、边柱、中柱顺序进行安装，与现浇结构连接的柱先行吊装；

3 就位前应预先设置柱底抄平垫块，控制柱安装标高；

4 预制柱的就位以轴线和外轮廓线为控制线，对于边柱和角柱，应以外轮廓线控制为准；

5 预制柱安装就位后应在两个方向设置可调斜撑作临时固定，并应进行标高、垂直度、扭转调整和控制；

6 采用灌浆套筒连接的预制柱调整就位后，柱脚连接部位应采用相关措施进行封堵。

4.5.5 预制剪力墙墙板安装应符合下列规定：

1 吊装工艺流程：基层处理→测量→预制墙体起吊→下层竖向钢筋对孔→预制墙体就位→安装临时支撑→预制墙体校正→临时支撑固定→摘钩→堵缝、灌浆；

2 与现浇连接的墙板宜先行吊装，其他墙板先外后内吊装；

3 吊装前，应预先在墙板底部设置抄平垫块或标高调节装置，采用灌浆套筒连接、浆锚连接的夹心保温外墙板应在外侧设置弹性密封封堵材料，多层剪力墙采用坐浆时应均匀铺设坐浆料；

4 墙板以轴线和轮廓线为控制线，外墙应以轴线和外轮廓线双控制；

5 安装就位后应设置可调斜撑作临时固定，测量预制墙板的水平位置、倾斜度、高度等，通过墙底垫片、临时斜支撑进行调整；

6 调整就位后，墙底部连接部位应采用相关措施进行封堵；

7 墙板安装就位后，进行后浇处钢筋安装，墙板预留钢筋应与后浇段钢筋网交叉点全部扎牢。

4.5.6 预制梁或叠合梁安装应符合下列规定：

1 吊装工艺流程：测量放线→支撑架体搭设→支撑架体调节→预制梁或叠合梁起吊→

预制梁或叠合梁落位→位置、标高确认→摘钩;

2 梁安装顺序应遵循先主梁后次梁,先低后高的原则;

3 安装前,应测量并修正柱顶和临时支撑标高,确保与梁底标高一致,柱上弹出梁边控制线;根据控制线对梁端、两侧、梁轴线进行精密调整,误差控制在2mm以内;

4 安装前,应复核柱钢筋与梁钢筋位置、尺寸,对梁钢筋与柱钢筋位置有冲突的,应按经设计单位确认的技术方案调整;

5 安装时,梁伸入支座的长度与搁置长度应符合设计要求;

6 安装就位后应对安装位置、标高进行检查;

7 临时支撑应在后浇混凝土强度达到设计要求后,方可拆除。

4.5.7 预制叠合板安装应符合下列规定:

1 吊装工艺流程:测量放线→支撑架体搭设→支撑架体调节→叠合板起吊→叠合板落位→位置、标高确认→摘钩;

2 安装预制叠合板前应检查支座顶面标高及支撑面的平整度,并检查结合面粗糙度是否符合设计要求;

3 预制叠合板之间的接缝宽度应满足设计要求;

4 吊装就位后,应对板底接缝高差进行校核;当叠合板板底接缝高差不满足设计要求时,应将构件重新起吊,通过可调托座进行调节;

5 临时支撑应在后浇混凝土强度达到设计要求后方可拆除。

4.5.8 预制楼梯安装应符合下列规定:

1 吊装工艺流程:测量放线→钢筋调直→垫垫片、找平→预制楼梯起吊→钢筋对孔校正→位置、标高确认→摘钩→灌浆;

2 安装前,应检查楼梯构件平面定位及标高,并应设置抄平垫块;

3 就位后,应立即调整并固定,避免因人员走动造成的偏差及危险;

4 预制楼梯端部安装,应考虑建筑标高与结构标高的差异,确保踏步高度一致;

5 楼梯与梁板采用预埋件焊接连接或预留孔连接时,应先施工梁板,后放置楼梯段;采用预留钢筋连接时,应先放置楼梯段,后施工梁板。

4.5.9 预制阳台板、空调板安装应符合下列规定:

1 吊装工艺流程:测量放线→临时支撑搭设→预制阳台板、空调板起吊→预制阳台板、空调板落位→位置、标高确认→摘钩;

2 安装前,应检查支座顶面标高及支撑面的平整度;

3 吊装完后,应对板底接缝高差进行校核;如板底接缝高差不满足设计要求,应将构件重新起吊,通过可调托座进行调节;

4 就位后,应立即调整并固定;

5 预制板应待后浇混凝土强度达到设计要求后,方可拆除临时支撑。

4.5.10 叠合类构件的装配施工应符合下列规定:

1 叠合类构件的支撑应根据设计要求或施工方案设置,支撑标高除应符合设计规定外,尚应考虑支撑系统本身的施工变形;

2 施工荷载不应超过设计规定。

4.5.11 预制构件吊装校核与调整应符合下列规定:

1 预制墙板、预制柱等竖向构件安装后应对安装位置、安装标高、垂直度、累计垂直度进行校核与调整；对较高的预制柱，在安装其水平连系构件时，须采取对称安装方式；

2 预制叠合类构件、预制梁等水平构件安装后应对安装位置、安装标高进行校核与调整；

3 相邻预制板类构件，应对相邻预制构件平整度、高差、拼缝尺寸进行校核与调整；

4 预制装饰类构件应对装饰面的完整性进行校核与调整。

4.5.12 预制构件间钢筋连接宜采用套筒灌浆连接、浆锚搭接连接以及直螺纹套筒连接等形式。灌浆施工工艺流程：界面清理→灌浆料制备→灌浆料检测→灌注浆料→出浆口封堵。

4.5.13 采用钢筋套筒灌浆连接、钢筋浆锚搭接连接的预制构件就位前，应检查下列内容：

1 套筒、预留孔的规格、位置、数量和深度；

2 被连接钢筋的规格、数量、位置和长度；

3 当套筒、预留孔内有杂物时，应清理干净，并应检查注浆孔、出浆孔是否通畅；

4 当连接钢筋倾斜时，应进行校正，连接钢筋偏离套筒或孔洞中心线符合有关规范规定。

4.5.14 采用钢筋套筒灌浆连接时，应符合下列规定：

1 灌浆前应制定钢筋套筒灌浆操作的专项质量保证措施，套筒内表面和钢筋表面应洁净，被连接钢筋偏离套筒中心线的角度不应超过 7°，灌浆操作全过程应由监理人员旁站；

2 灌浆料应由经培训合格的专业人员按配置要求计量灌浆材料和水的用量，经搅拌均匀后测定其流动度满足设计要求后方可灌注；

3 浆料应在制备后 30min 内用完，灌浆作业应采取压浆法从下口灌注，当浆料从上口流出时应及时封堵，持压 30s 后再封堵下口，灌浆后 24h 内不得使构件和灌浆层受到振动、碰撞；

4 灌浆作业应及时做好施工质量检查记录，并按要求每工作班应制作 1 组且每层不应少于 3 组 40mm×40mm×160mm 的长方体试件，标准养护 28d 后进行抗压强度试验；

5 灌浆施工时环境温度不应低于 5℃；当连接部位温度低于 10℃时，应对连接处采取加热保温措施；

6 灌浆作业应留下影像资料，作为验收资料。

4.5.15 采用钢筋浆锚搭接连接时，应符合下列要求：

1 灌浆前应对连接孔道及灌浆孔和排气孔全数检查，确保孔道通畅，内表面无污染；

2 竖向构件与楼面连接处的水平缝应清理干净，灌浆前 24h 连接面应充分浇水湿润，灌浆前不得有积水；

3 竖向构件的水平拼缝应采用与结构混凝土同强度或高一级强度等级的水泥砂浆进行周边坐浆密封，1d 以后方可进行灌浆作业；

4 灌浆料应采用电动搅拌器充分搅拌均匀，搅拌时间从开始加水到搅拌结束应不少于 5min，然后静置 2 ～ 3min；搅拌后的灌浆料应在 30min 内使用完毕，每个构件灌浆总时间应控制在 30min 以内；

5 浆锚节点灌浆必须采用机械压力注浆法，确保灌浆料能充分填充密实；

6 灌浆应连续、缓慢、均匀地进行，直至排气孔排出浆液后，立即封堵排气孔，持压不小于 30s，再封堵灌浆孔，灌浆后 24h 内不得使构件和灌浆层受到振动、碰撞；

7 灌浆结束后应及时将灌浆孔及构件表面的浆液清理干净，并将灌浆孔表面抹压平整;

8 灌浆作业应及时做好施工质量检查记录，并按要求每工作班应制作1组且每层不应少于3组40mm×40mm×160mm的长方体试件，标准养护28d后进行抗压强度试验;

9 灌浆作业应留下影像资料，作为验收资料。

4.5.16 采用干式连接时，应根据不同的连接构造，编制施工方案，应符合相关国家、行业标准规定，并应符合以下规定:

1 采用螺栓连接时，应按设计或有关规范的要求进行施工检查和质量控制，螺栓型号、规格、配件应符合设计要求，表面清洁，无锈蚀、裂纹、滑丝等缺陷，并应对外露铁件采取防腐措施；螺栓紧固方式及紧固力须符合设计要求;

2 采用焊接连接时，其焊接件、焊缝表面应无锈蚀，并按设计打磨坡口，并应避免由于连续施焊引起预制构件及连接部位混凝土开裂；焊接方式应符合设计要求;

3 采用预应力法连接时，其材料、构造需符合规范及设计要求;

4 采用支座支撑方式连接时，其支座材料、质量、支座接触面等须符合设计要求。

4.5.17 装配式结构的后浇混凝土节点应根据施工方案要求的顺序施工。

4.5.18 后浇混凝土节点钢筋施工:

1 预制墙体间后浇节点主要有“一”形、“L”形、“T”形几种形式；节点处钢筋施工工艺流程：安放封闭箍筋→连接竖向受力筋→安放开口筋、拉筋→调整箍筋位置→绑扎箍筋;

2 预制墙体间后浇节点钢筋施工时，可在预制板上标记出封闭箍筋的位置，预先把箍筋交叉就位放置；先对预留竖向连接钢筋位置进行校正，然后再连接上部竖向钢筋;

3 叠合构件叠合层钢筋绑扎前清理干净叠合板上的杂物，根据钢筋间距弹线绑扎，上部受力钢筋带弯钩时，弯钩向下摆放，应保证钢筋搭接和间距符合设计要求;

4 叠合构件叠合层钢筋绑扎过程中，应注意避免局部钢筋堆载过大。

4.5.19 后浇混凝土节点模板施工:

1 预制墙板间后浇节点安装模板前应将墙内杂物清扫干净，在模板下口抹砂浆找平层，防止漏浆;

2 预制墙板间后浇节点宜采用工具式定型模板，并应符合下列规定：模板应通过螺栓或预留孔洞拉结的方式与预制构件可靠连接，模板安装时应避免遮挡预制墙板下部灌浆预留孔洞，夹心墙板的外叶板应采用螺栓拉结或夹板等加强固定，墙板接缝部分及与定型模板接缝处均应采用可靠的密封、防漏浆措施。

4.5.20 后浇混凝土节点混凝土施工应符合下列规定:

1 连接节点、水平拼缝应连续浇筑，边缘构件、竖向拼缝应逐层浇筑，采取可靠措施确保混凝土浇筑密实;

2 预制构件接缝处混凝土浇筑时，应确保混凝土浇筑密实。

4.5.21 叠合层混凝土施工应符合下列规定:

1 叠合层混凝土浇筑前应清除叠合面上的杂物、浮浆及松散骨料，浇筑前应洒水润湿，洒水后不得留有积水;

2 浇筑时宜采取由中间向两边的方式;

3 叠合层与现浇构件交接处混凝土应振捣密实;

4 叠合层混凝土浇筑时应采取可靠的保护措施;不应移动预埋件的位置,且不得污染预埋件连接部位;

5 分段施工应符合设计及施工方案要求。

4.5.22 后浇节点施工时,应采取有效措施防止各种预埋管槽线盒位置偏移。

4.5.23 在叠合板内的预留孔洞、机电管线在深化设计阶段应进行优化,合理排布,叠合层混凝土施工时管线连接处应采取可靠的密封措施。

4.5.24 混凝土浇筑应布料均衡。浇筑和振捣时,应对模板及支架进行观察和维护,发生异常情况应及时进行处理。构件接缝混凝土浇筑和振捣应采取措施防止模板、相连接构件、钢筋、预埋件及其定位件移位。

4.5.25 预制构件接缝混凝土浇筑完成后可采取洒水、覆膜、喷涂养护剂等养护方式,养护时间不应少于14d。

4.5.26 装配式结构连接部位后浇混凝土或灌浆料强度达到设计规定的强度时方可进行支撑拆除。

4.5.27 预制外墙板的接缝及门窗洞口等防水薄弱部位应按照设计要求的防水构造进行施工。

4.5.28 预制外墙接缝构造应符合设计要求。外墙板接缝处,可采用聚乙烯棒等背衬材料塞紧,外侧用建筑密封胶嵌缝。外墙板接缝处等密封材料应符合《装配式混凝土结构技术规程》JGJ 1的相关规定。

4.5.29 外侧竖缝及水平缝建筑密封胶的注胶宽度、厚度应符合设计要求,建筑密封胶应在预制外墙板固定后嵌缝。建筑密封胶应均匀顺直,饱满密实,表面光滑连续。

4.5.30 预制外墙板接缝施工工艺流程如下:

表面清洁处理→底涂基层处理→贴美纹纸→背衬材料施工→施打密封胶→密封胶整平处理→板缝两侧外观清洁→成品保护。

4.5.31 采用密封防水胶施工时应符合下列规定:

1 密封防水胶施工应在预制外墙板固定校核后进行;

2 注胶施工前,墙板侧壁及拼缝内应清理干净,保持干燥;

3 嵌缝材料的性能、质量应符合设计要求;

4 防水胶的注胶宽度、厚度应符合设计要求,与墙板粘接牢固,不得漏嵌和虚粘;

5 施工时,先放填充材料后打胶,不应堵塞防水空腔,注胶均匀、顺直、饱和、密实,表面光滑,不应有裂缝现象。

4.5.32 装配式混凝土结构的尺寸偏差及检验方法应符合附录表B.0.2的规定。

5　外围护工程施工

5.1　一般规定

5.1.1　外围护工程设计须满足建筑物的结构安全和使用功能，并应符合城市规划、消防环保、节能等规定。

5.1.2　深化设计中涉及主体和承重结构改动或增加荷载，应由原结构设计单位或具备相应资质的设计单位核查有关原始资料，并出具书面审核报告。

5.1.3　施工前应熟悉设计图纸及获批的施工方案，对外围护系统的排版图进行研究分析；施工人员应熟练掌握外围护系统的构造形式；测量放线人员应对建筑的空间特征充分了解。

5.1.4　施工前宜结合设计、生产、装配一体化进行整体策划，协同建筑结构系统、设备与管线系统、内装系统等专业要求，编制详细的施工组织设计和施工方案，并按规定流程审批通过后方可实施，对于非常规的施工方案、工艺应编制专项施工方案并组织专家论证。

5.1.5　外围护工程所用材料、设备的品种、规格和质量应符合设计要求，构件生产制作单位应提供相关质量证明材料，施工单位应按国家有关标准的规定进行验收，未经验收或验收不合格的产品不得使用。对材料的质量发生争议时，应进行见证取样复试，复试合格后方可继续使用。

5.1.6　外围护工程应采用与构配件相匹配的工厂化、标准化装配系统。装配前，宜选择有代表性的单元进行样板施工，并根据样板施工结果进行施工方案的调整和完善。

5.1.7　特种作业人员应具有相应岗位的资格证书，不得无证上岗，不得违章指挥，不得违章作业。预制构件的装配、安装施工应严格按照各项施工方案执行，上道工序质量检查不合格不得进行下道工序施工。

5.1.8　外围护工程施工应符合下列规定：

1　应遵守有关施工安全、劳动保护、防火和防毒的法律法规，应建立相应的职业健康安全管理制度，并应配备必要的设备、器具和标识；

2　遵守环境保护的法律法规，并采取有效措施控制施工现场的各种粉尘、废气、废弃物、噪声、振动等对周围环境造成的污染和危害；

3　应对成品或半成品做好成品保护，宜采用“覆盖、包裹、遮挡、围护、封堵、封闭、隔离”等成品保护措施，且不得对保护对象造成损害和影响使用功能。

5.2　预制外墙

5.2.1　预制外墙按照构造可分为预制混凝土外墙挂板和预制复合保温外墙挂板。复合保温外挂墙板由内外混凝土层和保温层通过连接件组合而成，具有外围护、保温、隔热、装饰等功能。

5.2.2　当预制外墙采用瓷砖或石材饰面时，宜采用反打一次成型工艺制作，饰面为石材时，石材的厚度应不小于25mm，石材背面应采用不锈钢卡件与混凝土机械锚固，石材的厚度、质量和连接点数量应满足设计要求；饰面为面砖时，面砖的背面应设置燕尾槽，其粘结性能应满足《建筑工程饰面砖粘结强度试验标准》JGJ 110—2017 的要求。

5.2.3 预制外墙施工工艺流程：

预埋件的复核→转接件的定位和安装→吊具安装→预制外挂墙板吊运及就位→连接件紧固件安装→接缝处理→（外窗安装）→洗水及养护。

5.2.4 预埋件的复核，应注意以下事项：

1 根据结构轴线、基准标高线标注外墙挂板的定位线，并核对预埋件的安装位置；

2 预埋件尺寸及锚栓规格、数量、间距应满足设计要求；

3 预埋件位置偏差较大或遗漏，应采取补救方案。

5.2.5 转接件的定位和安装应符合下列规定：

1 外墙挂板转接件安装前，根据水平标高做好基础找平；安装时，通过转接件的定位，确定外墙挂板的安装位置；

2 连接件应采取可靠的防腐蚀措施，其防腐材料耐久性应满足设计使用年限要求。

5.2.6 预制外挂墙板的吊运与就位应符合下列规定：

1 应采用吨位合适的汽车吊或其他起重机械进行安装，板块通过运输车运输至吊装部位后使用起重机械将板块水平吊运至地面；

2 外挂墙板水平放置后更换起重机械挂钩，进行板块的垂直吊装工作，板块在起吊过程中下方应有拉揽风绳等限位措施；

3 板块运吊运到楼层待装部位通过微调起重机械吊臂定位，板块下行进行挂装；

4 预制外挂墙板的吊点预留方式分为预留吊环和预埋带丝套筒两种，预留吊环的绳索与构件水平面所成夹角不宜小于 60°，且不应小于 45°，预留带丝套筒宜采用平衡钢梁均衡起吊；

5 预制外挂墙板的吊运宜采用慢起、快升、缓放的操作方式。

5.2.7 连接件紧固安装应符合下列规定：

1 连接件与外挂墙板吊具同步安装，利用预制外挂墙板的预埋带丝套筒，通过定位螺栓和抗剪螺栓连接；

2 连接件在安装施工层内安装，利用预埋在梁板上的预埋件的带丝套筒，通过螺栓将紧固件和梁板连接。

5.2.8 接缝处理应符合下列规定：

1 施工前，应先将缝隙处的浮尘、浮浆清理干净，并保持干燥；

2 防水施工时，应先嵌塞填充高分子材料，后打胶密封。填充高分子材料不得堵塞防水空腔，填充应均匀、顺直、饱和、密实，表面光滑，不得有裂缝现象；

3 填充材料宜采用柔软闭孔的圆形或扁平的聚乙烯条，通常情况下，填充材料宽度应大于接缝宽度在 25% 以上；

4 密封胶的打胶厚度应满足设计要求。密封胶胶体应压实、刮平，胶体边缘与缝隙边缘涂抹充实，加强密封效果。

5.2.9 洗水及养护应符合下列规定：

1 洗水：洗水前应根据规范要求，宜控制好合适的水压。洗水时，产品外观应干净整洁、无色差、棱角分明，无气孔水眼。顶梁洗水面与光面交界处成直线。铝窗边的混凝土需平整光滑，大于 3mm 的气孔严禁抹干灰，磨机打过磨的位置需用砂纸擦掉粗的磨痕。

2 养护：外挂墙板安装完成后，应根据现场条件、环境温湿度、构件特点、技术要求、施工操作等因素选择养护措施。

5.2.10 预制外墙挂板的预嵌门窗包括工厂预制安装和现场安装两种类型，当采用现场安装外窗时，应符合下列要求：

1 依据设计进行单元窗自身的组装，参照《建筑幕墙》GB/T 21086—2007、《玻璃幕墙工程技术规范》JGJ 102—2003 的要求。

2 玻璃面板与窗框间应设置垫块，避免玻璃与窗框之间刚性接触。

3 采用钢连接件时应加设绝缘垫片，防止不同材质材料间发生电化学腐蚀，连接件应采用螺栓进行连接。

5.3 建筑幕墙

5.3.1 装配式混凝土建筑应根据建筑物的使用要求、建筑构造，合理选择幕墙形式，宜采用单元式幕墙形式。

5.3.2 单元式幕墙施工前应编制单元板块的施工方案。根据各种单元体重量等参数，确定吊具的额定荷载，确定吊装方案。熟悉单元板块安装顺序和收口位置及收口方式。

5.3.3 单元式幕墙施工应符合下列要求：

1 施工工艺流程：测量放线→预埋件确认、处理→连接件安装→安装防雷装置→吊装单元板块→安装防火隔离层→收口及封边→防水密封处理→淋水试验→成品保护→幕墙清洗。

2 以主体结构施工单位提供的轴线和标高为依据，对建筑物进行复测。按照施工图的立面分格，检查分格图上单元板块的尺寸是否与现场土建结构尺寸相符，若有偏差应与相关单位协商处理。

3 对随结构埋设的预埋件进行复核，在预埋件上标注幕墙分割线的十字中心线并做好记录，按确定的安装位置进行调整、修复和固定，并做好防腐处理。

4 根据定位十字线准确安装连接件，每个连接件完成后要进行隐蔽验收。

5 防雷设施应随着单元体从下往上安装，并应符合《建筑物防雷设计规范》GB 50057 的相关规定。

6 根据已经确定的吊装方案，将单元板块从地面或板块存放层吊至安装位置，单元板块吊装就位后与连接件挂接，挂接后应及时进行校正，并与连接件固定。

7 防火应采取隔离措施，防火隔离层构造和防火材料的耐火极限应符合设计要求及现行相关规范要求。

8 单元式幕墙单元组件间宜采用对插连接，安装时应横向按次序一一对插，不能留空位。应在每层设一处收口点，非设计收口部位不宜中断安装过程而留空位。

9 密封宜采用硅酮密封胶，幕墙橡胶密封条可采用三元乙丙橡胶、氯丁橡胶或硅橡胶，胶缝的宽度、厚度、密封胶的相容性应符合设计及现行相关规范的要求。

10 安装完应进行淋水试验，对有漏水现象的部位，应进行调整修补；待充分干燥后，进行再次测试，直到无任何漏水为止。

11 安装完成后，应按规定进行清洗。

5.4 外 门 窗

5.4.1 外门窗应采用在工厂生产的标准化系列部品，并应采用带有批水板等的外门窗配套系列部品。

5.4.2 外门窗应可靠连接，门窗洞口与外门窗框接缝处的气密性能、水密性能和保温性能不应低于外门窗的有关性能。

5.4.3 预制外墙中外门窗宜采用企口或预埋件等方法固定，外门窗可采用预装法或后装法设计，并满足下列要求：

1 采用预装法时，外门窗框应在工厂与预制外墙整体成型；

2 采用后装法时，预制外墙的门窗洞口应设置预埋件。

5.4.4 铝合金门窗的设计应符合现行行业标准《铝合金门窗工程技术规范》JGJ 214 的相关规定。

5.4.5 塑料门窗的设计应符合现行行业标准《塑料门窗工程技术规程》JGJ 103 的相关规定。

5.5 屋 面

5.5.1 屋面工程有多种形式，金属屋面通常采用装配式施工工艺，其他屋面工程参照相应的国家和行业标准。

5.5.2 金属屋面施工采用的防水、防火、防潮措施，保温材料的厚度、密度、强度、耐火性能等应符合设计要求及相关规范规定。

5.5.3 压型金属屋面施工应符合下列要求：

1 施工工艺流程：测量放线→预埋件清理及转接件的安装→檩条（支承结构）的安装→排水天沟的安装→屋面底板的安装→防潮隔气膜的铺设→固定支座的安装→避雷装置的安装→保温材料的安装→防水透气膜的铺设→压型金属板的安装→收边收口→成品保护→验收；

2 屋面施工前，应对主体结构预埋件位置进行复核测量，经验收合格后方可进行金属屋面的安装施工；

3 天沟支架的安装高度应符合天沟排水坡度要求，排水天沟间距设置应符合设计及现行相关规范规定；

4 屋面底板安装前，应在檩条上弹出安装基准线和复合线，底板安装时通过复核线调整底板误差；

5 屋面有保温隔热要求时，固定支座下应配置隔热垫片；

6 保温材料铺设时，相邻两块保温材料之间不得留有缝隙；多层铺设时，上下层接缝应错开；

7 压型金属板应顺排水方向铺设，伸入天沟长度满足设计要求且不宜小于150mm；

8 金属屋面与立面墙体及突出屋面结构等交接处应按设计要求作泛水处理，屋面的檐口线、泛水线应顺直，无起伏现象。

5.5.4 平板金属屋面施工应符合下列要求

1 施工工艺流程：测量放线→埋件清理及转接件的安装→横纵框架的安装→排水天沟

的安装→避雷装置的安装→保温材料的安装→金属平板的安装→板缝施打密封胶→收边收口→成品保护→验收;

2 平板屋面施工时，宜利用水平钢丝拉线控制纵向及横向框架的标高;

3 平板屋面施工前，宜将金属板按编号顺序摆放，依次安装到对应的位置;

4 板缝填塞前应对打胶部位进行清理，胶缝应均匀、密实、饱满、表面光滑、无污染、无起泡。

6 内装饰工程施工

6.1 一般规定

6.1.1 装配式内装饰设计必须保证建筑物的结构安全和使用功能，并应符合城市规划、消防环保、节能等规定。

6.1.2 深化设计中涉及主体和承重结构改动或增加荷载，须由原结构设计单位或具备相应资质的设计单位核查有关原始资料，并出具书面审核报告。

6.1.3 内装饰工程应结合设计、生产、装配一体化进行整体策划，协同建筑结构系统、设备与管线系统、内装系统等专业要求，制定相应的施工组织设计和施工方案，并经过审核批准后方可实施。

6.1.4 内装饰工程所用材料、设备的品种、规格和质量应符合设计要求，生产制作单位应提供相关质量证明材料，施工单位应按国家有关标准的规定进行验收。

6.1.5 应采用与构配件相匹配的工厂化、标准化装配系统。装配前，宜选择有代表性的单元进行样板施工，并根据样板施工结果进行施工方案的调整和完善。

6.1.6 特种作业人员应具有相应岗位的资格证书，不得无证上岗，不得违章指挥，不得违章作业。

6.1.7 严禁违反设计文件擅自改动建筑主体、承重结构或主要使用功能；严禁未经设计确认和有关部门批准擅自拆改给水排水、电气、暖通、燃气、通讯等配套设施。

6.1.8 内装饰工程施工应符合下列规定：

1 应遵守有关施工安全、劳动保护、防火和防毒的法律法规，应建立相应的职业健康安全管理制度，并应配备必要的设备、器具和标识；

2 应遵守环境保护的法律法规，并采取有效措施控制施工现场的各种粉尘、废气、废弃物、噪声、振动等对周围环境造成的污染和危害；

3 应进行成品保护，宜采用“覆盖、包裹、遮挡、围护、封堵、封闭、隔离”等成品保护措施，且不得对保护对象造成损害和影响使用功能。

6.2 装配式隔墙

6.2.1 装配式隔墙包括：板材隔墙、骨架隔墙、玻璃隔墙、活动隔墙等。

6.2.2 板材隔墙的安装应符合下列要求：

1 施工工艺流程：测量放线→连接件安装→墙板安装→缝隙处理→清洁保护；

2 测量放线应以轴线为控制线，在地面、梁板底标注墙板轮廓线、门窗洞口位置；

3 板材与基体结构宜采用连接件固定，连接件的间距应符合相关规范要求；

4 板材应从主体墙、柱一端向另一端按顺序安装，有墙角、门垛部位应从其位置向两侧安装；

5 相邻板材以及板材与基体结构之间缝隙宜采用专用密封材料嵌缝密实。设备管线、箱、盒开槽处应填充密实并进行表面防裂处理。

6.2.3 骨架隔墙安装应符合下列要求：

1 施工工艺流程：测量放线→骨架安装→设备与管线安装→填充材料安装→隔墙面板安装；

2 测量放线应以轴线为控制线，在地面、梁板底标注骨架隔墙轮廓线、门窗洞口位置；

3 骨架应按设计要求的龙骨间距、构造连接方法进行安装。骨架内设备管线、门窗洞口部位应设加强龙骨并安装牢固、位置准确，骨架内应按设计要求安装填充材料；

4 按编号核对面板尺寸规格，面板上的角码或挂件应连接牢固。将面板紧贴骨架，通过连接角码、自攻螺钉或挂件与骨架连接固定。面板的固定应先临时固定，待位置调整准确后再紧固连接；

5 面板安装完成后，将表面污垢清理干净，并做好成品保护。

6.2.4 玻璃板隔墙的安装应符合下列要求：

1 施工工艺流程：测量放线→框架安装→设备与管线安装→填充材料安装→门窗框安装→墙体面板安装→（柜体安装）→压条安装→清洁保护；

2 根据设计要求标注隔墙中心轴线及上下位置线；

3 隔墙龙骨与基体结构应连接牢固。设备与管线应在龙骨框架内安装。龙骨框架内应按要求设置填充材料；

4 按设计要求先安装天、地龙骨及扣条，再安装横竖龙骨扣条；

5 门框要与相连两侧的竖龙骨紧贴并落地安装；

6 将门窗扇按编号放置在门窗洞口部位，用合页或铰链固定，完成后再进行门锁等五金件安装；

7 安装好的玻璃隔墙表面灰尘、污渍清理干净，表面贴膜保护。隔墙两侧立面用硬质材料保护，防止损坏。

6.2.5 活动隔墙的安装应符合下列要求：

1 施工工艺流程：测量放线→轨道安装→隔墙安装→清洁保护；

2 按设计要求，在地面标注隔墙的位置控制线，并将隔墙位置线引至顶棚和侧墙；

3 按设计间距，在结构梁底下安装支撑骨架，并将轨道与支撑骨架安装连接牢固；

4 将滑轮、导向杆按准确位置安装在每块隔墙上，分别将隔墙两端嵌入上下导轨槽内，调整好各块隔墙垂直度，最后用合页将相邻隔墙连接固定；

5 活动隔墙安装后应及时保护，防止碰坏或污染，严禁杂物进入滑行轨道。

6.2.6 装配式隔墙的尺寸偏差及检验方法应符合附录表 B.0.3-1 ～表 B.0.3-4 的规定。

6.3 装配式内墙面

6.3.1 装配式内墙面系统宜选用具有调平功能的部品，并应与室内管线进行集成设计。

6.3.2 装配式内墙面施工应符合下列要求：

1 施工工艺流程：测量放线→连接件安装→龙骨安装→饰面板安装→收口处理→缝隙处理→清洁保护；

2 在基准面上标注连接件、设备与管线的安装位置；

3 龙骨与连接件宜采用螺栓连接，龙骨就位后宜先调平再紧固；

4 饰面板与龙骨系统宜采用承插连接;

5 饰面板收口、接缝处理应符合设计要求。

6.3.3 饰面板安装完成后应及时清洁，并做好成品保护。

6.3.4 装配式内墙面安装的允许偏差和检验方法应符合附录表 B. 0. 4 的规定。

6.4 装配式吊顶

6.4.1 装配式吊顶所需构配件及部品应满足设计要求。

6.4.2 集成吊顶施工应符合下列要求:

1 施工工艺流程：测量放线→吊挂杆件安装→边龙骨安装→主次龙骨安装并调平→吊顶面板安装;

2 集成吊顶工程施工应依据吊顶设计施工图的要求，结合现场实际情况确定吊杆吊点、龙骨位置、间距及安装顺序，并应绘制面板排版图、各连接处施工构造详图和龙骨体系图;

3 吊挂杆件与基体结构安装必须牢固，满足设计要求。吊点布设时应避让结构预应力筋。在预应力筋左右 150mm 范围内严禁布设吊点;

4 边龙骨安装采用膨胀螺栓固定，边角线的对角平整，间隙不得大于 0. 5mm ;

5 主、次龙骨应调平并连接牢固;

6 吊顶面板安装时应设置纵、横基准线，沿基准线向两侧安装。

6.5 装配式地面

6.5.1 装配式地面宜选用集成化部品系统。

6.5.2 架空地面施工应符合下列要求:

1 四周支撑式架空地面施工工艺：基层清理→测量放线→安装支座→安装横梁组件→铺设面板→封边地板安装→清洁保护;

2 四角支撑式架空地面施工工艺：基层处理→测量放线→安装支座→铺设面板→封边地板安装→清洁保护;

3 架空地面施工前，基层上的杂物应清除干净;

4 测量放线应按设计要求，结合面板排版、设备与管线排布，标注基座纵、横定位线及面层标高控制线;

5 支座安装应定位准确，并与基体结构连接牢固;

6 横梁应与支座安装牢固，并整体调平;

7 架空地面安装时，应设置纵横基准线，并沿基准线向两侧安装;

8 架空地面的面板预留孔洞宜在工厂完成，避免现场切割。

6.6 内 门 窗

6.6.1 内门窗构件、配件、部件应在出厂前进行统一编号，并应试配、试装检验合格。

6.6.2 木门窗的产品质量应符合国家现行标准《木门窗》GB/T 29498 的相关规定。

6.6.3 木门窗施工应符合以下要求:

1 施工工艺流程：测量放线→门框安装→嵌填处理→门扇安装→配件安装;

2 施工前，建筑主体、预埋件等应施工完成并验收合格，并应符合本规程第 8 章的相关规定。应进行测量放线。基准线、控制线应准确，预埋件的安装位置应符合产品安装要求;

3 构件、配件、部件宜为工厂生产的定型产品，配件预留安装槽、孔应在工厂制作加工，并应边缘整齐，无毛刺;

4 与墙体间缝隙的嵌填材料、嵌填方式等应符合设计要求，填嵌应密实;

5 品种、类型、规格、开启方向、安装位置及连接方式应符合设计要求;

6 门窗框的安装必须牢固。门窗扇必须安装牢固，并应开关灵活、关闭严密、无倒翘;

7 门窗配件的型号、规格、数量应符合设计要求，安装应牢固，位置应正确，功能应满足使用要求;

8 木门窗部件应结合牢固、裁口顺直、拼缝严密。

6.7 集成式卫生间、厨房

6.7.1 集成式卫生间、厨房施工前，建筑主体、设备及管线、预埋件、防水等应施工完成并验收合格，并应符合本规程第 8 章的相关规定。

6.7.2 细部工程构件、配件、部件应在出厂前进行统一编号，并应试配、试装检验合格。

6.7.3 集成式卫生间、厨房施工应符合以下要求:

1 集成式卫生间安装施工工艺流程：测量放线→设备末端及支路管线安装→地面安装→墙面安装→顶面安装→门窗安装→卫生洁具安装→收纳及配件安装→整体卫浴安装;

2 集成式厨房安装施工工艺流程：测量放线→设备末端及支路管线安装→地面安装→墙面安装→顶面安装→门窗安装→厨房洁具安装→收纳及配件安装;

3 施工前，应进行测量放线。基准线、控制线应准确，设备及管线、预埋件的安装位置应符合部品安装要求;

4 构件、配件、部件宜为工厂生产的定型产品，并应在工厂制作加工;

5 设备末端及支路管线施工应符合现行国家标准的相关规定;

6 部品及材料的品种、类型、规格、尺寸、方向、位置、连接方式、密封处理等应符合设计要求;

7 部品安装必须牢固可靠;

8 集成式卫生间地面坡度及方向应符合设计要求，坡度应符合国家现行标准的相关规定;

9 集成式卫生间、厨房的玻璃等宜选用安全玻璃，玻璃的安装应符合现行行业标准《建筑玻璃应用技术规程》JGJ 113 的相关规定;

10 防水施工应符合现行行业标准《住宅室内防水工程技术规范》JGJ 298 的相关规定，施工完成后应进行蓄水试验。

6.8 细部工程

6.8.1 细部工程构件、配件、部件的品种、造型、规格、尺寸、数量、安装位置、固定方法应符合设计要求。

6.8.2 构件、配件、部件应在出厂前进行统一编号，并应试配、试装检验合格。

6.8.3 细部工程施工应符合下列要求：

1 施工前，建筑主体、预埋件等应施工完成并验收合格，并应符合本规程第8章的相关规定；

2 施工前，应进行测量放线。基准线、控制线应准确，预埋件的安装位置应符合产品安装要求；

3 构件、配件、部件宜为工厂生产的定型产品，并应在工厂制作加工。

6.8.4 橱柜安装应符合下列要求：

1 施工工艺流程：测量放线→柜体组装→柜体固定→部件安装→配件安装；

2 橱柜组装应按出厂说明书的组装程序、组装方法及注意事项进行；

3 橱柜与基体结构固定宜采用膨胀螺栓，安装必须牢固、可靠；

4 橱柜表面不得有裂缝、翘曲及损坏；

5 橱门、抽屉应开关灵活、回位正确、关闭严密、接缝顺直，不得有倒翘、错位等现象。

6.8.5 窗帘盒安装应符合下列要求：

1 施工工艺流程：测量放线→窗帘盒安装→配件安装；

2 应按安装使用说明书的安装程序、安装方法及注意事项进行安装，安装必须牢固、可靠；

3 窗帘盒、窗台板和散热器罩表面应平整、洁净、线条顺直、接缝严密、色泽一致，不得有裂缝、翘曲及损坏；

4 窗帘盒、窗台板和散热器罩与墙面、窗框的衔接应严密，密封胶应顺直、光滑。

6.8.6 门窗套安装应符合下列要求：

1 施工工艺流程：测量放线→套板安装→套线安装；

2 应按安装使用说明书的安装程序、安装方法及注意事项进行安装，安装应牢固、可靠；

3 门窗套表面应平整、洁净、线条顺直、接缝严密、色泽一致，不得有裂缝、翘曲及损坏。

6.8.7 护栏和扶手安装应符合下列要求：

1 施工工艺流程：测量放线→栏杆固定→扶手固定→部件安装；

2 护栏和扶手安装预埋件的数量、规格、位置及护栏与预埋件的连接节点应符合设计要求；

3 护栏高度、栏杆间距、安装位置必须符合设计要求，并应符合现行国家标准《民用建筑设计通则》GB 50352的相关规定；

4 护栏玻璃及其安装应符合现行行业标准《建筑玻璃应用技术规程》JGJ 113的相关规定；

5 护栏和扶手转角弧度应符合设计要求，接缝应严密，表面应光滑，色泽应一致，不得有裂缝、翘曲及损坏。

6.8.8 花饰安装应符合下列要求：

1 花饰安装必须牢固、可靠；

2 花饰表面应洁净、接缝严密吻合、色泽一致，不得有歪斜、裂缝、翘曲及损坏。

7　设备与管线工程施工

7.1　一 般 规 定

7.1.1　装配式混凝土建筑应进行设备和管线系统的深化设计，满足机电各系统使用功能、运行安全、维修管理等要求。深化设计应与相关专业及装配式构件的生产方进行协调。

7.1.2　设备与管线宜在架空层或吊顶内设置。

7.1.3　宜采用工厂化预制加工，现场装配式安装。建筑部品与配管连接、配管与主管道连接及部品间连接应采用标准化接口，且应方便安装与使用维护。

7.1.4　设备与管线工程需要与预制构件连接时宜采用预留埋件或管件的连接方式。当采用其他连接方法时，不得影响预制构件的完整性与结构的安全性。

7.1.5　公共管线、阀门、检修口、计量仪表、电表箱、配电箱、智能化配线箱等，应统一集中设置在公共区域。

7.1.6　穿越结构变形缝时，应根据具体情况采取加装伸缩器、预留空间等保护措施。

7.1.7　装配式混凝土建筑的设备与管线穿越楼板和墙体时，应采取防水、隔声、密封等措施，防火封堵应符合现行国家标准《建筑设计防火规范》GB 50016 的有关规定。

7.2　给水排水及供暖

7.2.1　装配式混凝土建筑给水排水及供暖工程施工工艺流程：施工准备→深化设计→工厂预制→相关预制构件进场及验收→现场装配安装→相关试验与检验→系统调试→竣工验收。

7.2.2　装配式混凝土建筑给水排水及供暖工程设备和管线深化设计应符合下列要求：

1　当设备管线受条件件限制必须暗敷设时，宜敷设在建筑垫层内；

2　必须穿越预制构件时应预留套管或孔洞，预留的位置应准确且不应影响结构安全；

3　在相应的预制构件上应预埋用于支吊架安装的埋件；

4　建筑部件与设备之间的连接宜采用标准化接口，给水系统的立管与部品水平管道的接口应采用活接连接；

5　卫生间宜采用同层排水方式，给水、供暖水平管线宜暗敷于本层地面下的垫层中。同层排水管道设置在架空层时，宜设积水排出措施；

6　污废水排水横管宜设置在本层套内，当敷设于下一层的套内空间时，其清扫口应设在本层，并应进行夏季管道外壁结露验算和采取相应的防结露的措施；

7　设备及其管线和预留洞口（管道井）设计应做到构配件规格标准化和模数化；

8　太阳能热水系统安装应考虑与建筑一体化设计，做好预留预埋。

7.2.3　给水系统宜采用装配式管道及其配件连接。

7.2.4　供暖系统主干供、回水采用水平同层敷设或多排多层设计时，宜采用工厂模块化预制加工、装配成组，编码标识。

7.2.5　给排水设备管道装安装应符合下列要求：

1　管道连接方式应符合设计要求，当设计无要求时，其连接方式应符合相关的施工工艺标准，新型材料宜按产品说明书要求的方式连接；

2 集成式卫生间的同层排水管道和给水管道，均应在设计预留的安装空间内敷设，同时预留与外部管道接口的位置并作出明显标识；

3 同层排水管道安装当采用整体装配式时，其同层管道应设置牢固支架与同一个实体底座上。

7.2.6 成排管道或设备应在设计安装的预制构件上预埋用于支吊架安装的埋件，且预埋件与支架、部件应采用机械连接。

7.2.7 供暖系统管道施工应符合下列要求：

1 装配整体式居住建筑设置供暖系统，供、回水主立管的专用管道井或通廊，应预留进户用供暖水管的孔洞或预埋套管；

2 装配整体式建筑户内供暖系统的供回水管道应敷设在架空地板内，并且管道应做保温处理。当无架空地板时，供暖管道应做保温处理后敷设在装配式建筑的地板沟槽内；

3 隐蔽在装饰墙体内的管道，其安装应牢固可靠，管道安装部位的装饰结构应采取方便更换、维修的措施；

4 采用散热器供暖系统的装配式建筑，散热器的挂件或可连接挂件的预埋件应预埋在实体墙上。当采用预留孔洞安装散热器挂件时，预留孔洞的深度应不小于120mm。

7.3 通风、空调及燃气

7.3.1 装配式混凝土建筑通风、空调及燃气工程施工工艺流程：施工准备→深化设计→加工图绘制→工厂化预制→预制品进场与验收→现场装配安装→试验与检验→系统调试→竣工验收。

7.3.2 装配式混凝土建筑通风、空调及燃气工程设备和管线深化设计应符合下列要求：

1 管线平面布置应避免交叉，合理使用空间，设备管线及相关点位接口的布置位置应方便维修更换，且在维修更换时不应影响主体结构安全；

2 应绘制预埋套管、预留孔洞、预埋件布置图，向建筑结构专业准确提供预留预埋参数，协助建筑结构专业完成建筑结构预制件加工图的绘制；

3 当在结构梁上预留穿越风管水管（冷媒管）的孔洞时，应与结构专业密切配合，向结构专业提供准确的孔洞尺寸或预埋管件位置，由结构专业核算后，在构件加工时进行预制；

4 应进行管道、设备支架设计，正确选用支架形式，优先选用综合支吊架，确定间距、布置及固定方式，支吊架所需的固定点宜在建筑预制构件中预留支吊架预埋件；

5 装配式居住建筑的卧室、起居室的外墙应预埋空调器冷媒管和凝结水管的穿墙套管；

6 装配式居住建筑中设置机械通风或户内中央空调系统时，宜在结构梁上预留穿越风管水管（或冷媒管）的孔洞。

7.3.3 通风、空调系统预留预埋应符合下列要求：

1 预留套管的形式及规格应符合本专业相关现行标准的要求；

2 预留套管应按设计图纸中管道的定位、标高同时结合装饰、结构专业，绘制预留图，在结构预制构件上的预留预埋应在预制构件厂内完成，并进行质量验收。

7.4 电气和智能化

7.4.1 装配式混凝土建筑电气和智能化工程施工工艺流程：施工准备→深化设计→预制构件预留预埋验收→现场预留预埋→电器设备安装及管线敷设→单机调试运行→联合调试运行→竣工验收。

7.4.2 装配式混凝土建筑电气和智能化设备和管线深化设计应符合以下规定：

1 宜采用包括BIM技术在内的多种技术手段协同其他机电专业完成管线综合排布，满足结构深化设计要求，对结构预制构件内的电气和智能化设备、管线和预留洞槽等准确定位，减少管线交叉；

2 当电气和智能化管线受条件限制必须暗敷设时，宜敷设在现浇层或建筑垫层内，并应符合现行有关规范要求；

3 配电箱等电气设备不宜安装在预制构件内。当无法避免时，应根据建筑结构形式合理选择电气设备的安装形式及进出管线的敷设方式；

4 预制墙体上预留孔洞和管线应与建筑模数、结构部品及构件等相协调，同类电气设备和管线的尺寸及安装位置应规范统一，在预制构件上准确和标准化定位；

5 不应在预制构件受力部位和节点连接区域设置孔洞及接线盒，隔墙两侧的电气和智能化设备不应直接连通设置；

6 当大型灯具、桥架、母线、配电设备等安装在预制构件上时，应采用预埋件固定；

7 集成式厨房、集成式卫生间相应的机电管线、等电位连接、接口及设备应预留安装位置、配置到位。

7.4.3 装配式混凝土建筑电气和智能化设备及管线施工应符合以下规定：

1 当管线在叠合楼板现浇层中暗敷设时，应避免管线交叉部位与桁架钢筋重叠，同一地点不得三根及以上电气管路交叉敷设；

2 当设计要求箱体和管线均暗装在预制构件时，应在墙板与楼板的连接处预留出足够的操作空间，以方便管线的施工；

3 接线盒应固定在预制构件模具上，根据管线走向将管线敷设在预制墙钢筋夹层内，向上（下）出墙端的接口预留直接头并做好封堵；

4 沿叠合楼板现浇层暗敷的电气管路，应在叠合楼板电气设备相应位置预埋深型接线盒；

5 叠合楼板、预制墙体中预埋电气接线盒及其管路与现浇层中电气管路连接时，预埋盒下（上）宜预留空间，便于施工接管操作；

6 安装在预制板上的配电箱体，应使用预留螺栓进行固定；安装在轻钢龙骨隔墙内的箱体，应设置独立支架，不应使用龙骨固定；

7 预制墙板内的开关盒、强弱电箱体、套管直接固定在钢筋上时，盒口或管口应与墙体平面平齐；

8 楼地面内的管道与墙体内的管道有连接时，应与预制构件安装协调一致，保证位置准确。

7.4.4 防雷与接地施工应符合以下规定：

1 防雷引下线宜安装在边缘构件现浇部位；当利用预制剪力墙、预制柱内的部分钢筋作为防雷引下线时，预制构件内作为防雷引下线的钢筋，应在构件接缝处作可靠的电气连接，并在构件接缝处预留施工空间及条件，连接部位应有永久性明显标记；

2 建筑外墙上的金属管道、栏杆、门窗等金属物需要与防雷装置连接时，应与相关预制构件内部的金属件连接成电气通路；

3 设置等电位连接的场所，各构件内的钢筋应作可靠的电气连接，并与等电位连接箱连通，等电位箱与各等电位连接点之间应暗敷线管，并预留接线盒。

7.5 设备及管线装配一体化

7.5.1 设备及管线装配一体化施工工艺流程：施工准备→深化设计→设备及管线预制模块划分→加工图绘制→工厂预制→进场验收→大型设备就位安装→设备及管线预制模块装配施工→相关试验及调试→验收竣工。

7.5.2 设备及管线装配一体化施工应符合下列规定：

1 设备及管线预制模块在生产、运输和装配过程中，应制定专项生产、运输和装配方案；

2 预制模块加工所需机电设备、管道、阀门、配件等材料必须具有质量合格证明文件，规格、型号、技术参数等应符合设计要求；

3 在生产、运输、保管和装配过程中，应采取防止预制模块损坏或腐蚀的措施；

4 预制模块在吊装、运输、装配前应进行重量计算，吊运装置应安全可靠，吊运捆扎应稳固，主要承力点应高于预制模块重心，并应采取措施防止预制模块扭曲或变形。

7.5.3 设备及管线装配一体化深化设计应符合下列规定：

1 深化设计时应综合考虑设备及管线装配施工区域内的建筑、结构、装饰等相关专业的情况。主要设备及预制模块必须预留出检修通道；距墙、柱、梁、顶及设备之间应有合理的检修距离；

2 应依据相关设计规范要求，结合施工区域内的管线综合布置情况和运输吊装条件，进行合理的设备及管线预制模块划分。设备及管线预制模块，主要包含预制循环泵组模块、预制管组模块、预制管段模块、预制支吊架模块等；

3 深化设计前应确定加工生产所需的设备及材料的规格、型号、技术参数等，并应编制专项设备及材料样本要求细则，由生产厂家提供详实的产品样本。严格按照设备及材料厂家提供的样本进行深化设计，宜采用 BIM 技术进行模型搭建；

4 深化设计图纸包括设备基础及排水沟布置图、机电设备布置图、机电管线综合布置图、设备及管线预制模块加工图和装配图等；

5 设备及管线预制模块分组划分后，进行各预制模块全过程实施的可行性分析及验算，应满足运输、吊装、装配的相关要求。

7.5.4 设备及管线预制模块工厂生产应符合下列规定：

1 生产厂家应具备保证设备及管线预制模块符合质量要求的生产工艺设施、试验检测条件；

2 生产前，应由施工单位组织深化设计人员对生产厂家进行深化设计文件的交底；

3 加工生产宜分为工厂预制和现场预制，对于装配式施工中的关键线路、关键节点可采取现场预制的方式；

4 预制模块中水泵与电动机同心度的调测应符合相关技术要求；预制模块上的阀门、压力表、温度计、泄水管等安装应符合产品使用书的要求；

5 设备及管线预制模块的生产宜建立首件验收制度，由施工单位组织相关人员验收合格后方可进行后续预制模块的批量生产；

6 出厂前，宜采用追踪二维码或无线射频识别芯片的方式对其进行唯一编码标识；

7 出厂时，应出具相关质量证明文件。

7.5.5 设备及管线预制模块配送运输应符合下列要求：

1 现场运输道路和设备及管线预制模块的堆放场地应平整坚实，并有排水措施。运输车辆进入施工现场的道路应满足预制模块的运输要求；

2 所有设备及管线预制模块在进场时应做检查验收，并经监理工程师核查确认。包装应完好，表面无划痕及破损，预制模块的规格、型号、尺寸等符合设计要求；

3 对于机房内的大型设备及管线预制模块的水平运输，宜在设备基础之间搭建型钢轨道，通过专用搬运工具承载、卷扬机牵引的方式进行水平运输，牵引过程中运输速度应平稳缓慢；

4 水平运输前应根据设备及管线预制模块的最终位置及方向合理规划运输起始点的朝向和运输路线；运输路线不宜多次转向，运输过程中设备及管线预制模块不宜调整朝向。

7.5.6 设备及管线预制模块装配施工应符合下列要求：

1 装配前应对设备基础进行预检，合格后方可进行安装。基础混凝土强度、坐标、标高、尺寸和螺栓孔位置必须符合设计或厂家技术要求，表面平整，不得有蜂窝、麻面、裂纹、孔洞、露筋等缺陷；

2 对不宜进行整体设备及管线预制的大型机电设备，应提前按照设备布置图进行就位，并采取措施进行成品保护；

3 应按照装配施工方案的装配顺序提前编号，严格按照编号顺序装配，宜遵循先主后次、先大后小、先里后外的原则进行装配；

4 安装的位置、标高和管口方向必须符合设计要求。当设计无要求时，平面位移和标高位移误差不大于10mm；

5 设备及管线预制模块，其纵、横向水平度的允许偏差为1‰，并应符合相关技术文件的规定；

6 对于预制模块成排或密集的装配施工区域，在条件允许的情况下，宜采用地面拼装、整体提升或顶升的装配方法；

7 预制支吊架模块的装配应符合各机电系统的相关要求，关键部位应适当加强，必要部位应设置固定支架；

8 装配就位后应校准定位，并应及时设置临时支撑或采取临时固定措施；

9 整体装配完成后，应进行质量检查、试验及验收。

8 质 量 验 收

8.1 一 般 规 定

8.1.1 装配式混凝土建筑施工应按现行国家标准《建筑工程施工质量验收统一标准》GB 50300 的有关规定进行单位工程、分部工程、分项工程和检验批的划分和质量验收。

8.1.2 装配式混凝土结构工程应按混凝土结构子分部工程进行验收，装配式混凝土结构部分应按混凝土结构子分部工程的分项工程验收，混凝土结构子分部中其他分项工程应符合现行国家标准《混凝土结构工程施工质量验收规范》GB 50204 的有关规定。

8.1.3 外围护工程、内装饰工程、设备与管线工程应按国家现行有关标准进行质量验收。

8.1.4 预制构件的原材料质量、钢筋加工和连接的力学性能、混凝土强度、构件结构性能、装饰材料、保温材料及拉结件的质量等均应根据国家现行有关标准进行检查和检验，并应具有生产操作规程和质量检验记录。

8.1.5 应对预埋于现浇混凝土内的灌浆套筒连接接头、浆锚搭接连接接头的预留钢筋的位置进行控制，并采用可靠的固定措施对预留连接钢筋的外露长度进行控制。

8.1.6 应对与预制构件连接的定位钢筋、连接钢筋、桁架钢筋及预埋件等安装位置进行控制。

8.2 装配式结构工程

8.2.1 结构实体检验应按现行国家标准《混凝土结构工程施工质量验收规范》GB 50204 的有关规定执行。

8.2.2 装配式混凝土结构工程施工用的原材料、部品、构配件均应按检验批进行进场验收。

8.2.3 装配混凝土结构子分部工程，检验批的划分原则上每层不少于一个检验批。检验批、分项工程、子分部工程的验收程序应符合《建筑工程施工质量验收统一标准》GB 50300 的规定。检验批、分项工程的质量验收记录应符合《混凝土结构工程施工质量验收规范》GB 50204 的规定。

8.2.4 混凝土结构子分部工程验收时，提供的文件和记录应符合现行国家标准《混凝土结构工程施工质量验收规范》GB 50204、《装配式混凝土建筑技术标准》GB/T 51231 有关规定。

8.2.5 当装配式结构子分部工程施工质量不符合要求时，应按下列规定进行处理:

1 经返工、返修或更换构件、部件的检验批，应重新进行检验;

2 经有资质的检测单位检测鉴定达到设计要求的检验批，应予以验收;

3 经有资质的检测单位检测鉴定达不到设计要求，但经原设计单位核算并确认仍可满足结构安全和使用功能的检验批，可予以验收;

4 经返修或加固处理能够满足结构安全使用要求的分项工程，可根据技术处理方案和协商文件进行验收。

8.2.6 装配式结构中各分项工程应在安装施工过程中完成下列隐蔽工程的现场验收:

1　混凝土粗糙面的质量，键槽的尺寸、数量、位置；

2　钢筋的牌号、规格、数量、位置、间距，箍筋弯钩的弯折角度及平直段长度；

3　钢筋的连接方式、接头位置、接头数量、接头面积百分率、搭接长度、锚固方式及锚固长度；

4　预埋件、预留管线的规格、数量、位置；

5　预制混凝土构件接缝处防水、防火等构造做法；

6　保温及其节点施工；

7　其他隐蔽项目。

8.2.7　装配式结构种各分项工程施工质量验收合格后，应填写子分部工程质量验收记录，并将所有的验收文件存档备案。

Ⅰ　预制构件

主控项目

8.2.8　专业企业生产的预制构件进场时，预制构件结构性能检验应符合下列规定：

1　梁板类非叠合简支受弯预制构件进场时应进行结构性能检验，并应符合下列规定：

1）结构性能检验应符合国家现行有关标准的有关规定及设计的要求，检验要求和试验方法应符合现行国家标准《混凝土结构工程施工质量验收规范》GB 50204 的有关规定。

2）钢筋混凝土构件和允许出现裂缝的预应力混凝土构件应进行承载力、挠度和裂缝宽度检验；不允许出现裂缝的预应力混凝土构件应进行承载力、挠度和抗裂检验。

3）对大型构件及有可靠应用经验的构件，可只进行裂缝宽度、抗裂和挠度检验。

4）对使用数量较少的构件，当能提供可靠依据时，可不进行结构性能检验。

5）对多个工程共同使用的同类型预制构件，结构性能检验可共同委托，其结果对多个工程共同有效。

2　对于不单独使用的叠合板预制底板，可不进行结构性能检验。对叠合梁构件，是否进行结构性能检验、结构性能检验的方式应根据设计要求确定。

3　对本条第 1、2 款之外的其他预制构件，除设计有专门要求外，进场时可不做结构性能检验。

4　本条第 1、2、3 款规定中不做结构性能检验的预制构件，应采取下列措施：

1）施工单位或监理单位代表应驻厂监督生产过程。

2）当无驻厂监督时，预制构件进场时应对其主要受力钢筋数量、规格、间距、保护层厚度及混凝土强度等进行实体检验。

检验数量：同一类型预制构件不超过 1000 个为一批，每批随机抽取 1 个构件进行结构性能检验。

检验方法：检查结构性能检验报告或实体检验报告。

注：1）“同类型”是指同一种钢筋、同一混凝土强度等级、同一生产工艺和同一结构形式。抽取预制构件时，宜从设计荷载最大、受力最不利或生产数量最多的预制构件中抽取。

2）本条中“大型构件”一般指跨度大于 18m 的构件。

8.2.9 进入现场的预制构件应具有出厂合格证及相关质量证明文件，产品质量应符合设计及相关技术标准要求。

检查数量：全数检查。

检验方法：检查出厂合格证及相关质量证明文件。

8.2.10 预制构件的外观质量不应有严重缺陷，对已经出现的严重缺陷，应按技术处理方案进行处理，并重新检查验收。

检查数量：全数检查。

检验方法：观察，检查技术处理方案。

8.2.11 预制构件不应有影响结构性能和安装的几何尺寸偏差。对超过尺寸允许偏差且影响结构性能和安装、使用功能的部位，应按技术处理方案进行处理，并重新检查验收。

检查数量：全数检查。

检验方法：量测，检查技术处理方案。

8.2.12 预制构件表面预贴饰面砖、石材等饰面与混凝土的粘接性能应符合设计和国家现行有关标准的规定。

检查数量：按批检查。

检验方法：检查拉拔强度检验报告。

一 般 项 目

8.2.13 预制构件应有标识，标识应包括生产企业名称、制作日期、品种、规格、编号等信息。

检查数量：全数检查。

检验方法：观察检查。

8.2.14 预制构件的外观质量不应有一般缺陷。对已经出现的一般缺陷，应按技术处理方案进行处理，并重新检查验收。

检查数量：全数检查。

检验方法：观察，检查技术处理方案。

8.2.15 预制构件粗糙面的外观质量、键槽的外观质量和数量应符合设计要求。

检查数量：全数检查。

检验方法：观察，量测。

8.2.16 预制构件表面预贴饰面砖、石材等饰面及装饰混凝土饰面的外观质量应符合设计要求或国家现行有关标准的规定。

检查数量：按批检查。

检验方法：观察或轻击检查；与样板比对。

8.2.17 预制构件吊装预留吊环、预留焊接埋件应安装牢固、无松动。

检查数量：全数检查。

检验方法：观察检查。

8.2.18 预制构件的预埋件、插筋及预留孔洞等规格、位置和数量应符合设计要求。对存在的影响安装及施工功能的缺陷，应按技术处理方案进行处理，并重新检查验收。

检查数量：全数检查。

检验方法：观察检查，检查技术处理方案。

8.2.19 预制构件尺寸偏差及预留孔、预留洞、预埋件、预留插筋、键槽的位置和检验方法应符合附录表 B.0.1-1 ～ B.0.1-3 的规定；设计有专门规定时，尚应符合设计要求。预制构件有粗糙面时，与粗糙面相关的尺寸允许偏差可放宽 1.5 倍。

检查数量：同一类型的构件，不超过 100 个为一批，每批应抽查构件数量的 5%，且不应少于 3 个。

8.2.20 装饰构件的装饰外观尺寸偏差和检验方法应符合设计要求；当设计无具体要求时，应符合本规程表 B.0.1-4 的规定。

检查数量：按照进场检验批，同一规格（品种）的构件每次抽检数量不应少于该规格（品种）数量的 10%，且不少于 5 件。

Ⅱ　预制构件安装与连接

主 控 项 目

8.2.21 预制构件安装临时固定及支撑措施应有效可靠，符合施工方案及相关技术标准要求。

检查数量：全数检查。

检查方法：观察检查。

8.2.22 预制构件与现浇结构，预制构件与预制构件之间的连接应符合设计要求。施工前应对接头施工进行工艺检验。

采用机械连接时，接头质量应符合现行行业标准《钢筋机械连接技术规程》JGJ 107 的要求；采用灌浆套筒时，接头抗拉强度及断后伸长率应符合现行行业标准《钢筋套筒灌浆连接应用技术规程》JGJ 355 的要求。

采用焊接连接时，接头质量应符合现行行业标准《钢筋焊接及验收规程》JGJ 18 的要求，检查焊接产生的焊接应力和温差是否造成预制构件出现影响结构性能的缺陷，对已出现的缺陷，应处理合格后，再进行混凝土浇筑。

检查数量：全数检查。

检查方法：观察，检查施工记录和检验报告。

8.2.23 装配式混凝土结构中预制构件的接头和拼缝处混凝土或砂浆的强度及收缩性能应符合设计要求。

检查数量：全数检查。

检查方法：观察，检查施工记录和检验报告。

8.2.24 钢筋连接用套筒灌浆料、浆锚搭接灌浆料配合比应符合产品使用说明书要求。

检查数量：全数检查。

检查方法：观察检查。

8.2.25 钢筋连接套筒灌浆、浆锚搭接灌浆应饱满，灌浆时灌浆料必须冒出溢流口；采用专用堵头封闭后灌浆料不应有任何外漏。

检查数量：全数检查。

检查方法：观察检查、检查灌浆施工质量检查记录。

8.2.26 施工现场钢筋连接用套筒灌浆料、浆锚搭接灌浆料应留置同条件成型并在标准条件养护的抗压强度试块，试块28d抗压强度应符合《钢筋连接用套筒灌浆料》JG/T 408及产品设计要求的规定。

检查数量：每班灌浆接头施工时留置标养试块、同条件养护试块各一组，每组3个试块，试块规格为40mm×40mm×160mm。

检查方法：检查试件强度试验报告。

一 般 项 目

8.2.27 装配式结构施工后，预制构件位置、尺寸偏差及检验方法应符合设计要求；当设计无要求时，应符合附录表B.0.2的规定。预制构件与现浇结构连接部位的表面平整度应符合附录表B.0.2的规定。

检查数量：按楼层、结构缝或施工段划分检验批。在同一检验批内，对梁、柱，应抽查构件数量的10%，且不应少于3件；对墙和板应有代表性的自然间抽查10%，且不应少3间；对大空间结构，墙可按相邻轴线间高度5m左右划分检查面，板可按纵、横轴线划分检查面，检查10%，且均不应少于3面。

8.2.28 装配式混凝土建筑的饰面外观质量应符合设计要求，并应符合现行国家标准《建筑装饰装修工程质量验收规范》GB 50210的有关规定。

检查数量：全数检查。

检验方法：观察、对比量测。

Ⅲ 预制构件节点、密封与防水

主 控 项 目

8.2.29 预制墙板拼接水平节点钢制模板与预制构件间、构件与构件之间应粘贴密封条，节点处模板应在混凝土浇筑时不应产生明显变形和漏浆。

检查数量：全数检查。

检验方法：观察检查。

8.2.30 预制构件拼缝处防水材料应符合设计要求，并具有合格证及检测报告。必须提供防水密封材料进场复试报告。

检查数量：全数检查。

检验方法：观察，检查施工记录和检验报告。

8.2.31 密封胶应打注饱满、密实、连续、均匀、无气泡，宽度和深度符合要求。

检查数量：全数检查。

检验方法：观察检查、尺量。

一 般 项 目

8.2.32 预制构件拼缝防水节点基层应符合设计要求。

检查数量：全数检查。

检验方法：观察检查。

8.2.33 密封胶缝应横平竖直、深浅一致、宽窄均匀、光滑顺直。

检查数量：全数检查。

检验方法：观察检查。

8.2.34 防水胶带粘贴面积、搭接长度、节点构造应符合设计要求。

检查数量：全数检查。

检验方法：观察检查。

8.2.35 预制构件拼缝防水节点空腔排水构造应符合设计要求。

检查数量：全数检查。

检验方法：观察检查。

8.2.36 预制构件安装完毕后，必须进行淋水试验。

检查数量：全数检查。

检验方法：观察、检查现场淋水试验报告。

8.3 外围护工程

8.3.1 外围护部品应在验收前完成下列性能的试验和测试：

1 抗风压性能、层间变形性能、耐撞击性能、耐火极限等实验室检测；

2 连接件材性、锚栓拉拔强度等现场检测。

8.3.2 外围护部品验收根据工程实际情况进行下列现场试验和测试：

1 饰面砖（板）的粘接强度测试；

2 板接缝及外门窗安装部位的现场淋水试验；

3 现场隔声测试；

4 现场传热系数测试。

8.3.3 外围护部品应完成下列隐蔽项目的现场验收：

1 预埋件；

2 与主体结构的连接节点；

3 与主体结构之间的封堵构造节点；

4 变形缝及墙面转角处的构造节点；

5 防雷装置；

6 防火构造。

8.3.4 外围护系统的保温和隔热工程质量验收应按现行国家标准《建筑节能工程施工质量验收规范》GB 50411 的规定执行。

8.3.5 蒸压加气混凝土外墙板应按现行行业标准《蒸压加气混凝土建筑应用技术规程》JGJ/T 17 的规定进行验收。

8.3.6 幕墙应按现行行业标准《玻璃幕墙工程技术规范》JGJ 102、《金属与石材幕墙工程技术规范》JGJ 133 和《人造板材幕墙工程技术规范》JGJ 336 规定进行验收。

8.3.7 外围护系统的门窗工程、涂饰工程应按现行国家标准《建筑装饰装修工程质量验收规范》GB 50210 的规定进行验收。

8.3.8 屋面应按现行国家标准《屋面工程质量验收规范》GB 50207 的规定进行验收。

8.4 内装饰工程

8.4.1 内装饰工程应按《建筑装饰装修工程质量验收规范》GB 50210、《建筑轻质条板隔墙技术规程》JGJ/T 157 和《公共建筑吊顶工程技术规程》JGJ 345 等国家、行业现行有关规程的规定进行验收。

8.4.2 装配式隔墙分项工程的施工尺寸偏差及检验方法应符合设计要求；当设计无要求时，应符合本规程附录表 B. 0. 3-1 ～ B. 0. 3-4 的规定。

8.4.3 装配式墙面的饰面板品种、规格、颜色和性能应符合设计要求；连接件的数量、规格、位置、连接方法和防腐处理应符合设计要求；安装尺寸偏差及检验方法应符合设计要求，当设计无要求时，应符合本规程附录表 B. 0. 4 的规定。

8.4.4 集成吊顶安装的尺寸偏差及检验方法应符合设计要求，当设计无要求时，应符合本规程附录表 B. 0. 5 的规定。

8.4.5 架空地面施工质量应符合《建筑地面工程施工质量验收规范》GB 50209、《防静电活动地板通用规范》SJ/T 10796 的相关规定。

8.5 设备与管线工程

8.5.1 装配式混凝土建筑中涉及建筑给水排水及供暖、通风与空调、建筑电气、智能建筑、建筑节能、电梯等安装的施工质量验收应按其对应的分部工程进行验收。

8.5.2 给水排水及供暖工程的分部工程、分项工程、检验批质量验收等应符合现行国家标准《建筑给水排水及采暖工程施工质量验收规范》GB 50242 的有关规定。

8.5.3 电气工程的分部工程、分项工程、检验批质量验收等应符合现行国家标准《建筑电气工程施工质量验收规范》GB 50303 及《火灾自动报警系统施工及验收规范》GB 50166 的有关规定。

8.5.4 通风与空调工程的分部工程、分项工程、检验批质量验收等应符合现行国家标准《通风与空调工程施工质量验收规范》GB 50243 的有关规定。

8.5.5 智能建筑的分部工程、分项工程、检验批质量验收等除应符合本标准外，尚应符合现行国家标准《智能建筑工程质量验收规范》GB 50339 的有关规定。

9 安全管理

9.0.1 装配式混凝土建筑施工除应符合《建筑施工高处作业安全技术规范》JGJ 80、《建设工程施工现场消防安全技术规范》GB 50720、《建筑施工场界环境噪声排放标准》GB 12523等现行行业标准的相关规定外，尚应符合本规程相关规定。

9.0.2 施工单位应建立健全各项安全管理制度，明确各职能部门的安全职责。应对施工现场定期组织安全检查，并对检查发现的安全隐患责令相关单位进行整改。施工现场应具有健全的装配式施工安全管理体系、安全交底制度、施工安全检验制度和综合安全控制考核制度。

9.0.3 构件加工前，应由相关单位完成深化设计，深化设计应明确构件吊点、临时支撑支点、塔吊和施工机械附墙预埋件、脚手架拉结点等节点形式与布置，深化设计文件应经设计单位认可。

9.0.4 施工前，应编制装配式混凝土建筑施工安全专项方案、安全生产应急预案、消防应急预案等专项方案。装配式建筑专用施工操作平台、高处临边作业防护设施，应编制专项安全方案，专项方案应按规定通过专家论证。

9.0.5 装配式混凝土结构施工前应对预制构件、吊装设备、支撑体系等进行必要的施工验算。

9.0.6 施工单位应根据装配式混凝土建筑工程的管理和施工技术特点，对从事预制构件吊装作业及相关人员进行安全培训与交底，明确预制构件进场、卸车、存放、吊装、就位各环节的作业风险及防控措施。

9.0.7 机械管理员应对机械设备的进场、安装、使用、退场等进行统一管理。吊装机械的选择应综合考虑最大构件重量、吊次、吊运方法、路径、建筑物高度、作业半径、工期及现场条件等所涉及安全因素。塔吊及其他吊装设备选型及布置应满足最不利构件吊装要求，并严禁超载吊装。

9.0.8 施工单位应针对装配式混凝土建筑的施工特点对重大危险源进行分析，制定相应危险源识别内容和等级并予以公示，制定相对应的安全生产应急预案，并定期开展对重大危险源的检查工作。

10 绿色施工

10.0.1 施工现场应加强对废水、污水的管理，现场应设置污水池和排水沟。废水、废弃涂料、胶料应统一处理，严禁未经处理直接排入下水管道。

10.0.2 施工过程中，应采取光污染控制措施。可能产生强光的施工作业，应采取防护和遮挡措施。夜间施工时，应防止光污染对周围居民的影响。

10.0.3 预制构件运输过程中，应保持车辆整洁，防止对场内道路的污染，并减少扬尘。

10.0.4 预制构件安装过程中废弃物等应进行分类回收。施工中散落的胶粘剂、稀释剂等易燃易爆废弃物应按规定及时清理、分类收集并送至指定储存器内回收，严禁丢弃未经处理的废弃物。

10.0.5 夹心保温外墙板和预制外墙板内保温材料，采用粘接板块或喷涂工艺的保温材料，其组成原材料应彼此相容，并应对人体和环境无害。

11 信息化施工

11.1 一 般 规 定

11.1.1 装配式混凝土建筑施工宜采用信息化管理平台、BIM技术、互联网、物联网等信息化技术。

11.1.2 施工模型管理与应用应参照《建筑信息模型施工应用标准》GB/T 51235执行。

11.1.3 装配式混凝土建筑宜采用BIM技术进行技术集成，实现建筑施工全过程的信息化管理。

11.1.4 采用BIM技术时，宜根据企业发展战略、项目业务特点和参与各方BIM应用水平，确定项目BIM应用目标和应用范围。

11.2 模型管理与应用

11.2.1 施工模型宜在施工图设计模型基础上创建，也可根据施工图等已有工程项目文件进行创建。

11.2.2 在施工中应用BIM技术的相关方，宜先确定施工模型数据共享和协同工作的方式。

11.2.3 相关方应根据BIM技术的应用目标和范围，选用具有相应功能的BIM软件。

11.2.4 建筑信息模型在装配式建筑施工中的应用宜包括：基于土建、机电等专业的BIM技术施工图模型加入施工工艺、施工组织方案、施工临设模型和安全措施模型，形成BIM技术综合施工模型。

11.2.5 施工模型可采用集成方式统一创建，也可采用分工协作方式按专业或任务分别创建。

11.2.6 施工组织中的工序安排、资源配置、平面布置、进度计划等宜应用BIM技术。

11.2.7 质量管理过程中，应根据施工现场的实际情况和工作计划，宜采用BIM技术对质量控制点进行管理。

11.2.8 安全管理中的技术措施制定、实施方案策划、实施过程监控及动态管理、安全隐患分析及事故处理等宜应用BIM技术。

11.2.9 对于施工难度大，或采用新技术、新工艺、新设备、新材料的工程，宜应用BIM技术进行施工工艺模拟。

11.2.10 基于BIM技术创建的模型在信息转换和传递过程中，应保证完整性，不应发生信息丢失或失真。

11.2.11 建筑工程竣工预验收、竣工验收等工作宜应用BIM技术。

附录 A　检验批质量验收记录

表 A. 0. 1 ～表 A. 0. 3 分别给出了预制构件进场、预制构件安装、预制构件节点与接缝检验批质量验收记录表的内容。

表 A. 0. 1　给出了预制构件进场检验批质量验收记录表的内容。

表 A. 0. 1　预制构件进场检验批质量验收记录表

<table>
<tr><td colspan="2">单位（子单位）工程名称</td><td></td><td>分部（子分部）工程名称</td><td></td><td>分项工程名称</td><td></td></tr>
<tr><td colspan="2">施工单位</td><td></td><td>项目负责人</td><td></td><td>检验批容量</td><td></td></tr>
<tr><td colspan="2">分包单位</td><td></td><td>项目单位项目负责人</td><td></td><td>检验批部位</td><td></td></tr>
<tr><td colspan="3">施工依据</td><td colspan="2"></td><td>验收依据</td><td></td></tr>
<tr><td colspan="3">验收项目</td><td>设计要求及规范规定</td><td>最小/实际抽样数量</td><td>检查记录</td><td>检查结果</td></tr>
<tr><td rowspan="5">主控项目</td><td>1</td><td>预制构件结构性能检验</td><td></td><td></td><td></td><td></td></tr>
<tr><td>2</td><td>预制构件合格证及质量证明文件</td><td></td><td></td><td></td><td></td></tr>
<tr><td>3</td><td>预制构件外观严重缺陷</td><td></td><td></td><td></td><td></td></tr>
<tr><td>4</td><td>预制构件尺寸偏差</td><td></td><td></td><td></td><td></td></tr>
<tr><td>5</td><td>饰面与混凝土的粘接性能</td><td></td><td></td><td></td><td></td></tr>
<tr><td rowspan="8">一般项目</td><td>1</td><td>预制构件标识</td><td></td><td></td><td></td><td></td></tr>
<tr><td>2</td><td>预制构件外观一般缺陷</td><td></td><td></td><td></td><td></td></tr>
<tr><td>3</td><td>粗糙面质量，键槽质量及数量</td><td></td><td></td><td></td><td></td></tr>
<tr><td>4</td><td>饰面外观质量</td><td></td><td></td><td></td><td></td></tr>
<tr><td>5</td><td>预制构件预留吊环、焊接埋件</td><td></td><td></td><td></td><td></td></tr>
<tr><td>6</td><td>预留预埋件规格、数量</td><td></td><td></td><td></td><td></td></tr>
<tr><td>7</td><td>预制构件尺寸偏差及预埋件位置检验</td><td></td><td></td><td></td><td></td></tr>
<tr><td>8</td><td>饰面外观尺寸偏差</td><td></td><td></td><td></td><td></td></tr>
<tr><td colspan="2">施工单位检查结论</td><td></td><td colspan="4">工长：
项目专业质量检查员：
年　月　日</td></tr>
<tr><td colspan="2">监理（建设）单位验收结论</td><td></td><td colspan="4">专业监理工程师
（建设单位项目专业技术负责人）：
年　月　日</td></tr>
</table>

表 A. 0. 2 给出了预制构件安装检验批质量验收记录表的内容。

表 A. 0. 2 预制构件安装检验批质量验收记录表

单位（子单位）工程名称				分部（子分部）工程名称		分项工程名称		
施工单位				项目负责人		检验批容量		
分包单位				分包单位项目负责人		检验批部位		
施工依据					验收依据			
验收项目				设计要求及规范规定		最小 / 实际抽样数量	检查记录	检查结果
主控项目	1	预制构件安装临时固定措施						
	2	钢筋连接接头						
	3	接头或拼缝处混凝土或砂浆的强度及收缩性能						
	4	灌浆料配合比						
	5	灌浆饱满						
	6	灌浆料养护试块						
一般项目	1	构件中心线对轴线位置	基础	15				
			竖向构件（柱、墙、桁架）	8				
			水平构件（梁、板）	5				
	2	构件标高	梁、墙、板底面或顶面	±3				
			柱底面或顶面	±5				
	3	构件垂直度	柱、墙	≤ 6m	5			
				＞ 6m	10			
	4	构件倾斜度	梁、桁架	5				
	5	相邻构件平整度	梁、板底面	抹灰	3			
				不抹灰	5			
			柱、墙侧面	外露	5			
				不外露	8			
	6	构件搁置长度	梁、板	±10				
	7	支座、支垫中心位置	板、梁、柱、墙、桁架	10				
	8	墙板接缝	宽度	±5				
			中心线位置					
	9	饰面外观质量						
施工单位检查结论					工长： 项目专业质量检查员： 年 月 日			
监理（建设）单位验收结论					专业监理工程师 （建设单位项目专业技术负责人）： 年 月 日			

表 A. 0. 3 给出了预制构件节点与接缝检验批质量验收记录表的内容。

表 A. 0. 3　预制构件节点与接缝检验批质量验收记录表

<table>
<tr><td colspan="2">单位（子单位）工程名称</td><td></td><td>分部（子分部）工程名称</td><td></td><td>分项工程名称</td><td></td></tr>
<tr><td colspan="2">施工单位</td><td></td><td>项目负责人</td><td></td><td>检验批容量</td><td></td></tr>
<tr><td colspan="2">分包单位</td><td></td><td>分包单位项目负责人</td><td></td><td>检验批部位</td><td></td></tr>
<tr><td colspan="3">施工依据</td><td></td><td>验收依据</td><td colspan="2"></td></tr>
<tr><td colspan="3">验收项目</td><td>设计要求及规范规定</td><td>最小 / 实际抽样数量</td><td>检查记录</td><td>检查结果</td></tr>
<tr><td rowspan="3">主控项目</td><td>1</td><td>预制构件与模板间密封</td><td></td><td></td><td></td><td></td></tr>
<tr><td>2</td><td>防水材料质量证明文件及复试报告</td><td></td><td></td><td></td><td></td></tr>
<tr><td>3</td><td>密封胶打注</td><td></td><td></td><td></td><td></td></tr>
<tr><td rowspan="5">一般项目</td><td>1</td><td>防水节点基层</td><td></td><td></td><td></td><td></td></tr>
<tr><td>2</td><td>密封胶胶缝</td><td></td><td></td><td></td><td></td></tr>
<tr><td>3</td><td>防水胶带粘结面积、搭接长度</td><td></td><td></td><td></td><td></td></tr>
<tr><td>4</td><td>防水节点空腔排水构造</td><td></td><td></td><td></td><td></td></tr>
<tr><td>5</td><td>淋水试验</td><td></td><td></td><td></td><td></td></tr>
<tr><td colspan="2">施工单位检查结论</td><td></td><td colspan="4">工长：
项目专业质量检查员：
年　月　日</td></tr>
<tr><td colspan="2">监理（建设）单位验收结论</td><td></td><td colspan="4">专业监理工程师
（建设单位项目专业技术负责人）：
年　月　日</td></tr>
</table>

附录B 施工允许偏差及检验方法

表B.0.1～表B.0.5分别给出了预制构件进场、预制构件安装、隔墙安装、装配式墙面、吊顶施工尺寸允许偏差及检验方法的内容。

表B.0.1-1给出了预制楼板类构件外形尺寸允许偏差及检验方法的内容。

表B.0.1-1 预制楼板类构件外形尺寸允许偏差及检验方法

项次	检查项目			允许偏差（mm）	检验方法
1	规格尺寸	长度	<12m	±5	用尺量两端及中间部，取其中偏差绝对值较大值
			≥12m且<18m	±10	
			≥18m	±20	
2		宽度		±5	用尺量两端及中间部，取其中偏差绝对值较大值
3		厚度		±5	用尺量板四角和四边中部位置共8处，取其中偏差绝对值较大值
4	对角线差			6	在构件表面，用尺量测两对角线的长度，取其绝对值的差值
5	外形	表面平整度	上表面	4	用2m靠尺安放在构件表面上，用楔形塞尺量测靠尺与表面之间的最大缝隙
			下表面	3	
6		楼板侧向弯曲		$L/750$ 且≤20mm	拉线，钢尺量最大弯曲处
7		扭翘		L/750	四对角拉两条线，量测两线交点之间的距离，其值的2倍为扭翘值
8	预埋部件	预埋钢板	中心线位置偏差	5	用尺量测纵横两个方向的中心线位置，记录其中较大值
			平面高差	0，－5	用尺紧靠在预埋件上，用楔形塞尺量测预埋件平面与混凝土面的最大缝隙
9		预埋螺栓	中心线位置偏移	2	用尺量测纵横两个方向的中心线位置，记录其中较大值
			外露长度	＋10，－5	用尺量
10		预埋线盒、电盒	在构件平面的水平方向中心位置偏差	10	用尺量
			与构件表面混凝土高差	0，－5	用尺量
11	预留孔	中心线位置偏移		5	用尺量测纵横两个方向的中心线位置，记录其中较大值
		孔尺寸		±5	用尺量测纵横两个方向尺寸，取其最大值
12	预留洞	中心线位置偏移		5	用尺量测纵横两个方向的中心线位置，记录其中较大值
		洞口尺寸、深度		±5	用尺量测纵横两个方向尺寸，取其最大值
13	预留插筋	中心线位置偏移		3	用尺量测纵横两个方向的中心线位置，记录其中较大值
		外露长度		±5	用尺量
14	吊环、木砖	中心线位置偏移		10	用尺量测纵横两个方向的中心线位置，记录其中较大值
		留出高度		0，－10	用尺量
15	桁架钢筋高度			＋5，0	用尺量

表B.0.1-2给出了预制墙板类构件外形尺寸允许偏差及检验方法的内容。

表B.0.1-2 预制墙板类构件外形尺寸允许偏差及检验方法

<table>
<tr><th>项次</th><th colspan="3">检查项</th><th>允许偏差(mm)</th><th>检验方法</th></tr>
<tr><td>1</td><td rowspan="3">规格尺寸</td><td colspan="2">高度</td><td>±4</td><td>用尺量两端及中间部，取其中偏差绝对值较大值</td></tr>
<tr><td>2</td><td colspan="2">宽度</td><td>±4</td><td>用尺量两端及中间部，取其中偏差绝对值较大值</td></tr>
<tr><td>3</td><td colspan="2">厚度</td><td>±3</td><td>用尺量板四角和四边中部位置共8处，取其中偏差绝对值较大值</td></tr>
<tr><td>4</td><td colspan="3">对角线差</td><td>5</td><td>在构件表面，用尺量测两对角线的长度，取其绝对值的差值</td></tr>
<tr><td rowspan="2">5</td><td rowspan="4">外形</td><td rowspan="2">表面平整度</td><td>内表面</td><td>4</td><td rowspan="2">用2m靠尺安放在构件表面上，用楔形塞尺量测靠尺与表面之间的最大缝隙</td></tr>
<tr><td>外表面</td><td>3</td></tr>
<tr><td>6</td><td colspan="2">侧向弯曲</td><td>L/1000且≤20mm</td><td>拉线，钢尺量最大弯曲处</td></tr>
<tr><td>7</td><td colspan="2">扭翘</td><td>L/1000</td><td>四对角拉两条线，量测两线交点之间的距离，其值的2倍为扭翘值</td></tr>
<tr><td rowspan="2">8</td><td rowspan="6">预埋部件</td><td rowspan="2">预埋钢板</td><td>中心线位置偏移</td><td>5</td><td>用尺量测纵横两个方向的中心线位置，记录其中较大值</td></tr>
<tr><td>平面高差</td><td>0，－5</td><td>用尺紧靠在预埋件上，用楔形塞尺量测预埋件平面与混凝土面的最大缝隙</td></tr>
<tr><td rowspan="2">9</td><td rowspan="2">预埋螺栓</td><td>中心线位置偏移</td><td>2</td><td>用尺量测纵横两个方向的中心线位置，记录其中较大值</td></tr>
<tr><td>外露长度</td><td>＋10，－5</td><td>用尺量</td></tr>
<tr><td rowspan="2">10</td><td rowspan="2">预埋套筒、螺母</td><td>中心线位置偏移</td><td>2</td><td>用尺量测纵横两个方向的中心线位置，记录其中较大值</td></tr>
<tr><td>平面高差</td><td>0，－5</td><td>用尺紧靠在预埋件上，用楔形塞尺量测预埋件平面与混凝土面的最大缝隙</td></tr>
<tr><td rowspan="2">11</td><td rowspan="2">预留孔</td><td colspan="2">中心线位置偏移</td><td>5</td><td>用尺量测纵横两个方向的中心线位置，记录其中较大值</td></tr>
<tr><td colspan="2">孔尺寸</td><td>±5</td><td>用尺量测纵横两个方向尺寸，取其最大值</td></tr>
<tr><td rowspan="2">12</td><td rowspan="2">预留洞</td><td colspan="2">中心线位置偏移</td><td>5</td><td>用尺量测纵横两个方向的中心线位置，记录其中较大值</td></tr>
<tr><td colspan="2">洞口尺寸、深度</td><td>±5</td><td>用尺量测纵横两个方向尺寸，取其最大值</td></tr>
<tr><td rowspan="2">13</td><td rowspan="2">预留插筋</td><td colspan="2">中心线位置偏移</td><td>3</td><td>用尺量测纵横两个方向的中心线位置，记录其中较大值</td></tr>
<tr><td colspan="2">外露长度</td><td>±5</td><td>用尺量</td></tr>
<tr><td rowspan="2">14</td><td rowspan="2">吊环、木砖</td><td colspan="2">中心线位置偏移</td><td>10</td><td>用尺量测纵横两个方向的中心线位置，记录其中较大值</td></tr>
<tr><td colspan="2">与构件表面混凝土高差</td><td>0，－10</td><td>用尺量</td></tr>
<tr><td rowspan="3">15</td><td rowspan="3">键槽</td><td colspan="2">中心线位置偏移</td><td>5</td><td>用尺量测纵横两个方向的中心线位置，记录其中较大值</td></tr>
<tr><td colspan="2">长度、宽度</td><td>±5</td><td>用尺量</td></tr>
<tr><td colspan="2">深度</td><td>±5</td><td>用尺量</td></tr>
<tr><td rowspan="3">16</td><td rowspan="3">灌浆套筒及连接钢筋</td><td colspan="2">灌浆套筒中心线位置</td><td>2</td><td>用尺量测纵横两个方向的中心线位置，记录其中较大值</td></tr>
<tr><td colspan="2">连接钢筋中心线位置</td><td>2</td><td>用尺量测纵横两个方向的中心线位置，记录其中较大值</td></tr>
<tr><td colspan="2">连接钢筋外露长度</td><td>＋10，0</td><td>用尺量</td></tr>
</table>

表 B. 0. 1. 3 给出了预制梁柱桁架类构件外形尺寸允许偏差及检验方法的内容。

表 B. 0. 1. 3 预制梁柱桁架类构件外形尺寸允许偏差及检验方法

项次	检查项目			允许偏差（mm）	检验方法
1	规格尺寸	长度	<12m	±5	用尺量两端及中间部，取其中偏差绝对值较大值
			≥ 12m 且 <18m	±10	
			≥ 18m	±20	
2		宽度		±5	用尺量两端及中间部，取其中偏差绝对值较大值
3		高度		±5	用尺量板四角和四边中部位置共 8 处，取其中偏差绝对值较大值
4	表面平整度			4	用 2m 靠尺安放在构件表面上，用楔形塞尺量测靠尺与表面之间的最大缝隙
5	侧向弯曲	梁柱		L/750 且 ≤ 20mm	拉线，钢尺量最大弯曲处
		桁架		L/1000 且 ≤ 20mm	
6	预埋部件	预埋钢板	中心线位置偏移	2	用尺量测纵横两个方向的中心线位置，记录其中较大值
			平面高差	0，－5	用尺紧靠在预埋件上，用楔形塞尺量测预埋件平面与混凝土面的最大缝隙
7		预埋螺栓	中心线位置偏移	2	用尺量测纵横两个方向的中心线位置，记录其中较大值
			外露长度	＋10，－5	用尺量
8	预留孔	中心线位置偏移		5	用尺量测纵横两个方向的中心线位置，记录其中较大值
		孔尺寸		±5	用尺量测纵横两个方向尺寸，取其最大值
9	预留洞	中心线位置偏移		5	用尺量测纵横两个方向的中心线位置，记录其中较大值
		洞口尺寸、深度		±5	用尺量测纵横两个方向尺寸，取其最大值
10	预留插筋	中心线位置偏移		3	用尺量测纵横两个方向的中心线位置，记录其中较大值
		外露长度		±5	用尺量
11	吊环	中心线位置偏移		10	用尺量测纵横两个方向的中心线位置，记录其中较大值
		留出高度		0，－10	用尺量
12	键槽	中心线位置偏移		5	用尺量测纵横两个方向的中心线位置，记录其中较大值
		长度、宽度		±5	用尺量
		深度		±5	用尺量
13	灌浆套筒及连接钢筋	灌浆套筒中心线位置		2	用尺量测纵横两个方向的中心线位置，记录其中较大值
		连接钢筋中心线位置		2	用尺量测纵横两个方向的中心线位置，记录其中较大值
		连接钢筋外露长度		＋10，0	用尺量测

表 B.0.1-4 给出了装饰构件外观尺寸允许偏差及检验方法的内容。

表 B.0.1-4 装饰构件外观尺寸允许偏差及检验方法

项次	装饰种类	检查项目	允许偏差（mm）	检验方法
1	通用	表面平整度	2	2m 靠尺或塞尺检查
2	面砖、石材	阳角方正	2	用托线板检查
3		上口平直	2	拉通线用钢尺检查
4		接缝平直	3	用钢尺或塞尺检查
5		接缝深度	±5	用钢尺或塞尺检查
6		接缝宽度	±2	用钢尺检查

表 B.0.2 给出了装配式结构构件位置和尺寸允许偏差及检验方法的内容。

表 B.0.2 装配式结构构件位置和尺寸允许偏差及检验方法

项目			允许偏差（mm）	检验方法
构件中心线对轴线位置	基础		15	经纬仪及尺量
	竖向构件（柱、墙、桁架）		8	
	水平构件（梁、板）		5	
构件标高	梁、墙、板底面或顶面		±3	水准仪或拉线、尺量
	柱底面或顶面		±5	
构件垂直度	柱、墙	≤ 6m	5	经纬仪或吊线、尺量
		＞ 6m	10	
构件倾斜度	梁、桁架		5	纬仪或吊线、尺量
相邻构件平整度	板端面		5	2m 靠尺和塞尺量测
	梁、板底面	抹灰	5	
		不抹灰	3	
	柱墙侧面	外露	5	
		不外露	8	
构件搁置长度	梁、板		±10	尺量
支座、支垫中心位置	板、梁、柱、墙、桁架		10	尺量
墙板接缝	宽度		±5	尺量
	中心线位置		5	

表 B.0.3-1 给出了板材隔墙安装的允许偏差和检验方法的内容。

表 B.0.3-1 板材隔墙安装的允许偏差和检验方法

序号	项目	允许偏差（mm）	检验方法
1	墙体轴线位移	5	用经纬仪或拉线和尺检查
2	表面平整度	3	用 2m 靠尺和楔形塞尺检查
3	立面垂直度	3	用 2m 垂直检测尺检查
4	接缝高低差	2	用直尺和楔形塞尺检查
5	阴阳角方正	3	用直角检测尺检查

表B.0.3-2给出了骨架隔墙安装的允许偏差和检验方法的内容。

表B.0.3-2 骨架隔墙安装的允许偏差和检验方法

序号	项目	允许偏差（mm）	检验方法
1	立面垂直度	4	用2m垂直检测尺检查
2	表面平整度	3	用2m靠尺和塞尺检查
3	阴阳角方正	3	用直角检测尺检查
4	接缝直线度	3	拉5m线，不足5m拉通线，用钢直尺检查
5	压条直线度	3	拉5m线，不足5m拉通线，用钢直尺检查
6	接缝高低差	1	用钢直尺和塞尺检查

表B.0.3-3给出了玻璃板隔墙安装的允许偏差和检验方法的内容。

表B.0.3-3 玻璃板隔墙安装的允许偏差和检验方法

序号	项目	允许偏差（mm）	检验方法
1	立面垂直度	2	用2m垂直检测尺检查
2	阴阳角方正	2	用直角检测尺检查
3	接缝直线度	2	拉5m线，不足5m拉通线，用钢直尺检查
4	接缝高低差	2	用钢直尺和塞尺检查
5	接缝宽度	1	用钢直尺检查

表B.0.3-4给出了活动隔墙安装的允许偏差和检验方法的内容。

表B.0.3-4 活动隔墙安装的允许偏差和检验方法

序号	项目	允许偏差（mm）	检验方法
1	立面垂直度	3	用2m垂直检测尺检查
2	表面平整度	2	用2m靠尺和塞尺检查
3	接缝直线度	3	拉5m线，不足5m拉通线，用钢直尺检查
4	接缝高低差	2	用钢直尺和塞尺检查
5	接缝宽度	2	用钢直尺检查

表B.0.4给出了装配式墙面安装的允许偏差和检验方法的内容。

表B.0.4 装配式墙面安装的允许偏差和检验方法

项次	检验项目	允许偏差（mm）			检验方法
		金属	石材复合板	木饰板	
1	表面平整度	3	2	1	用2m靠尺和塞尺检查
2	立面垂直度	2	2	1.5	用2m靠尺和塞尺检查
3	阴阳角方正	3	2	1.5	用直角检测尺检查
4	墙裙、勒脚上口直线度	2	2	2	拉5m线，不足5m拉通线，用钢直尺检查
5	接缝直线度	1	2	1	拉5m线，不足5m拉通线，用钢直尺检查
6	接缝高低差	1	0.5	0.5	用钢直尺和塞尺检查
7	接缝宽度	1	1	1	用钢直尺检查

表 B. 0. 5 给出了集成吊顶安装的允许偏差和检验方法的内容。

表 B. 0. 5　集成吊顶安装的允许偏差和检验方法

项次	项目	允许偏差（mm）	检查方法
1	表面平整度	2	用 2m 靠尺和塞尺检验
2	接缝直线度	2	拉 5m 线，不足 5m 拉通线，用钢直尺检查
3	接缝高低差	1	用钢直尺和塞尺检查

本规程用词说明

1 为便于在执行本标准条文时区别对待，对要求严格程度不同的用词说明如下：

1）表示很严格，非这样做不可的：

正面词采用“必须”，反面词采用“严禁”；

2）表示严格，在正常情况下均应这样做的：

正面词采用“应”，反面词采用“不应”或“不得”；

3）表示允许稍有选择，在条件许可时首先应这样做的：

正面词采用“宜”，反面词采用“不宜”；

4）表示有选择，在一定条件下可以这样做的，采用“可”。

2 条文中指明应按其他有关标准执行的写法为：“应符合……的规定”或“应按……执行”。

引用标准名录

1 《建筑施工场界环境噪声排放标准》GB 12523
2 《建筑幕墙》GB/T 21086
3 《木门窗》GB/T 29498
4 《建筑设计防火规范》GB 50016
5 《建筑物防雷设计规范》GB 50057
6 《火灾自动报警系统施工及验收规范》GB 50166
7 《混凝土结构工程施工质量验收规范》GB 50204
8 《屋面工程质量验收规范》GB 50207
9 《建筑地面工程施工质量验收规范》GB 50209
10 《建筑装饰装修工程质量验收规范》GB 50210
11 《建筑给水排水及采暖工程施工质量验收规范》GB 50242
12 《通风与空调工程施工质量验收规范》GB 50243
13 《建筑工程施工质量验收统一标准》GB 50300
14 《建筑电气工程施工质量验收规范》GB 50303
15 《智能建筑工程质量验收规范》GB 50339
16 《民用建筑设计通则》GB 50352
17 《建筑节能工程施工质量验收规范》GB 50411
18 《建设工程施工现场消防安全技术规范》GB 50720
19 《装配式混凝土建筑技术标准》GB/T 51231
20 《建筑信息模型施工应用标准》GB/T 51235
21 《钢筋连接用套筒灌浆料》JG/T 408
22 《装配式混凝土结构技术规程》JGJ 1
23 《蒸压加气混凝土建筑应用技术规程》JGJ/T 17
24 《钢筋焊接及验收规程》JGJ 18
25 《建筑施工高处作业安全技术规范》JGJ 80
26 《玻璃幕墙工程技术规范》JGJ 102
27 《塑料门窗工程技术规程》JGJ 103
28 《钢筋机械连接技术规程》JGJ 107
29 《建筑工程饰面砖粘结强度试验标准》JGJ 110
30 《建筑玻璃应用技术规程》JGJ 113
31 《金属与石材幕墙工程技术规范》JGJ 133
32 《建筑轻质条板隔墙技术规程》JGJ/T 157
33 《铝合金门窗工程技术规范》JGJ 214
34 《住宅室内防水工程技术规范》JGJ 298

35 《人造板材幕墙工程技术规范》JGJ 336
36 《公共建筑吊顶工程技术规程》JGJ 345
37 《钢筋套筒灌浆连接应用技术规程》JGJ 355
38 《防静电活动地板通用规范》SJ/T 10796

中国建筑业协会团体标准

装配式混凝土建筑施工规程

T/CCIAT 0001-2017

条 文 说 明

目 次

1 总　　则

1.0.1 《中共中央国务院关于进一步加强城市规划建设管理工作若干意见》、国务院办公厅《关于大力发展装配式建筑的指导意见》（国办发【2016】71号）明确提出发展装配式建筑，装配式建筑进入快速发展阶段。但总体看，我国装配式建筑的应用规模小，技术集成度较低。为推进装配式建筑健康发展，亟须一本标准来规范装配式混凝土建筑的建设，按照适用、经济、安全、绿色、美观的要求，全面提高装配式混凝土建筑的环境效益、社会效益和经济效益。

1.0.2 本规程中的装配式混凝土建筑包含住宅和公共建筑，以住宅、宿舍、教学楼、酒店、办公楼、公寓、商业、医院病房等为主，不含重型厂房。

2 术 语

2.0.1 装配式建筑是一个系统工程，由结构系统、外围护系统、设备与管线系统、内装系统四大系统组成，是将预制部品部件通过模数协调、模块组合、接口连接、节点构造和施工工法等集成装配而成的，在工地高效、可靠装配并做到主体结构、建筑围护、机电装修一体化的建筑。它有几个方面的特点：

1 以完整的建筑产品为对象，以系统集成为方法，体现加工和装配需要的标准化设计；

2 以工厂精益化生产为主的预制构件及部品部件；

3 以装配和干式工法为主的工地现场；

4 以提升建筑工程质量安全水平，提高劳动生产效率，节约资源能源，减少施工污染和建筑的可持续发展为目标；

5 基于 BIM 技术的全链条信息化管理，实现设计、生产、施工、装修、运维的协同。

2.0.4 在建筑物中，围护结构指建筑物及房间各面的围挡物。本规程引用《装配式混凝土建筑技术标准》GB/T 51231—2016 中“外围护系统”术语，从建筑物的各系统应用出发，将外围护结构及其他部品部件统一归纳为外围护系统。

2.0.9 模块是标准化设计中的基本单元，首先应具有一定的功能，具有通用性，同时，在接口标准化的基础上，同类模块也具有互换性。

2.0.10 在装配式建筑中接口主要是两个独立系统、模块或者部品部件之间的共享边界，接口的标准化，可以实现通用性以及互换性。

2.0.15 现场采用干作业施工工艺的干式工法是装配式建筑的核心内容。我国传统现场湿作业多、施工精度差、工序复杂、建造周期长、依赖现场工人水平和质量难以保证等问题，干式工法作业可实现高精度、高效率和高品质。

2.0.20 全装修强调了作为建筑的功能和性能的完备性。装配式建筑首先要落脚到“建筑”，而建筑的最基本属性是其功能性。因此，装配式建筑的最低要求应该定位在具备完整功能的成品形态，不能割裂结构、装修，底线是交付成品建筑。推进全装修，有利于提升装修集约化水平，提高建筑性能和消费者生活质量，带动相关产业发展。全装修是房地产市场成熟的重要标志，是与国际接轨的必然发展趋势，也是推进我国建筑产业健康发展的重要路径。

2.0.22、2.0.23 集成式厨房多指居住建筑中的厨房，本条强调了厨房的“集成性”和“功能性”。集成式卫生间充分考虑了卫生间空间的多样组合或分隔，包括多器具的集成卫生间产品和仅有洗面、洗浴或便溺等单一功能模块的集成卫生间产品。

集成式厨房、集成式卫生间是装配式建筑装饰装修的重要组成部分，其设计应按照标准化、系列化原则，并符合干式工法施工的要求，在制作和加工阶段全部实现装配化。

2.0.25 发展装配式隔墙、吊顶和楼地面部品技术，是我国装配化装修和内装产业化发展的主要内容。以轻钢龙骨石膏板体系的装配式隔墙、吊顶等为例，其主要特点如下：干式工法，实现建造周期缩短 60% 以上；减少室内墙体占用面积，提高建筑的得房率；防火、保温、隔声、环保及安全性能全面提升;资源再生，利用率在 90% 以上;空间重新分割方便；健康环保性能提高，可有效调整湿度增加舒适感。

3 基本规定

3.0.2 应制定以装配为主的施工组织设计文件，应根据建筑、结构、机电、内装一体化，设计、加工、装配一体化的原则，制定施工组织设计。施工组织设计应体现管理组织方式吻合装配工法的特点，以发挥装配技术优势为原则。

3.0.4 鉴于装配式结构施工的特殊性和安装工程重要性等，现阶段施工单位应根据装配式结构工程的管理和施工技术特点，对管理人员及安装人员进行专项培训，目的在于全面掌握相关的专项施工技术。对于长期从事装配式结构施工的企业，应建立专业化施工队伍。

3.0.6 装配式混凝土结构临时支撑体系应采用工具式支撑体系；外防护体系，宜根据结构形式，采用工具式外挂防护架体；现浇部位模板体系，宜采用工具式模板体系。

3.0.13 建筑信息模型技术是装配式建筑建造过程的重要手段。通过信息数据平台管理系统将设计、生产、施工、物流和运营等各环节联系为一体化管理，对提高工程建设各阶段及各专业之间协同配合的效率，以及一体化管理水平具有重要作用。

4 结构工程施工

4.1 一 般 规 定

4.1.1 当设计有要求或合同约定时，还应提供混凝土抗渗、抗冻等约定的性能试验报告。预制构件出厂合格证所包含的内容应符合规范要求。

4.3 施 工 准 备

4.3.2 预制构件的运输计划及方案包括运输时间、次序、存放场地、运输线路、固定要求、码放支垫及成品保护措施等内容。对于超高、超宽、形状特殊的大型构件的运输和码放应制定专门质量安全保证措施。

预制构件装卸时应充分考虑车体平衡，运输时应采取绑扎固定措施，避免构件移位、倾倒，预制构件与链锁接触部位，应采取衬垫保护措施。

预制构件吊装施工前，应对构件存放工具、吊装工具、临时支撑工具等安装工具进行承载力验算。

4.4 构 件 进 场

4.4.7 预制墙板建议采取插放方式，堆放架应满足强度、刚度和稳定性要求，堆放架应设置防磕碰、防下沉的保护措施，保证构件堆放有序，存放合理，确保构件起吊方便、占地面积最小。

4.5 构件安装与连接

4.5.1 预制构件编号等信息的标识宜应用信息化技术。

4.5.2 吊点合力与构件重心重合，可避免构件吊装过程中由于自身受力状态不平衡而导致构件旋转问题。当预制构件生产状态与安装状态构件姿态一致时，尽可能将施工起吊点与构件生产脱模起吊点相统一。尺寸较大或形状复杂的预制构件应选择设置分配梁或分配桁架的吊具，并应保证吊车主钩位置、吊具及构件重心在竖直方向重合。

预制构件吊装校核与调整应符合下列要求：

1 预制外墙板上下校正时，应以竖缝为主进行调整；

2 墙板接缝应以满足外墙面平整为主，内墙面不平或翘曲时，可在内装饰或内保温层内调整；

3 预制外墙板阳角与相邻板的校正，以阳角为基准进行调整；

4.5.5 预制外墙板拼缝平整的校核，应以楼地面水平线为准进行调整。

4.5.14、4.5.15 灌浆施工是装配式混凝土结构工程的关键环节之一。实际工程中套筒灌浆连接、浆锚搭接连接的质量很大程度取决于施工过程控制，因此要求有专职人员在灌浆操作全过程旁站，同时要对作业人员进行培训考核。套筒灌浆连接施工尚需符合有关技术规程和配套产品的使用说明书要求。

保证连接接头的质量必须满足以下要求：

4　必须采用配套产品，该产品应具有良好的施工工艺适应性；

5　严格执行专项质量保证措施和体系，明确责任主体；

6　施工人员必须是经培训合格的专业人员，严格执行技术操作要求；

7　施工管理人员应进行全程施工质量检查记录，能提供可追溯的全过程的检查记录；

8　是否进行监理人员旁站，根据具体工程情况由责任主体决定；

9　施工验收后，如对套筒灌浆连接接头质量有疑问，可委托第三方独立检测机构进行检测。

当灌浆面积过大时或灌浆部位长度较大时，宜分仓灌浆。

4.5.17　装配式结构的后浇混凝土节点施工质量是保证节点承载的关键，施工时应根据项目实际情况编制后浇节点施工方案，采取质量保证措施使之满足设计要求。

4.5.22　可采用定制线盒，该种线盒可利用已穿的定位钢筋与主钢筋绑扎牢固。

5 外围护工程施工

5.2 预 制 外 墙

5.2.1 预制混凝土夹心保温外挂墙板由内叶墙板、外叶墙板、夹心保温层和保温连接件组成，可分为组合墙板、非组合墙板和部分组合墙板三类。

1 内外叶墙板之间通过保温连接件连接，当保温连接件刚度较大时，夹心保温墙板在面外荷载作用下，内叶墙板与外叶墙板协同受力作用较强，两者曲率一致且相对变形较小，夹心保温墙板平面外整体抗弯刚度接近于按照平截面假定计算的组合截面抗弯刚度，称为组合夹心保温墙板。

2 内外叶墙板之间通过保温连接件连接，当保温连接件刚度较小时，夹心保温墙板在面外荷载作用下，内叶墙板与外叶墙板协同受力作用较弱，曲率一致但是相对变形较大，夹心保温墙板平面外整体抗弯刚度接近于内叶墙板与外叶墙板的抗弯刚度之和，称为非组合夹心保温墙板。

3 由内叶墙板、外叶墙板、夹心保温层和保温连接件等组成的内外叶墙板部分单独受力的预制混凝土外挂墙板，简称部分组合夹心保温墙板。

5.3 建 筑 幕 墙

5.3.1 建筑幕墙根据构造特点可分为以玻璃、石材、金属板、人造板材为饰面材料的构件式幕墙、单元式幕墙、双层幕墙、点支承玻璃幕墙和全玻幕墙。

本节适用的单元式幕墙包括玻璃幕墙、石材幕墙和金属幕墙，其他类型幕墙参照现行相关规范执行。

本节重点内容为反打饰面收口处理等，外门窗内容参照本章第 4 节执行，其他内容参照本规程第 4 章执行。

5.3.2 对于按照定需要进行安全专项技术方案论证的幕墙工程，应编制幕墙工程施工安全专项技术方案，并由施工单位组织专家进行论证。

5.5 屋 面

5.5.1 屋面工程包括混凝土屋面、玻璃采光顶屋面、金属屋面、膜结构屋面等多种形式，工程中大量使用混凝土屋面和金属屋面的结构形式，应用量最大，混凝土屋面多采用现浇方式；而膜结构和玻璃采光顶屋面基本是局部使用，应用量较少，所以本章节主要对金属屋面的施工工艺进行阐述。

5.5.3 第 2 款：金属屋面多为异形结构，为保证安装的准确性，预埋件位置偏差不应大于 20mm，因偏差过大或其他原因，可采用后置埋件，后置方案应经业主、设计单位、监理单位、施工单位等共同确认后，方可施工安装。

第 7 款：压型金属屋面板多为直立锁边板，宜一次成型，沿坡度方向宜无搭接，面板长度不宜大于 25m。金属屋面板在环境温度变化时会热胀冷缩，固定面板时不应限制其热胀冷缩。

第 8 款：压型金属屋面板的檐口线、泛水线应顺直，无起伏，5m 长度内不应大于 10mm，保证整齐美观。

6 内装饰工程施工

6.2 装配式隔墙

6.2.2 板材隔墙

1 板材隔墙的施工技术应符合《建筑轻质条板隔墙技术规程》JGJ/T 157 相关规定;

2 双层板材隔墙应先安装好一侧板材，验收合格后再安装另一侧板材;

3 线盒四周采用粘结材料填实、粘牢，宜采用与板材相应的材料补强修复，线盒安装完成后应与隔墙面齐平。

6.2.3 骨架隔墙

1 测量放线应根据设计要求，在室内楼地面上弹出隔墙中心线和边线，并引测至两侧主体结构墙面和天棚，同时弹出门窗洞口线;

2 骨架与结构的连接宜采用预埋件，骨架与连接件之间宜采用螺栓连接;

3 面板与骨架之间应采用挂件连接。

6.2.4 玻璃隔墙包括玻璃砖和玻璃板隔墙，本节适用于玻璃板隔墙，其他类型参照相应规范执行。

1 隔墙面板安装时，吊顶、地面、墙面饰面工作已完成;

2 在隔墙内走线、安装电源插座时，要预设好插座及开关的位置，标出相应尺寸并预留孔洞，开孔的尺寸应小于电源面板尺寸;

3 将面板搬运至安装地点，在搬运和安装过程中，避免碰撞;

4 每块玻璃面板底部与铝框之间应设两个或两个以上垫块，玻璃不得直接与铝框接触，选用的垫块须耐老化;

5 百叶窗应先装一侧面板，然后安装百叶，经过调试后安装另一侧面板;

6 柜体应按构件编号组装为一体，移至洞口部位，经过校正、核对标高、尺寸、位置准确无误后固定;

7 面板竖向接缝填塞胶条，外部用压条固定。

6.2.5 活动隔墙

1 活动隔墙应根据分隔的宽度和重量可选用手动或电动，构配件必须安装牢固、位置正确，推拉安全、平稳、灵活;

2 活动隔墙通过吊轨螺栓调整轨道的水平度，保证导轨水平、顺直;

3 隔扇之间、隔扇与地面均应设密封条，接缝严密，保证隔声效果。

6.2.6 板材隔墙、骨架隔墙、玻璃隔墙和活动隔墙的施工质量除符合以上规定以外，还应符合《建筑装饰装修工程质量验收规范》GB 50210 和《建筑工程施工质量验收统一标准》GB 50300 相关规定。

6.3 装配式内墙面

6.3.1 本节所述装配式内墙面包括金属墙面、石材复合板墙面和木饰面板墙面，其他类墙面可参照相关规范执行。

1 装配式金属墙面包括：纯铝板饰面、不锈钢饰面、拉丝板饰面、涂色钢板饰面以及各类金属夹心板等装配式墙面;

2 装配式石材复合板墙面包括：人造石材复合板、天然石材饰面板、陶土复合材料挂板以及其他复合材料挂板等装配式墙面;

3 装配式木饰板墙面包括：薄实木板、防火装饰板、薄木贴面装饰板、宝丽板等人工合成木饰板墙面、以木饰板为基层的软硬包墙面和木护墙工程等。

6.4 装配式吊顶

装配式吊顶主要包括：整体面层吊顶、板块面层吊顶、格栅吊顶、集成吊顶、金属及金属复合材料吊顶等，本节适用于集成吊顶，其他类型吊顶参照相关规范执行。

6.5 装配式地面

6.5.1 《装配式混凝土建筑技术标准》第“4.1.4”条规定：装配式混凝土建筑应满足建筑全寿命周期的使用维护要求，宜采用管线分离的方式；第“4.1.6”条规定：内装系统的集成设计应符合:“宜采用装配式楼地面、墙面、吊顶等部品系统”。

本“装配式地面”施工工艺标准以目前应用较广泛的架空式地板为代表进行地面工程施工工艺规程的编制，符合《装配式混凝土建筑技术标准》的相关规定。

本节适用于架空地面，其他类型参照相关规范执行。

6.5.2 架空地面施工尚应符合下列要求:

1 架空地面施工前，基层已按设计要求施工完毕、验收合格，并办理交接手续;

2 穿越架空地面的设备及管线应在地面工程施工前施工完毕并验收合格，各类需要安装在地面上的设备及管线接口应在地面施工前预留到位;

3 施工前应做好施工现场水平及轴线标线，可采用竖尺、拉线、弹线等方法，以控制地面铺设的高度和位置;

4 安装支座：检查复核已弹在四周墙上的标高控制线，确定安装基准点，然后按基层面上已弹好的方格网交点处安放支座，并应转动支座螺杆，先用小线和水平尺调整支座面高度至全室等高，用水平仪和基准点，校准基座水平，以确保在3m范围内，其完成高度水平误差不得超越 ±1.5mm, 且整层楼面不得超越 ±2.5mm。支座与基层面之间的空隙应灌注防火胶水，应连接牢固。亦可根据设计要求用膨胀螺栓或射钉连接;

5 安装横梁，此步骤为当架空地面采取四周支撑受力模式时之所需，当架空地面采取四角支撑受力模式时，略去此步骤;

6 铺设面板：选择板块的铺设方向：当平面尺寸符合面板块模数，而室内无控制柜设备时，宜由里向外铺设；当平面尺寸不符合面板板块模数时，宜由外向里铺设。当室内有控制柜设备且需要预留洞口时，铺设方向和先后顺序应综合考虑选定。开始铺板时应先沿着底线装四块地板之长度，再一次确认楼面与基座和面板垂直于底线。若不垂直，须先调整好，否则将会使排列失控而必须重新开始。架空地面材质有木基、复合基、铝基、钢基、无机基等，无论何种材质，面板安装时，都应做到四角平实，不得有松动、翘边等现象;

7 深化设计应考虑排版及预留孔洞设置，符合工厂加工配料、现场安装施工的原则，个别因特殊情况需要在现场改制时，应做好封边处理。

6.6 内 门 窗

内门窗主要包括木门窗安装、金属门窗安装、塑料门窗安装、特种门安装等，本节重点介绍木门窗安装，金属门窗安装、塑料门窗安装、特种门安装等应符合现行国家标准《建筑装饰装修工程质量验收规范》GB 50210 的相关规定。内门窗玻璃安装应符合现行行业标准《建筑玻璃应用技术规程》JGJ 113 的相关规定。

装配式混凝土建筑内门窗工程的内容划分参照了《建筑装饰装修工程质量验收规范》GB 50210 的相关规定，但删除了现场制作的部分，以适应装配式混凝土建筑的施工要求。但在《建筑装饰装修工程质量验收规范》GB 50210 中的木门窗为现场加工制作的传统施工方式，因此本节特别将工厂化生产的木门窗内容进行了单独的叙述。

6.6.1 细部工程构件、配件、部件应在出厂前按出厂说明书的要求进行统一编号，防止在包装、运输、贮存、安装过程中出现混乱。试配、试装的规定是对装配式混凝土建筑产品的基本规定，对于工业产品，经过试配、试装有利于减少现场安装的误差与现场加工的工作量，提高工作效率，实现真正的装配化施工。

6.6.3 随着时代的发展，木门窗产品的装配化施工已非常普遍，但施工现场仍存在配件预留安装槽、孔现场加工的情况，这种做法显然与装配化施工的指导思想是背道而驰的。在现代化的木门窗生产工厂中，数控开孔机械已较为普遍，能够高加工精度、低劳动强度地实现预留槽、孔的加工，因此，本条特别规定，配件预留安装槽、孔，包括合页槽、锁孔等，应在工厂内加工。这样的做法也有利于槽、孔的防腐、防潮处理以及成品保护。

木门窗部件是指附属于木门窗，主要起功能性、装饰性的物体、材料，诸如双向启闭门的观察玻璃窗、起装饰作用的金属镶嵌件等。这些部件应在木门窗生产过程中做到一体化加工、运输、安装，以便于保证结合的牢固性、收口的严密性。

6.7 集成式卫生间、厨房

6.7.1 集成式卫生间、厨房应采取模数化、标准化、一体化设计，以工厂化制造、装配化施工为导向，部品分为地面部品、墙面部品、顶面部品、门窗部品、卫生洁具、收纳及配件、设备及管线等。在装配式混凝土建筑设计过程中应综合考虑集成式卫生间安装的便捷性、合理性、安全性、功能性等。因此，建筑主体、设备及管线、预埋件的尺寸、位置、规格、连接方式等应以集成式卫生间安装为目的进行设置，确保装配式装修工程的顺利实施。

6.7.3 装配化混凝土建筑施工虽然采取一体化设计与施工的方法，但由于集成式卫生间、厨房的安装过程依然存在施工单位交接、工序交接等问题，因此仍需要在施工前进行测量放线。

集成式卫生间、厨房的构件、配件、部件在设计过程中，应优先使用定型产品，可以减少模具数量、缩短施工周期、降低施工成本。设计的个性化可利用构件、配件、部件的组合实现。

集成式卫生间、厨房的防水施工是整个施工中保证功能性的关键步骤，防水施工的工作内容不仅限于防水层施工，还应包括管口及缝隙密封处理、防水坡度等。

6.8 细部工程

装配式混凝土建筑细部工程的内容划分参照了《建筑装饰装修工程质量验收规范》GB 50210的相关规定，但删除了现场制作的部分，以适应装配式混凝土建筑的施工要求。

本节适用于下列装配式混凝土建筑细部工程施工：橱柜安装；窗帘盒、窗台板、散热器罩安装；门窗套安装；护栏和扶手安装；花饰安装。

6.8.2 细部工程构件、配件、部件应在出厂前按出厂说明书的要求进行统一编号，防止在包装、运输、贮存、安装过程中出现混乱。试配、试装的规定是对装配式混凝土建筑产品的基本规定，对于工业产品，经过试配、试装有利于减少现场安装的误差与现场加工的工作量，提高工作效率。

6.8.3 装配化混凝土建筑施工虽然采取一体化设计与施工的方法，但由于细部工程的安装过程依然存在施工单位交接、工序交接等问题，因此仍需要在施工前进行测量放线。

细部工程的构件、配件、部件在设计过程中，应优先使用定型产品，可以减少模具数量、缩短施工周期、降低施工成本。设计的个性化可利用构件、配件、部件的组合实现。

7 设备与管线工程施工

7.1 一 般 规 定

7.1.1 满足给水排水、消防、燃气、采暖、通风与空气调节设施、照明供电、智能化等机电系统使用功能、运行安全、维修管理方便等要求。住宅建筑设备管线的综合设计应特别注意套内管线的综合设计，每套的管线应户界分明。装配式混凝土建筑的设备与管线工程应按照审查批准的工程设计文件和施工技术标准施工，施工前必须进行深化设计，深化设计时应与建筑、结构、装饰等专业以及装配式构件的生产方进行协调，其深化设计文件应经原设计单位确认，需修改原设计时应由原设计单位提供设计修改通知单或修改图纸。

机电管线、设备设置基本原则：

给水排水、燃气、供暖、通风和空气调节系统的管线和设备受条件限制必须暗埋或穿越预制构件时，横向布置的管道及设备应结合建筑垫层设计，也可在预制梁及墙板内预留孔、洞或套管；竖向布置的管道及设备需在预制构件中预留沟、槽、孔洞。

电气竖向的管线宜做集中敷设，满足维修更换的需要，当竖向管道穿越预制构件或设备暗敷于预制构件时，需在预制构件中预留沟、槽、孔洞或者套管；电气水平管线宜在架空层或吊顶内敷设，当受条件限制必须暗埋时，宜敷设在现浇层或建筑垫层内，如无现浇层且建筑垫层又不满足管线暗埋要求时，需在预制构件中预留相应的套管和接线盒。

7.1.3 在进行预制工作前，应用BIM技术建立三维模型和出图绘制预制加工图，各种接头或连接宜选用法兰连接、螺纹连接、卡箍连接等非焊接、非热熔性接口，便于现场装配安装。

7.1.4 预制构件中电气接口及吊挂配件的孔洞、沟槽应根据装修和设备要求预留。预制结构中宜预埋管线或预留沟、槽、孔、洞的位置，预留预埋应遵守结构设计模数网格，不应在维护结构安装后凿剔沟、槽、孔、洞。预制墙板中应预留空调室内机、热水器的接口及其吊挂配件的孔洞、沟槽，并与预制墙板可靠连接。墙板上预留配电箱、弱电箱等的洞口，或局部采用砌块墙体，并与预制墙板可靠拉结。

7.1.5 下列设施不应设置在住宅套内，应设置在共用空间内：

1 公共功能的管道，包括给水总立管、消防立管、雨水立管、供暖（空调）供回水总立管和配电和弱电干线（管）等，设置在开敞式阳台的雨水立管除外；

2 公共的管道阀门、电气设备和用于总体调节和检修的部件，户内排水立管检修口除外；

3 供暖管沟和电缆沟的检查孔。

7.2 给水排水及供暖

7.2.2 本条文规定了装配式混凝土建筑给水排水及供暖工程设备和管线深化设计的一些要求：

1 当设备管线受条件限制必须暗敷设时，应结合建筑叠合楼板现浇层以及建筑垫层进行设计；

2 当管线必须穿越预制构件时，预制构件内可预留套管或孔洞，但预留的位置不得影响结构安全。如有影响因素可能存在，必须有补强措施设计或说明，以保证结构安全可靠性。

7.2.3 为便于管道维修拆卸，故要求给水系统的给水立管与部品水平管道的接口应采用活接连接。

7.2.4、**7.2.5** 对给水系统、排水系统、供暖系统主干供、回水采用水平同层敷设管路设计时，应充分考虑施工、安装、更换能够在快捷方便的条件下完成，目的是充分保证质量。装配式预制设计，控制节点段达到对相关方都合理适用。当水平敷设相关管路采取多排多层设计时，应采取模块化预制，把支吊架同管路装配为整体模块化，有利于实施装配式安装。吹扫和压力检验合格后方可出厂。

7.3 通风、空调及燃气

7.3.2 本条规定了通风与空调工程在进行装配式施工时深化设计的一些原则：

1 通风空调工程所采用的设备及部件目前很多都不是标准产品。在施工图设计阶段，所采用的材料设备的尺寸是参考相关标准、某些产品样本或相关技术资料进行初步确定采用的。进入工程施工阶段后，实际采购的材料设备的真实尺寸极有可能与设计阶段所采用的设计尺寸是不同的。若不以实际采购的材料设备的真实尺寸进行BIM建模并根据实际情况的变化进行不断调整，将会导致BIM模型中的尺寸错误。当基于错误的尺寸进行深化设计和预制加工时，必然会导致工程施工的错误和返工。因此对于材料设备的真实尺寸的核实，并以此为基础展开后续工作是非常必要的。

另外，对于建筑结构和预留预埋的尺寸的实测复核也是非常必要的，应该配备满足需要的测量手段，为预制加工和后续安装提供数据支持。

4 支吊架设计宜与其他机电专业协同进行，在满足各专业本身要求外，在各专业管线不会相互影响的情况下，尽量共用综合支吊架，以达到美观、使建筑的利用空间最大化、节约成本的目的。

7.3.3 本条规定了本专业装配式施工时的施工技术要求。

1 预制结构中有管线穿越时，应预留套管，保证了管线因温差等原因导致的自身伸缩不影响结构主体，也是管线与主体结构分离的必要条件；

2 预留预埋中需要严格控制预埋套管和预留孔洞位置的误差。结构预制件或现浇结构上的预留预埋与本专业管线预制加工件之间的公差配合是能否圆满实现工厂化预制、现场装配化施工的重要保证条件。尤其是立管穿各层楼板的上下对应留洞位置的公差必须保证，否则极有可能导致重新打楼板扩洞影响主体结构或立管扭曲安装。

7.4 电气和智能化

7.4.2 本条规定了装配式混凝土建筑电气和智能化设备和管线深化设计的一些基本原则：

1 利用BIM技术，各专业通过相关的三维设计软件协同工作，能够最大程度的提高设计速度。并且建立各专业间互享数据平台，实现各个专业的有机合作，提高图纸质量。在深化设计中，主要是应用BIM技术将建筑、结构、机电模型整合，配合检查设计中存在的问题，起到碰撞检测、管线综合以及对复杂空间定位的作用；

2 保护层厚度为线缆保护导管外侧与建筑物、构筑物表面的距离。消防线路暗敷设时，应敷设在非燃烧体的结构层内，其保护层厚度不小于30mm，因管线在混凝土内可以起保护作用，能防止火灾发生时消防控制、通信和警报、传输线路中断；

7 本款规定参见《住宅整体卫浴间》JG/T 183—2011、《住宅整体厨房》JG/T 184—2011。集成式厨房、集成式卫生间是系统配套与组合技术的集成，该产品在工厂预制，现场直接安装。装配式混凝土结构建筑的电气设备应根据集成式厨房、集成式卫生间的不同电器设备要求，从而确定电源、电话、网络、电视等需求，并结合电气设备的位置和高度，机电管线、等电位连接、接口及设备应预留安装位置、配置到位。

7.4.3 施工技术装配式混凝土建筑电气和智能化设备及管线施工前应完成深化设计，同时应符合以下规定：

1 电气管线宜敷设在叠合楼板的现浇层内，考虑到叠合楼板的现浇层厚度、电气管线的管径、埋深要求、板内钢筋等因素，最多能满足两根管线的交叉；

2 家居配电箱、家居配线箱和控制器宜尽可能避免安装在预制墙体上。当设计要求箱体和管线均暗埋在预制构件时，应在墙板与楼板的连接处预留足够的操作空间，以方便管线连接的施工；

3 在预制叠合楼板和预制墙体上设置的灯头盒，电气开关接线盒，插座接线盒等在满足电气使用要求的同时布置在结构钢筋网格内，达到结构安全要求。凡需要预埋在预制墙内的穿线管，均需保证在预制工厂无遗漏的预埋在预制墙内，并预留其与现浇部分墙体或其他预制墙体内穿线管的连接条件。

7.4.4 利用预制剪力墙、预制柱内的部分钢筋作为防雷引下线的两种做法：

1 预制构件在下端对角露出作为防雷引下线的钢筋，在满足预制构件结构安全的前提下预留焊接施工空间。该空间的大小尺寸由深化设计定，满足双面焊接和搭接长度不小于防雷引下线的钢筋直径的6倍的要求；

2 预制构件在工厂制作加工时提前焊接防雷引下线的跨接圆钢，预留长度满足双面焊接和搭接长度不小于防雷引下线的钢筋直径的6倍的要求。改跨接圆钢与叠合楼现浇层内下层预制柱防雷引下线跨接圆钢焊接，该部位现浇厚度必须满足现行规范要求。

7.5 设备与管线装配一体化

7.5.3 本条文第2款设备与管线预制模块有形状不规则的固有特点，在预制模块划分时应着重考虑各种预制模块的运输、吊装条件限制。

7.5.4 本条文第5款首件验收制度是指结构较复杂的预制模块或新型预制模块首次生产或间隔较长时间重新生产时，生产厂家须会同建设单位、设计单位、施工单位、监理单位共同进行首件验收，确认该批预制单元生产工艺是否合理，质量是否得到保障，共同验收合格之后方可批量生产。

8 质 量 验 收

8.1 一般规定

8.1.6 该规定中安装用预埋件指用于与预制构件采用焊接或螺栓连接等形式连接用的安装定位预埋件；斜支撑预埋件指用于安装预制构件临时支撑用的预埋件；普通预埋件为除以上两种预埋件外的其余预埋件。

8.2 装配式结构工程

8.2.8 本条规定了专业企业生产预制构件进场时的结构性能检验要求。结构性能检验通常应在构件进场时进行，但考虑检验方便，工程中多在各方参与下在预制构件生产场地进行。

考虑构件特点及加载检验条件，本条仅提出了梁板类非叠合简支受弯预制构件的结构性能检验要求。本条还对非叠合简支梁板类受弯预制构件提出了结构性能检验的简化条件：大型构件一般指跨度大于18m的构件；可靠应用经验指该单位生产的标准构件在其他工程已多次应用，如预制楼梯、预制空心板、预制双T板等；使用数量较少一般指数量在50件以内，近期完成的合格结构性能检验报告可作为可靠依据。不做结构性能检验时，尚应符合本条第4款的规定。

本条第2款的“不单独使用的叠合底板”主要包括桁架钢筋叠合底板和各类预应力叠合楼板用薄板、带肋板。由于此类构件刚度较小，且板类构件强度与混凝土强度相关性不大，很难通过加载方式对结构受力性能进行检验，故本条规定可不进行结构性能检验。对于可单独使用、也可作为叠合楼板使用的预应力空心板、双T板，按本条第1款的规定对构件进行结构性能检验，检验时不浇后浇层，仅检验预制构件。对叠合梁构件，由于情况复杂，本条规定是否进行结构性能检验、结构性能检验的方式由设计确定。

根据本条第1、2款的规定，工程中需要做结构性能检验的构件主要有预制梁、预制楼梯、预应力空心板、预应力双T板等简支受弯构件。其他预制构件除设计有专门要求外，进场时可不做结构性能检验。

国家标准《混凝土结构工程施工质量验收规范》GB 50204—2015附录B给出了受弯预制构件的抗裂、变形及承载力性能的检验要求和检验方法。

对所有进场时不做结构性能检验的预制构件，可通过施工单位或监理单位代表驻厂监督生产的方式进行质量控制，此时构件进场的质量证明文件应经监督代表确认。当无驻厂监督时，预制构件进场时应对预制构件主要受力钢筋数量、规格、间距及混凝土强度、混凝土保护层厚度等进行实体检验，具体可按以下原则执行：

1 实体检验宜采用非破损方法，也可采用破损方法，非破损方法应采用专业仪器并符合国家现行有关标准的有关规定。

2 检查数量可根据工程情况由各方商定。一般情况下，可为不超过1000个同类型预制构件为一批，每批抽取构件数量的2%且不少于5个构件。

3 检查方法可参考国家标准《混凝土结构工程施工质量验收规范》GB 50204—2015附录 D、附录 E 的有关规定。

对所有进场时不做结构性能检验的预制构件，进场时的质量证明文件宜增加构件生产过程检查文件，如钢筋隐蔽工程验收记录、预应力筋张拉记录等。

8.2.9 本条对工厂生产的预制构件进场质量证明文件进行了规定。预制构件应具有出厂合格证及相关质量证明文件，应根据不同预制构件的类型与特点，分别包括：混凝土强度报告、钢筋复试报告、钢筋套筒灌浆接头复试报告、保温材料复试报告、面砖及石材拉拔试验、结构性能检验报告等相关文件。

8.2.12 预制构件外贴材料等应在进场时按设计要求对每件预制构件产品全数检查，合格后方可使用，避免在构件安装时发现问题造成不必要的损失。

8.2.16 预制构件的装饰外观质量应在进场时按设计要求对每件预制构件产品全数检查，合格后方可使用。如果出现偏差情况，应和设计协商相应处理方案，如设计不同意处理应作退场报废处理。

8.2.19、8.2.20 预制构件的一般项目验收应在预制工厂出厂检验的基础上进行，现场验收时应按规定填写检验记录。对于部分项目不满足标准规定时，可以允许厂家按要求进行修理，但应责令预制构件生产单位制订产品出厂质量管理的预防纠正措施。

预制构件的外观质量一般缺陷应按产品标准规定全数检验；当构件没有产品标准或现场制作时，应按现浇结构构件的外观质量要求检查和处理。

预制构件尺寸偏差和预制构件上的预留孔、预留洞、预埋件、预留插筋、键槽位置偏差等基本要求应进行抽样检验。如根据具体工程要求提出高于标准规定时，应按设计要求或合同规定执行。

装配整体式结构中预制构件与后浇混凝土结合的界面统称为结合面，结合面的表面一般要求在预制构件上设置粗糙面或键槽，同时还需要配置抗剪或抗拉钢筋等以确保结构连接构造的整体性设计要求。

构件尺寸偏差设计有专门规定的，尚应符合设计要求。预制构件有粗糙面时，与粗糙面相关的尺寸允许偏差可适当放宽。

8.2.21 临时固定措施是装配式混凝土结构安装过程中承受施工荷载、保证构件定位、确保施工安全的有效措施。临时支撑是常用的临时固定措施，包括水平构件下方的临时竖向支撑、水平构件两端支承构件上设置的临时牛腿、竖向构件的临时斜撑等。

8.2.24～8.2.26 钢筋套筒灌浆连接和浆锚搭接连接是装配式混凝土结构的重要连接方式，灌浆质量对结构的整体性影响非常大，应采取措施保证孔道的灌浆密实。本条对灌浆施工饱满度控制进行了要求，当浆料连续冒出时，可视为灌浆饱满。

钢筋采用套筒灌浆连接或浆锚搭接连接时，连接接头的质量及传力性能是影响装配式混凝土结构受力性能的关键，应严格控制。

套筒灌浆连接前应按现行行业标准《钢筋套筒灌浆连接应用技术规程》JGJ 355 的有关规定进行钢筋套筒灌浆连接接头工艺试验，试验合格后方可进行灌浆作业。

9 安全管理

9.0.4 应结合装配式施工特点，针对吊装、安装施工安全要求，制定系列安全专项方案，对危险性较大分部分项工程应经专家论证后进行施工。

10 绿色施工

10.0.1 严禁施工现场产生的废水、污水不经处理排放，影响正常生产、生活以及生态系统平衡。

10.0.2 预制构件安装过程中常见的光污染主要是可见光、夜间现场照明灯光、汽车前照灯光、电焊产生的强光等。可见光的亮度过高或过低，对比过强或过弱时，都有损人体健康。

11　信息化施工

11.2　模型管理与应用

11.2.2　实现建设工程各相关方的协同工作、信息共享是BIM技术能够支持工程建设行业工作质量和工作效率提升的核心理念和价值。

11.2.10　模型在使用和管理过程中，应采取措施保证信息安全，保证信息安全的措施包括示意的软硬件环境、设置操作权限、进行防灾备份等。